W0094684

Vandana Shiva
Wer ernährt die Welt *wirklich*?

Vandana Shiva

Wer ernährt die Welt *wirklich*?

Das Versagen der Agrarindustrie
und die notwendige Wende
zur Agrarökologie

Bücher haben feste Preise.
1. Auflage 2021

Vandana Shiva
Wer ernährt die Welt wirklich?

© Giangiacomo Feltrinelli Editore srl, Milano, 2015
Erstmals veröffentlicht als *Chi nutrirà il mondo* von Vandana Shiva
im April 2015 von Giangiacomo Feltrinelli Editore, Mailand, Italien.

Das Recht von Vandana Shiva, als Autorin dieses Werkes identifiziert
zu werden, wurde von ihr in Übereinstimmung mit dem Copyright,
Designs and Patents Act, 1988 geltend gemacht.

Übersetzt aus dem Englischen von Andreas Lentz
anhand der englischen Ausgabe *Who* really *feeds the World?*
erschienen bei ZED Books, London.

© für die deutsche Ausgabe Neue Erde GmbH 2021
Alle Rechte vorbehalten.

Umschlag:
Illustration: Val_Iva/shutterstock.com
Gestaltung: Dragon Design, GB

Satz und Gestaltung:
Dragon Design, GB
Gesetzt aus der Palatino

Gesamtherstellung: Appel & Klinger, Schneckenlohe
Printed in Germany

ISBN 978-3-89060-798-6

Neue Erde GmbH
Cecilienstr. 29 · 66111 Saarbrücken
Deutschland · Planet Erde
www.neue-erde.de

Für alle Wesen, die uns Nahrung geben.

Für Richa und ihr Lektorat.

Vorbemerkung des Verlages

Das Buch wurde bereits 2014 verfasst, und die Zahlen stammen aus jenem Jahr. Gleichwohl ist das Buch in seinen Grundaussagen höchst aktuell, und an den Verhältnissen, die die damaligen Zahlen widerspiegeln, hat sich wenig geändert – und wenn, dann zum Schlechteren. Die Zeit verrinnt, eine Umkehr zu einer lebensförderlichen Agrarökologie ist ein Gebot dringlichster Notwendigkeit.

Inhalt

Einführung

Wir sind mit einer tiefen und sich verschärfenden Krise konfrontiert, die in der Art und Weise begründet ist, wie wir unsere Nahrungsmittel produzieren, verarbeiten und verteilen. Das Wohlergehen des Planeten, die Gesundheit der Menschen und die Stabilität der Gesellschaft sind durch eine globalisierte industrielle Landwirtschaft, von Gier und Profitdenken getrieben, ernsthaft bedroht. Ein ineffizientes, verschwenderisches und nicht nachhaltiges Modell der Nahrungsmittelproduktion treibt den Planeten, seine Ökosysteme und seine vielfältigen Arten an den Rand der Vernichtung. Nahrungsmittel, deren Hauptzweck eigentlich darin besteht, für Nahrung und Gesundheit zu sorgen, sind heute das größte Gesundheitsproblem der Welt: Fast eine Milliarde Menschen leiden an Hunger und Unterernährung, zwei Milliarden leiden an Krankheiten wie Fettleibigkeit und Diabetes, und unzählige andere leiden an Krankheiten, einschließlich Krebs, die durch die Gifte in unserer Nahrung verursacht werden.[1]

Anstatt Grundlage unserer Ernährung zu sein, wurde Nahrung zu einer Ware: zu etwas, mit dem man spekulieren und mit dem man Profit machen kann. Dies führt zu steigenden Lebensmittelpreisen und schafft überall soziale Instabilität. Seit 2007 gab es 51 Lebensmittelaufstände in 37 Ländern, darunter Tunesien, Südafrika, Kamerun und Indien.[2] Das Ernährungssystem ist in jedem der Aspekte, auf die es ankommt, schwer gestört: Nachhaltigkeit, Gerechtigkeit und Frieden.

Heute ist eine Alternative zu diesem System zu einem Imperativ für unser Überleben geworden. Beginnen wir also mit der Frage: »Wer ernährt die Welt?«

Ernährung und Landwirtschaft sind zu Schauplätzen großer Paradigmenkriege geworden. Auf der Basis dieser beiden gegensätzlichen Paradigmen wird jeweils eine bestimmte Art von Wissen, Wirtschaft, Kultur und natürlich auch von Landwirtschaft umgesetzt.

Jedes dieser Paradigmen behauptet von sich, die Welt zu ernähren; doch in Wirklichkeit tut dies nur ein Paradigma.

Das vorherrschende Paradigma ist ein industrielles, mechanisiertes Paradigma, das zum Zusammenbruch unserer Ernährungs- und Landwirtschaftssysteme geführt hat. Diese Krise ist kein Zufall; sie ist in den Bauplan des Systems selbst eingebaut. Das Herzstück dieses Paradigmas ist das Gesetz der Ausbeutung, das die Welt als eine Maschine und die Natur als tote Materie betrachtet. Dieses Paradigma sieht den Menschen als von der Natur getrennt und jeden Teil der Natur als vom Übrigen trennbar an: den Samen vom Boden, den Boden von der Pflanze, die Pflanze von der Nahrung und die Nahrung von unserem Körper. Das industrielle Paradigma beruht darauf, Mensch und Natur als bloße »Inputs« in einem Produktionssystem zu sehen. Die Produktivität der Erde und ihrer Menschen wird durch ein fein gesponnenes gedankliches Konstrukt unsichtbar gemacht, und Kapital und Konzerne werden als Dreh- und Angelpunkt der Wirtschaft dargestellt.

Das Paradigma der industriellen Landwirtschaft wurzelt im Krieg: Sie verwendet buchstäblich dieselben Chemikalien, um die Natur zu zerstören, die einst zur Ausrottung von Menschen eingesetzt wurden. Das Paradigma beruht auf der Annahme, dass jedes Insekt und jede Pflanze als Feind anzusehen ist, der mit Giften ausgerottet werden muss, und sucht ständig nach neuen und stärkeren Gewaltinstrumenten; dazu gehören Pestizide, Herbizide und gentechnisch veränderte Pflanzen, die Pestizide erzeugen. Während die Technologien der Gewalt immer raffinierter werden, schrumpft das Wissen über Ökosysteme und Biodiversität. Je tiefer die Ignoranz gegenüber der reichen biologischen Vielfalt und den ökologischen Prozessen des Planeten geht, desto größer wird die Arroganz der zerstörerischen Konzerne, die behaupten, Schöpfer zu sein. Das Leben wird neu definiert: als Erfindung derjenigen, deren einzige Fähigkeit darin besteht, es zu vergiften und zu töten.

Werkzeuge, die mit dem Ziel zu beherrschen erfunden wurden und dem Gesetz der Ausbeutung und Dominanz unterliegen, schaden der

Gesundheit der Menschen und der Umwelt. Diese Werkzeuge sind oft Gifte, die als »Agrochemikalien« vermarktet werden, und man sagt uns, dass Landwirtschaft ohne sie heute nicht mehr möglich sei. In Wirklichkeit prägen die Konzerne, die diese Chemikalien herstellen, das Paradigma der Möglichkeiten. Sie definieren, was Wissenschaft ist, wie ein effizientes Nahrungsmittelproduktionssystem aussieht und wo die Grenzen von Forschung und Handel verlaufen sollten. Übertragen auf die Landwirtschaft und das Ernährungssystem bringt ein Paradigma, das in der Gewalt des Krieges und einer militarisierten Denkweise wurzelt, den Krieg auf unsere Felder, auf unseren Teller und in unseren Körper.

Aber es gibt noch ein weiteres, ein im Wiedererstehen begriffenes Paradigma: eines, das die Kontinuität mit althergebrachten Formen der Zusammenarbeit mit der Natur aufrechterhält und dem Kreislaufgesetz von Ausgleich und Rückführung folgt. Nach diesem Gesetz geben und nehmen alle Lebewesen wechselseitig. Dieses ökologische Paradigma der Landwirtschaft beruht auf dem Leben und dem Eingebunden-Sein. Und es ist auf die Erde und die Kleinbauern, insbesondere auf die Bäuerinnen, ausgerichtet. Es erkennt das Potential fruchtbringenden Saatguts und fruchtbarer Böden zur Ernährung der Menschheit und der verschiedenen Arten, mit denen wir alle als Erdenbewohner verwandt sind. In diesem Paradigma besteht die Rolle der menschlichen Gemeinschaft darin, als Mitschöpfer und Mitproduzenten mit Mutter Erde zusammenzuwirken. In diesem Paradigma ist Wissen kein Besitz; vielmehr erwächst Wissen aus der Praxis einer Landwirtschaft, bei der wir alle am Netz des Lebens teilhaben. In der ökologischen Landwirtschaft werden die Kreisläufe der Natur intensiviert und diversifiziert, um mehr und bessere Lebensmittel zu produzieren und dabei weniger Ressourcen zu verbrauchen. Im ökologischen Landbau werden die Abfälle der Pflanzen zu Nahrung für Nutztiere und Bodenorganismen. Bei Einhaltung des Kreislaufgesetzes gibt es keinen Abfall; alles wird wiederverwertet.

Ökologische Ernährungssysteme sind regionale Ernährungssysteme, die anbauen, was sie können, und nur wirkliche Überschüsse exportieren; es wird importiert, was vor Ort nicht angebaut werden kann. Nachhaltigkeit und Gerechtigkeit ergeben sich auf natürliche Weise aus dem Kreislauf der Rückführung und aus der Lokalisierung der Nahrungsmittelproduktion. Die Ressourcen der Erde, die für die Aufrechterhaltung des Lebens unabdingbar sind, wie die biologische Vielfalt und das Wasser, werden als »Gemeingut« verwaltet oder als gemeinschaftlich genutzte Räume. Das ökologische Paradigma kultiviert Mitgefühl für alle Lebewesen, einschließlich der Menschen, und stellt sicher, dass niemandem sein oder ihr Anteil an der Nahrung vorenthalten wird.

Heute steht das industrielle Paradigma dem ökologischen Paradigma diametral gegenüber, und das Gesetz der Ausbeutung steht dem Gesetz des Ausgleichs gegenüber. Dies sind Paradigmenkriege der Wirtschaft, der Kultur und des Wissens, und sie bilden die Grundlage der Nahrungsmittelkrise, mit der wir es heute zu tun haben.

* * *

»Wer ernährt die Welt?« Die Antwort hängt davon ab, welches Paradigma wir als Linse nehmen, denn die Bedeutung von »Nahrung« und »Welt« unterscheidet sich zwischen den beiden Paradigmen sehr stark. Lassen Sie uns dies zunächst aus der Perspektive des vorherrschenden Paradigmas untersuchen: der industriellen, mechanisierten Landwirtschaft.

Unter diesem Paradigma ist »Nahrung« eine bloße Ware, die um des Gewinns willen produziert und gehandelt wird, und die »Welt« ist ein globaler Marktplatz, auf dem Saatgut und Chemikalien als landwirtschaftliche Betriebsmittel und Erzeugnisse als Ware »Lebensmittel« verkauft werden. Wenn man den Planeten durch diese Linse betrachtet, dann sind es chemische Düngemittel und Pestizide, Saatgut und GVO, Agrarindustrie und Biotechnologiekonzerne, die die Welt ernähren.

Die Realität sieht jedoch so aus, dass nur 30 Prozent der Lebensmittel, die die Menschen essen, aus industriellen Großbetrieben stammen. Die anderen 70 Prozent stammen von Kleinbauern, die auf kleinen Parzellen arbeiten.[3] Inzwischen verursacht die industrielle Landwirtschaft 75 Prozent der ökologischen Schäden auf unserem Planeten.[4] Diese Zahlen werden regelmäßig ignoriert, versteckt und geleugnet, und der Mythos, dass die industrielle Landwirtschaft die Welt ernährt, wird weltweit propagiert.

Ein mechanisiertes, gewalttätiges Paradigma prägt das Wissen und die vorherrschenden Ansichten über Wissenschaft, Technologie und Politik für Ernährung und Landwirtschaft. In Wirklichkeit kann ein Ernährungssystem, das die Wirtschaft der Natur zerstört – das ökologische Fundament, auf dem die Nahrungsmittelproduktion beruht –, die Welt nicht ernähren. Ein Agrarsystem, das darauf abzielt, Kleinbauern zu verdrängen, die die soziale Grundlage der wirklichen Landwirtschaft bilden, kann die Welt nicht ernähren. Jeder Aspekt der industriellen Landwirtschaft zerreißt das zerbrechliche Netz des Lebens und zerstört die Grundlagen der Ernährungssicherheit.

Die industrielle Landwirtschaft tötet Bestäuber und nützliche Insekten. Seiner Zeit um Jahre voraus, warnte Einstein: »Wenn die letzte Biene verschwindet, wird auch der Mensch verschwinden.« In den letzten drei Jahrzehnten sind in einigen Regionen 75 Prozent der Bienenpopulationen durch giftige Pestizide getötet worden.[5] Chemische Pestizide töten Nützlinge und schaffen an ihrer Stelle Schädlinge. Synthetische Düngemittel zerstören die Bodenfruchtbarkeit, indem sie Bodenorganismen abtöten, die auf natürliche Weise lebenden Boden schaffen, und chemische Düngemittel tragen darüber hinaus zur Bodenerosion und Bodendegradation bei.

Die industrielle Landwirtschaft treibt Raubbau mit Wasser und verschmutzt es. 70 Prozent des Wassers auf dem Planeten werden durch die intensive Bewässerung, die in der chemieintensiven industriellen Landwirtschaft erforderlich ist, verbraucht und verschmutzt.[6] Die Nitrate im Wasser aus industriellen Landwirtschaftsbetrieben schaffen »tote Zonen« in den Ozeanen: Bereiche, in denen kein Leben existieren kann. Die industrielle Landwirtschaft ist in erster Linie eine von fossilen Brennstoffen angetriebene Landwirtschaft. Die Ersetzung von Menschen durch fossile Brennstoffe ist entsprechend einer Logik, die Menschen als Rohstoff oder landwirtschaftliche Betriebsmittel behandelt, scheinbar effizient durchgeführt worden. Aber die finanziellen und ökologischen Kosten der fossilen Brennstoffe sind astronomisch. In der US-Landwirtschaft hat jeder der dort Arbeitenden mehr als 250 versteckte »Energiesklaven« hinter sich. Ein Energiesklave ist der fossile Brennstoff, der einer Person entspricht, und wenn wir die Intensität der fossilen Brennstoffe in unseren Systemen der Nahrungsmittelproduktion und des Nahrungsmittelkonsums berücksichtigen, ist es nur allzu klar, dass die industrielle Landwirtschaft mehr verbraucht als sie produziert. Wie Amory Lovins betonte: »Was die Anzahl von Arbeitskräften angeht, so beträgt die Erdbevölkerung nicht vier Milliarden, sondern etwa 200 Milliarden, wobei der entscheidende Punkt ist, dass etwa 98 Prozent von ihnen keine konventionellen Nahrungsmittel essen.«[7] Das liegt daran, dass sie keine Menschen sind; sie sind Energiesklaven, und sie verzehren Erdöl. Die industrielle Landwirtschaft verwendet zehn Einheiten fossiler Energie als Input, um eine Einheit Lebensmittel als Output zu produzieren. Diese vergeudete Energie trägt dazu bei, die Atmosphäre zu verschmutzen und unser Klima zu destabilisieren.

Das industrielle Paradigma der Landwirtschaft verursacht die Klimazerrüttung. 40 Prozent aller Treibhausgasemissionen, die für sie verantwortlich sind, stammen aus dem auf fossilen Brennstoffen basierenden globalen Agrarsystem.[8] Die fossilen Brennstoffe, die für die Herstellung von Düngemitteln, den Betrieb von Landmaschinen und den verschwenderischen Transport von Lebensmitteln über Tausende von Kilometern rund um den Globus verwendet werden, tragen zu den Kohlendioxidemissionen bei. Chemische Stickstoffdünger stoßen Distickstoffoxid aus, das 300 Prozent destabilisierender für das Klima ist als Kohlendioxid.[9] Zudem ist die Massentierhaltung eine Hauptquelle für Methan, ein weiteres Gas, das für die globale Erwärmung verantwortlich ist. 1995 berechneten die Vereinten Nationen, dass die industrielle Landwirtschaft mehr als 75 Prozent der Agrobiodiversität – der in der Landwirtschaft genutzten

Artenvielfalt – zum Aussterben gebracht hat. Heute dürfte diese Zahl 90 Prozent erreicht haben.

Paradoxerweise wird diese ökologische Zerstörung des Natur-kapitals zwar durch die »Ernährung der Menschen« gerechtfertigt, doch das Problem des Hungers ist gewachsen. Einerseits leiden eine Milliarde Menschen unter ständigem Hunger, während andererseits zwei Milliarden an ernährungsbedingten Krankheiten wie Fettleibig-keit leiden. Dies sind die zwei Seiten derselben Medaille: der Ernäh-rungskrise. Da sich durch die McDonaldisierung von Lebensmit-teln Junkfood über den ganzen Globus verbreitet, bekommen selbst diejenigen, die genug zu essen haben, selten die Nährstoffe, die sie brauchen. Entgegen der landläufigen Meinung geht es bei Adipositas nicht darum, dass die Reichen zu viel essen: Oft sind es die Armen in den Entwicklungsländern, die die schwerste Last ernährungsbeding-ter Krankheiten zu tragen haben. Hinzu kommt, dass Krankheiten stetig zunehmen, die mit der industriellen Ernährung und den Gift-stoffen in unserer Nahrung zusammenhängen, darunter auch Krebs. Nicht Waren ernähren Menschen, sondern Lebensmittel.

Auch wenn das industrielle Agrarsystem der Konzerne Hunger schafft, wobei es nur zu 25 Prozent zum Ernährungssystem beiträgt und 75 Prozent der Ressourcen der Erde verbraucht, und obwohl es eine bestimmende Kraft hinsichtlich der ökologischen Zerstörung und der Störung der natürlichen Systeme ist, von denen die Nah-rungsmittelproduktion abhängt, hält sich der Mythos, dass die indu-strielle Landwirtschaft die Welt ernährt, hartnäckig. Dieser Mythos baut auf der Grundlage eines veralteten Paradigmas auf, eines Para-digmas, das in Wirklichkeit wissenschaftlich überholt ist. Falsche Vorstellungen von der Natur als toter Materie und als etwas, das vom Menschen nach Belieben manipuliert werden kann, haben uns glau-ben lassen, dass wir um so mehr Nahrung erzeugen, je mehr Gifte wir in das Nahrungssystem einbringen. Ein ökologisch destruktives und ernährungsphysiologisch ineffizientes Ernährungssystem ist in unseren Köpfen zum vorherrschenden Paradigma und zur hochge-lobten Praxis auf unserem Land geworden, obwohl in Wirklichkeit kleine, biodiversitätsreiche Bauernhöfe, die mit den Prozessen der Natur arbeiten, den größten Teil der Lebensmittel produzieren, die wir essen.

Die industrielle Landwirtschaft verträgt sich nicht mit Vielfalt. Vielfalt ist nahrhaft und natürlich resistent, aber um die Profite zu steigern, macht die industrielle Landwirtschaft die Nutzpflanzen von externen Inputs wie chemischen Düngemitteln, Pestiziden, Herbiziden und genetisch modifiziertem Saatgut abhängig. Nicht nur, dass die industrielle Landwirtschaft immer mehr wie ein chemischer Krieg gegen den Planeten aussieht, auch die Verteilung von Nahrungsmitteln sieht wie ein Krieg aus, mit sogenannten »Freihandels«-Verträgen, die Bauern gegen Bauern und Länder gegen andere Länder ausspielen, im ständigen »Wettbewerb« und Konflikt. Der »Freihandel« erlaubt es Konzernen und Investoren, sich jedes Saatgut, jedes Wasser und jeden Quadratmeter Land anzueignen; er beutet die Erde, die Bauern und alle Bürger grenzenlos aus. Dieses Modell sieht den Profit als das Endziel, bei dem weder an den Boden noch an die Produzenten und die Gesundheit der Menschen gedacht oder dafür gesorgt wird. Konzerne bauen keine Nahrungsmittel an, sondern machen Gewinne.

Das industrielle Paradigma ersetzt Wahrheiten durch Manipulation und die Realität durch Fiktionen.

- Die erste Fiktion ist die Fiktion, einen Konzern wie eine natürliche Person zu behandeln. In dieser Verkleidung schreiben Konzerne die Regeln von Produktion und Handel, um ihre Profite zu maximieren und Lebewesen auszubeuten.
- Die zweite Fiktion ist, dass »Kapital« – nicht die ökologischen Prozesse der Natur und die harte und intelligente Arbeit der Bauern – Reichtum und Nahrung schafft. Mensch und Natur werden auf bloße Inputs reduziert.
- Die dritte Fiktion ist, dass ein System, das mehr Inputs verbraucht als es produziert, effizient und produktiv sei. Dies wird vorgetäuscht, indem die Kosten für fossile Brennstoffe und Chemikalien sowie die verheerenden Gesundheits- und Umweltkosten eines

chemieintensiven Systems für den Planeten und seine Menschen verschleiert werden.

- Die vierte Fiktion ist, dass das, was für Konzerne profitabel ist, auch profitabel und gut für die Bauern ist. Tatsächlich werden die Bauern in dem Maße ärmer, wie die Profite der Konzerne in den Lebensmittel- und Agrarsystemen steigen. Die Bauern werden ärmer, weil sie sich immer tiefer verschulden und schließlich von ihrem Land vertrieben werden.
- Die fünfte Fiktion ist, dass Lebensmittel eine Ware sind. Die Realität sieht so aus: Je mehr Lebensmittel in eine Ware verwandelt werden, desto mehr werden sie den Armen genommen – was Hunger schafft – und desto mehr werden sie in ihrer Qualität gemindert – was zu Krankheiten führt.

Worüber wir hier sprechen, ist kein Lebensmittelsystem – es ist ein Anti-Lebensmittelsystem. Nahrungsmittel werden in sich zum Widerspruch, wenn sie gewaltsam aus dem Nahrungsnetz und der lokalen Wirtschaft herausgezogen werden, um dann gegen Gewinn gehandelt und schließlich als Abfall entsorgt zu werden. Das Ergebnis ist eine ökologische Katastrophe, Armut und Hunger. Die Zukunft der Nahrung hängt davon ab, dass wir uns daran erinnern, dass das Netz des Lebens ein Nahrungsnetz ist. Dieses Buch ist diesem Erinnern gewidmet, denn wenn wir die Ökologie der Nahrung vergessen, ist das ein Rezept für Hunger und unser Aussterben.

* * *

Über die letzten drei Jahrzehnte wurde mir immer deutlicher, dass unser gegenwärtiges Ernährungssystem kaputt ist. 1984 begann ich, die Grüne Revolution im Punjab zu untersuchen. Die Grüne Revolution ist die irreführende Bezeichnung für ein auf Chemikalien beruhendes Landwirtschaftsmodell, das 1965 in Indien eingeführt wurde. Nach dem Zweiten Weltkrieg suchten Chemiekonzerne verzweifelt nach neuen Märkten für ihre synthetischen Düngemittel, die in den Sprengstofffabriken des Krieges hergestellt wurden. Doch die einheimischen Nutzpflanzensorten kamen mit dem Kunstdünger nicht zurecht, so dass man Zwergsorten züchtete, die die Chemikalien aufnehmen konnten und im Gefolge von ihnen abhängig wurden. Mitte der 1960er-Jahre war dieses neue Saatgut-Chemikalien-Paket bereit, unter dem Etikett der Grünen Revolution in die Länder des Globalen Südens exportiert zu werden.

Das falsche Narrativ, das die Grüne Revolution einführte, ist wesentlich für das Verständnis der vorherrschenden Erzählung, die rund um Nahrung und Landwirtschaft herum entstanden ist. In dieser Erzählung wird der Grünen Revolution das Verdienst zugeschrieben, Indien vor dem Hunger gerettet zu haben, wofür Norman Borlaug, der führende Wissenschaftler des Projekts, 1970 mit dem Friedensnobelpreis ausgezeichnet wurde. Doch 1965 gab es in Indien keinen Hunger. Aufgrund einer landesweiten Dürre waren die Lebensmittelpreise in den Städten gestiegen, und das Land musste Getreide importieren. Doch im Rahmen einer Politik zur Durchsetzung von Chemikalien in der Landwirtschaft wurde von der US-Regierung und der Weltbank für die Lieferung von amerikanischem Getreide nach Indien zur Bedingung gemacht, dass man auch Saatgut und Chemikalien importieren dürfe.

Zwischen dem vorgeblichen Erfolg der Grünen Revolution und den Realitäten im Punjab klaffte eine große Lücke. Da der Anbau im wesentlichen auf Reis und Weizen beschränkt wurde, produzierte der Punjab mit der industriellen Landwirtschaft weniger Nahrungsmittel. Einst bauten Bauern im Punjab 41 Weizensorten, 37 Reissorten, vier Maissorten, acht Bajrasorten, 16 Zuckerrohrsorten, 19 Hülsenfrüchtesorten und neun Ölsaatensorten an.[10] Ein Großteil dieser Vielfalt wurde zerstört. Anstelle von Weizenkörnern mit Namen wie Sharbati, Darra, Lal Pissi und Malwa, die den Ursprung und die Qualität der Nutzpflanzen beschrieben, finden wir persönlichkeitslose Monokulturen mit den Namen HD 2329, PBW 343 und WH 542: Pflanzen, die von Schädlingen und Krankheiten befallen werden und immer höhere Dosen von Pestiziden benötigen.

Während die Grüne Revolution im Punjab verwüstete Böden, ausgelaugte Grundwasservorkommen, schwindende Artenvielfalt, verschuldete Bauern und einen »Krebszug« hinterließ, der die Opfer von pestizidbedingtem Krebs zur kostenlosen Behandlung nach Rajasthan bringt, wird dieses nicht nachhaltige Modell in die östlichen Staaten Indiens und nach Afrika exportiert. Bill Gates mit seinen Milliarden von Dollar drückt durch die Allianz für eine Grüne Revolution in Afrika [siehe auch Anhang] Chemikalien und kommerzielles Saatgut blindlings nach Afrika. Tatsächlich zwingt die gesamte Hilfe, die über die Politik der G8-Staaten erfolgt, Afrika auf undemokratische Weise ein gescheitertes Modell auf. Traurigerweise wurden die wahren Lehren aus der Grünen Revolution im Punjab nur von denen gezogen, die in ihrem Gefolge zerstört wurden.

Heute ist eine zweite Grüne Revolution im Gange: eine, die aus GVOs besteht. GVO oder genetisch veränderte Organismen sind gentechnisch veränderte Nutzpflanzen, in die Gene für Giftstoffe eingeführt wurden. Wie die ursprüngliche Grüne Revolution erheben GVO den Anspruch, »die Welt zu ernähren«. Aber die Realität ist, dass GVO nicht mehr produzieren, dass sie zu einem verstärkten Einsatz von Chemikalien geführt haben und dass sie es nicht schaffen, Unkraut und Schädlinge zu bekämpfen. Die Gentechnik schafft eine völlig neue Art der Umweltverschmutzung auf unserem Planeten, die sich negativ auf Pflanzen und Tiere, die menschliche Gesundheit und die Lebensgrundlagen von Landwirten und lokalen Gemeinschaften auswirkt. Die einzigen Nutznießer gentechnisch veränderter Nutzpflanzen sind die Konzerne, da sie mehr giftige Chemikalien verkaufen und auch Lizenzgebühren auf Saatgut erheben. Tatsächlich ist die Gier der Konzerne und ihr Wunsch, Saatgut zu besitzen, der *einzige* Grund, warum GVO auf undemokratische Weise in die Lebensmittel- und Landwirtschaftssysteme auf der ganzen Welt gedrückt werden.

Aber etwas verschiebt sich. Der Zorn, der 1984 im Punjab ausbrach, bricht überall aus – sei es in den Straßen Ägyptens, wo der Arabische Frühling als Protest gegen den Anstieg der Brotpreise begann; oder in Syrien, wo der Konflikt als Protest von Bauern begann, die wegen einer großen Dürre um Ausgleich für Ernteausfälle baten; oder in

Millionen von Menschen aus allen Gesellschaftsschichten, die sich dem Marsch gegen Monsanto anschlossen. Das war ein selbstorganisiertes globales Bürgerbegehren, und es protestierte gegen die Kontrolle der Konzerne über das, was wir anbauen und essen. Es gibt sie überall, weil das dominierende industrialisierte und globalisierte Ernährungssystem, das von einer Handvoll Konzerne kontrolliert wird, den Planeten, die Lebensgrundlagen der Bauern, die Gesundheit der Menschen, die Demokratie und den Frieden zerstört. Angesichts dessen ist die Neuausrichtung unseres Ernährungssystems zu einer Überlebensfrage geworden.

Was also hindert uns daran, auf ein umweltfreundliches und menschenfreundliches Ernährungssystem umzustellen?

Das erste Hindernis ist die Macht der Konzerne, die in der Architektur des Krieges verwurzelt sind. Nur fünf Saatgut- und Chemiegiganten – Monsanto, Syngenta, Bayer, Dow und DuPont – wollen unser Ernährungssystem vollständig beherrschen. Konzerne sind ein juristisches Konstrukt, und doch beanspruchen sie die Rechte einer natürlichen Person. Aber Konzerne sind keine Menschen. Sie werden nicht geboren und sie sterben nicht. Sie können keine Lebensmittel anbauen und sie können keine Lebensmittel essen. Dennoch okkupieren sie unsere nachhaltigen und nährenden Lebensmittelsysteme und ersetzen sie durch Warenhandel und Gewalt.

Das zweite Hindernis ist das militarisierte, mechanistische, reduktionistische und fragmentierte Paradigma der Landwirtschaft, das blind ist für das, was die unterschiedlichen Spezies beitragen, und für die ökologischen Abläufe und Funktionen, die sie bereitstellen und an denen sie teilhaben. Dieses Paradigma weigert sich, Frauen und Kleinbauern wahrzunehmen und einzubeziehen, die den größten Teil der Welternährung liefern und deren Wissen für eine nachhaltige Nahrungsmittelproduktion unerlässlich ist.

Das dritte Hindernis ist die Gier und ein auf Gier beruhendes Wohlstandskalkül. Die Profitgier der Konzerne blockiert den Übergang zu einem gesunden, nachhaltigen und demokratischen Ernährungssystem. Für die Bauern manifestiert sich das System der Gier

der Konzerne in der Notwendigkeit, der Illusion von mehr Geld
nachzujagen, obwohl sie die Verlierer in einem teuren industriellen
Produktionssystem sind. Als Bürger reduziert uns die Gier der Konzerne auf bloße Verbraucher, und die Mehrheit von uns hat keine
Ahnung, wie, wo und von wem die eigenen Lebensmittel angebaut
wurden und was sie tatsächlich enthalten.

* * *

Wer ernährt die Welt also *wirklich*? Auch hier müssen wir uns fragen, was wir unter »Nahrung« und was wir unter »Welt« verstehen.
Wenn »Nahrung« das Netz des Lebens ist – die Währung des Lebens,
unsere Ernährung, unsere Zellen, unser Blut, unser Verstand, unsere
Kultur und unsere Identität – und die »Welt« Gaia ist – unser reicher und lebendiger Planet, unsere Mutter Erde, auf der vielfältige
Wesen und Ökosysteme, eine Vielzahl von Völkern und Kulturen
leben – dann sind es die Beiträge der biologischen Vielfalt sowie des
Mitgefühls, des Wissens und der Intelligenz der Kleinbauern, die die
Welt ernähren. Meine eigene Forschung und gelebte Erfahrung der
letzten drei Jahrzehnte haben mich gelehrt, dass die Antwort auf die
Nahrungsmittelfrage nicht in der industriellen Landwirtschaft liegt,
sondern in der Agrarökologie und der ökologischen Landwirtschaft.

Nahrung wird durch den Boden, vom Saatgut, von der Sonne, vom
Wasser und von den Bauern erzeugt, die alle miteinander interagie-
ren. Nahrung verkörpert ökologische Beziehungen, und das Wissen
und die Wissenschaft über die Wechselwirkungen und Verflechtun-
gen, die Nahrungsmittel hervorbringen, heißt Agrarökologie. Es ist
die Agrarökologie, die uns ernährt.

Fruchtbarer Boden ist die Grundlage der Nahrungsmittelproduktion. Die Fruchtbarkeit des Bodens wird durch Milliarden von Bodenorganismen geschaffen, die sich zum Nahrungsnetz des Bodens
zusammenschließen. Biodiversität und Böden, die reich an organischer Substanz sind, sind auch die beste Strategie für Klimaanpas-
sung und Gewässerschutz. Wasser ist für lebendige Böden lebenswichtig, und die biologische Landwirtschaft bewahrt Wasser, indem

sie die Wasserspeicherkapazität der Böden durch das Wiedereinbringen organischer Stoffe erhöht. Der Boden wird wie ein Schwamm, der mehr Wasser aufnehmen kann, wodurch sich der Wasserverbrauch verringert und zur Widerstandsfähigkeit gegenüber der Klimazerrüttung beigetragen wird. *Lebendiger Boden ist es, der uns ernährt.*

Bestäuber wie Schmetterlinge nehmen Pollen von einer Pflanze zur anderen und befruchten sie dabei. Ohne Bestäuber würden sich Pflanzen nicht vermehren. *Bestäuber sind es, die uns ernähren.*

Den Planeten zu ernähren bedeutet, die Integrität und Vielfalt des Nahrungsnetzes zu erhalten: vom Boden bis zu den Ozeanen, von den Mikroorganismen bis zu den Säugetieren, von den Pflanzen bis zum Menschen. Das Nahrungssystem befindet sich nicht außerhalb der Natur und der Erde. Es beruht auf den ökologischen Prozessen, durch die der Planet Leben schafft, erhält und erneuert. Der Planet ist lebendig: Seine Währung ist das Leben; seine Währung ist die Nahrung. Der altindische Text Taittiriya Upanishad erinnert uns daran: »Alles ist Nahrung. Alles ist die Nahrung von etwas anderem.« Im Gegensatz zu dem, was uns die industrielle Landwirtschaft erzählt, ist die Natur sehr lebendig, und *es ist ihre Vielfalt, die uns ernährt.*

Bauern sind Pflanzenzüchter und Saatgutretter, Bodenschützer und -erbauer und Wasserbewahrer. Bauern sind die Lebensmittelproduzenten. Während sie nur 30 Prozent der weltweiten Ressourcen verbrauchen, liefern Kleinbauern 70 Prozent der Nahrungsmittel der Erde. *Kleinbauern, Bauernfamilien und Gärtner sind es, die uns ernähren.*

Saatgut ist das erste Glied im Lebensmittelsystem. Ohne Saatgut gibt es keine Nahrung. Ohne Vielfalt des Saatguts gibt es keine Vielfalt der Nahrungsmittel und der Ernährung, die für die Gesundheit lebenswichtig ist. Ohne Vielfalt des Saatguts gibt es keine Klimaresistenz in Zeiten von Klimachaos und Klimainstabilität. *Saatgut ist es, das uns ernährt.*

Lebensmittel sind keine Handelsware; sie sind kein Parfüm oder Schmuckstück, das überall auf der Welt verkauft werden kann. Jedes Lebewesen geht anders mit Nahrung um, und jede Kultur oder

Örtlichkeit produziert ihre eigene Nahrung. Da jeder Mensch essen muss, ist die lokale Nahrungssouveränität der Schlüssel zur Ernährungssicherheit: *Lokalisierung ist es, die uns ernährt.*

Die Arbeit mit Saatgut, Biodiversität, Boden und Wasser nach den Gesetzen der Natur und Ökologie ist die Grundlage der Nahrungsmittelproduktion. Dieses Wissen und seine Anwendung gehören traditionell den Frauen, die die Mehrheit der Nahrungsmittelproduzenten der Welt ausmachen. *Frauen sind es, die uns ernähren.*

Nahrung ist Leben, und sie wird durch lebendige Prozesse geschaffen, die Leben erhalten. In der Landwirtschaft und Lebensmittelproduktion stehen die Natur und ihre Gesetze an erster Stelle. Diese Gesetze zu verletzen und die Grenzen der Natur bei der Erneuerung – Saatgut und Boden, Wasser und Energie – zu überschreiten, ist ein Rezept für Ernährungsunsicherheit und künftige Hungersnöte. Während die ökologische Landwirtschaft die Wirtschaft der Natur verjüngt, produziert sie mehr und bessere Lebensmittel und verjüngt die Gesundheit und das Wohlergehen von Gemeinschaften. Das Sorgetragen für die Erde und für die Ernährung der Menschen gehen Hand in Hand.

Die Ernährung des Planeten wirft einige der grundlegendsten Fragen unserer Zeit auf. Die Ernährungsfrage wird zu einer ethischen Frage über unsere Beziehung zur Erde und zu anderen Arten; darüber, ob wir das Recht haben, andere Arten auszurotten oder großen Teilen der Menschheitsfamilie sichere, gesunde und nahrhafte Lebensmittel zu verweigern. Sie wird zu einer Frage darüber, ob die Menschen als Mitglieder der Erdengemeinschaft leben werden oder sich selbst zum Aussterben verurteilen, indem sie die ökologischen Grundlagen der Landwirtschaft zerstören. Sie wird zu einer kulturellen Frage: über unsere Ernährungsweisen, unsere Identität und unser Heimat- und Verwurzelungsgefühl.

Die Ernährung der Menschen ist eine Frage der Erkenntnis: Wollen wir weiterhin ein destruktives, reduktionistisches, mechanistisches Paradigma pflegen und Saatgut und Boden als tote Materie und bloße Maschinen sehen, die manipuliert und vergiftet werden können? Oder wollen wir Saatgut und Boden als lebendige, sich selbst organisierende, sich selbst erneuernde Systeme betrachten, die uns ohne den Einsatz von Chemikalien und Giften Nahrung geben können? Ebenso ist es eine Frage der Erkenntnis: Wollen wir die jahrhundertelange bäuerliche Landwirtschaft als wissensbasiert und die Bauern als intelligent ansehen? Oder wollen wir die Bauern für ignorant halten, nur weil sie vielleicht nicht studiert haben?

Die Ernährungsfrage ist auch eine wirtschaftliche Frage: Es geht darum, ob die Armen zu essen haben oder hungern; es geht darum, ob öffentliche Steuern dazu dienen, ein ungesundes und nicht nachhaltiges Nahrungsmittelsystem zu subventionieren; es geht darum, ob Saatgut ein Gemeingut ist oder durch Patente zum Besitz von Konzernen wird; und es geht darum, ob Nahrung nach den Prinzipien von Gerechtigkeit, Fairness und Souveränität verteilt wird oder auf der Grundlage der unfairen Regeln des sogenannten »Freihandels«.

Als mir klar wurde, wie fehlgeleitet und sogar verlogen das vorherrschende System der Landwirtschaft war, beschloss ich, etwas dagegen zu unternehmen. Ich widmete mein Leben der Rettung von Saatgut und der Förderung des ökologischen Landbaus und der ökologischen Nahrungserzeugung. Anstatt den Chemie- und Kapitaleinsatz zu intensivieren, der unsere Kleinbauern in die Verschuldung trieb, setzte ich mich dafür ein, die biologische Vielfalt und die ökologischen Prozesse zu intensivieren und mit der Natur zusammenzuarbeiten, anstatt ihr den Krieg zu erklären.

1987 gründete ich Navdanya, eine Bewegung zur Rettung von Saatgut, zum Schutz der Artenvielfalt und zur Verbreitung ökologischer Anbaumethoden. Wir haben geholfen, mehr als hundert kommunale Saatgutbanken zu schaffen, die den Bauern Saatgut frei zur Verfügung stellen, damit sie schmackhafte, nahrhafte Feldfrüchte ohne externe Inputs anbauen und so ihre eigene Ernährung verbessern und gleichzeitig höhere Einkommen erzielen können. Diese Saatgutbanken haben Bauern in Zeiten extremer klimatischer Bedingungen wie Dürren, Überschwemmungen und Wirbelstürmen gerettet. Beginnend mit dem Retten und Teilen von Saatgut teilen wir nun die Samen des Wissens der Agrarökologie. Über unsere Erduniversität verbreiten wir Ideen und Praktiken im Zusammenhang mit lebendem Saatgut, lebendigem Boden, lebendiger Nahrung, lebendigen Volkswirtschaften und lebendigen Demokratien. Durch die Praxis der biodiversitätsbasierten ökologischen Landwirtschaft lehren wir, wie Nahrungsmittel in Gesundheit und Fülle angebaut werden können und wie Landwirtschaft betrieben werden kann, um die Fruchtbarkeit des Bodens zu verbessern, die Biodiversität zu vergrößern, das Wasser zu erhalten und die Treibhausgase zu reduzieren, die zur Klimazerrüttung beitragen.

Der Wettstreit zwischen den beiden Paradigmen des Essens ist ein Wettstreit zwischen zwei Ideen und Gestaltungsprinzipien. Das eine Paradigma basiert auf dem Gesetz der Ausbeutung und dem Gesetz der Herrschaft, ausgehend von Kriegen und wurzelnd in Gewalt. Das andere Paradigma ist in die Agrarökologie und eine lebendige Wirtschaft eingebettet und beruht auf dem Gesetz des Ausgleichs: der Rückführung an die Gesellschaft, die Kleinbauern und die Erde. Es verkörpert die Werte des Teilens und der Fürsorge, nicht Egoismus und Gier. Heute ist ein Paradigmenwechsel zu einem globalen Überlebensimperativ geworden, der keinen Aufschub duldet.

»Wer ernährt die Welt *wirklich?*« ist die Destillation aus drei Jahrzehnten Forschung und Aktion und ein Aufruf zu einem globalen Wandel.

Wir brauchen einen Paradigmenwechsel und einen Machtwechsel. Eine von der Gier der Konzerne geprägte industrielle Landwirtschaft bringt uns weder Nachhaltigkeit noch Gesundheit und kann sie auch nicht bringen. Stattdessen können wir den Übergang zur Agrarökologie vollziehen und uns im Überfluss ernähren, indem wir uns darauf ausrichten, Saatgut zu bewahren, dem Boden etwas zurückzugeben, die biologische Vielfalt zu pflegen und unsere Kleinbauern und Frauen zu schützen. Wir müssen aufhören, unseren schönen Planeten zu schänden. Es liegt in unserer Hand, die Saat der Hoffnung für ein Ernährungssystem zu säen, das für die Gesundheit und das Wohlergehen des Planeten und aller seiner Menschen arbeitet.

1

Agrarökologie ernährt die Welt, nicht ein gewalttätiges Wissensparadigma

Die letzten zehntausend Jahre hat die Menschheit ökologisch gewirtschaftet. Verfahren und Kreisläufe der Natur haben zu Erneuerung, Reproduktion und Vielfalt geführt und allen Wesen ein friedliches Zusammenleben ermöglicht. Diese nachhaltigen Systeme sind nicht feststehend oder statisch; sie befinden sich in ständiger Entwicklung. Als Teil dieser ökologischen Systeme hat sich die biologische Landwirtschaft entwickeln können. Sie entwickelte sich sogar so gut, dass selbst diejenigen, die als erste von der industriellen Landwirtschaft profitieren konnten, feststellen mussten, dass ihre Chemikalien und Pestizide wenig zur »Verbesserung« der traditionellen ökologischen Landwirtschaft beitragen konnten.

Bereits 1889 wurde Dr. John Augustus Voelcker nach Indien entsandt, um die britische Kolonialregierung bei der Einführung der chemischen Landwirtschaft auf indischen Farmen zu beraten. Beim Studium der indischen Landwirtschaftssysteme erklärte Voelcker: »Es gibt wenig oder nichts, was verbessert werden kann. […] Sicher ist, dass zumindest ich nie ein perfekteres Bild eines sorgfältigen Anbaus gesehen habe. Ich darf mir erlauben zu sagen, dass es viel einfacher ist, Verbesserungen in der englischen Landwirtschaft vorzuschlagen, als der indischen Landwirtschaft sinnvolle Vorschläge zu machen.«[1] Mehr als zwanzig Jahre später schrieb Sir Albert Howard, der »Vater« der modernen nachhaltigen Landwirtschaft, über Indien und China: »Die landwirtschaftlichen Praktiken des Orients haben die höchste

Prüfung bestanden, sie sind fast so nachhaltig wie die des Urwaldes, der Prärie oder des Ozeans.«[2] Das Bemerkenswerte an diesen Aussagen ist, dass diese beiden Männer immerhin Kolonisatoren waren, die größere Profite aus und eine stärkere Kontrolle über das Land der Einheimischen anstrebten. Doch sogar sie konnten keine Mängel in den vorhandenen »perfekten« Anbaumethoden finden. Entgegen der landläufigen Meinung gab es die Hungersnöte nicht deshalb, weil die einheimische Landwirtschaft nicht im Überfluss Nahrungsmittel produziert hätte, sondern wegen der kolonialen Ausbeutung, wie die große bengalische Hungersnot von 1943 beweist.[3]

In den letzten fünfzig Jahren hat sich jedoch etwas verschoben. Dieses letzte halbe Jahrhundert war ein kurzlebiges Experiment mit nicht nachhaltiger, chemikalien-, wasser- und kapitalintensiver Landwirtschaft.[4] Diese neue Landwirtschaft, die oft fälschlicherweise »konventionell« (also herkömmlich) genannt wird, hat die ökologischen Grundlagen der Landwirtschaft zerstört, die natürliche Umwelt verwüstet und weltweit zu Ernährungsunsicherheit geführt. Angesichts der Tatsache, dass seit Jahrtausenden selbsttragende Systeme existierten, stellt sich die Frage: Wie wurde diese ökologisch so verheerende Landwirtschaft zum vorherrschenden Paradigma für die Landwirtschaft auf der ganzen Welt? Um diese Frage zu klären, müssen wir uns die Denkweisen – die Wissensparadigmen – ansehen, die zu dieser neuen Landwirtschaft geführt haben.

Wie der Physiker Thomas Kuhn geschrieben hat, sind alle wissenschaftlichen Systeme von Wissensparadigmen geprägt. Dies gilt auch für die in der Landwirtschaft angewandte Wissenschaft und Technik. Technologische Werkzeuge für die Nahrungsmittelproduktion existieren nicht unabhängig von dem Wissensparadigma, dessen Teil sie sind. Und die Ausgereiftheit und Nachhaltigkeit eines landwirtschaftlichen Agrarsystems hängt von der Ausgereiftheit des Wissensparadigmas ab, das es steuert.

Traditionelle Landwirtschaft und ökologischer Landbau haben ihre Wurzeln in mehreren Wissensgebieten, die gemeinsam das entstandene Wissensparadigma der Agrarökologie bilden. Die Agrarökologie berücksichtigt die Verflechtung des Lebens und die komplexen Prozesse, die in der Natur ablaufen. Das seit Jahrhunderten bewährte agrarökologische Wissen, das sich in den jeweiligen Ökosystemen und Kulturen entwickelt hat, wird heute durch die neuesten Erkenntnisse der modernen Wissenschaft bestätigt: von der Erde als Lebewesen, neue wissenschaftliche Erkenntnisse in der Epigenetik, über die Wechselwirkung zwischen Genen und Umwelt und neue Erkenntnisse über den ökologischen Nutzen, den biologische Vielfalt und die Ökosysteme erbringen. All dies trägt dazu bei, dass Agrarökologie als wissenschaftliches Paradigma anerkannt wird.

Während der industriellen Agrarrevolution wurden diese traditionellen Wissenssysteme durch eine militarisierte Denkweise ersetzt, die auf Gewalt gegenüber der Erde beruhte. Die in diesem System entworfenen Werkzeuge wurden in Unkenntnis des verletzlichen Lebensnetzes entwickelt und störten und zerstörten die ökologischen Grundlagen der Nahrungsmittelproduktion. Die industrielle Landwirtschaft ist kein Wissenssystem, das auf dem Verständnis ökologischer Prozesse innerhalb eines Agrarökosystems beruht; sie ist vielmehr eine Ansammlung von Gewaltmitteln. Diese Mittel kamen im wahrsten Sinne aus der Kriegsführung, denn sie beruhen auf Chemikalien, die ursprünglich dazu gedacht waren, Menschen zu töten.

Die Auseinandersetzung darüber, wer die Welt wirklich ernährt, ist in erster Linie eine Auseinandersetzung darüber, welches Wissensparadigma eine nachhaltige Nahrungsmittelproduktion gewährleistet. Ausgeklügelte, nachhaltige Denk- und Lebensmittelproduktionssysteme gab es schon immer. Schließlich hat die Menschheit nicht erst heute mit dem Essen begonnen. Wie ist es dazu gekommen, dass die Grüne Revolution und die industrielle Landwirtschaft Systeme verdrängt und zerstört haben, die die Menschheit über Jahrtausende ernährt haben? Und warum wurde das Wissen über ökologische Agrarsysteme – die Agrarökologie – durch Werkzeuge der Kriegsführung ersetzt? Und wie konnte eine überholte mechanistische Philosophie die Landwirtschaft auch dann noch dominieren, als neu aufkommende wissenschaftliche Disziplinen sich mit indigenem

Wissen verbanden, um Landwirtschaft und Ernährung als ein gesamtes System zu betrachten? Und schließlich: Wie können wir in eine Zukunft gehen, die auf den ökologischen Grundlagen der Landwirtschaft beruht, ohne die es keine Nahrungsmittelerzeugung geben kann?

* * *

Wenn Gifte in die Landwirtschaft eingeführt werden, um Schädlinge zu bekämpfen, oder wenn GVO (Gentechnisch veränderte Organismen) mit dem Argument, die »Welternährung sicherzustellen« eingeführt werden, ist die Rechtfertigung immer »Wissenschaft«. Was wir allgemein als »Wissenschaft« bezeichnen, ist jedoch in Wirklichkeit bloß die westliche, mechanistische, reduktionistische moderne Wissenschaft, die während der Industriellen Revolution zum vorherrschenden Weltbild wurde und die sich seither als dominantes Paradigma festgesetzt hat.

Seit Mitte der 1700er-Jahre, als der Kolonialismus seinen Höhepunkt erreichte, musste das Land, das einst von Gemeinschaften in den sogenannten Allmenden gemeinsam bewirtschaftet wurde, aufgeteilt und privatisiert, nämlich »eingehegt« werden, um Industrien und Imperien aufzubauen. Dazu musste das Wissen um die Erde und ihre Arten als miteinander verbunden und sich gegenseitig fördernd durch etwas ersetzt werden, das Gewalt gegenüber dem Land rechtfertigte. Um das industrielle System in Gestalt neuer gewaltsamer Technologien und das kapitalistische System in Gestalt einer jetzt gewinnorientierten Wirtschaft einzuführen, wurde eine bestimmte *Art* von Wissenschaft gefördert, und die galt forthin als das *einzig* Wissenschaftliche. Zwei wissenschaftliche Theorien dominierten dieses neue industrielle Paradigma, und sie prägen bis heute, wie wir Nahrung, Landwirtschaft, Gesundheit und Ernährung praktisch angehen.

Die erste Theorie ist die newtonsch-kartesische Idee der Trennung: eine fragmentierte Welt aus festen, unveränderlichen Atomen. In dieser Weltanschauung sind, wie Newton selbst schreibt, »die festen, massereichen, undurchdringlichen, beweglichen Teilchen … so hart, dass sie sich nie abnutzen oder in Stücke brechen: keine gewöhnliche Macht, die in der Lage ist, das zu teilen, was Gott selbst in der ersten Schöpfung eins gemacht hat. … Und daher möge die Natur beständig sein«.[5] Dieses Weltverständnis sieht die Natur als aus toter Materie zusammengesetzt an: ein Lego-Bausatz, in dem unveränderliche Teilchen und Stücke ohne übergreifende Konsequenzen verwendet, bewegt und ersetzt werden können. Diese mechanistische Annahme hat heute zu einem genetischen Reduktionismus und genetischen Determinismus und zur Entwicklung dessen geführt, was als das zentrale Dogma der Molekularbiologie bekannt geworden ist, nämlich der Glaube, dass genetisches Material, die DNA, als Mastermolekül dient. Dieses Dogma war so grundlegend in den wissenschaftlichen Glauben eingeschrieben, dass es »das Äquivalent zu den in Stein gemeißelten Zehn Geboten war«.[6]

In der Folge hat dieses Glaubenssystem die Grundlage für die Gentechnik und gentechnisch verändertes Saatgut, kurz GVOs, geliefert. Wie wir in diesem Buch immer wieder sehen werden, haben GVO, anstatt Schädlinge zu vernichten und mehr Nahrungsmittel zu erzeugen, die Nahrungsmittelproduktion verringert und gleichzeitig neue Superschädlinge und Superunkräuter hervorgebracht, die gegenüber den Spritzmitteln, die sie abtöten sollen, immer widerstandsfähiger werden. Und wie das wissenschaftliche Paradigma, das sie hervorgebracht hat, haben die GVO das einheimische Wissen, insbesondere das Wissen der Frauen, durch eine mechanisierte, reduktive Weltsicht verdrängt. Wie der Genetiker Dr. Mae-Wan Ho sagt: »Der Organismus führt mit großer Finesse seine eigene natürliche genetische Veränderung durch, einen molekularen Tanz des Lebens, der zum Überleben notwendig ist. Leider kennen die Gentechniker weder die Schritte noch den Rhythmus oder die Musik des Tanzes.«[7]

Newtonsch-kartesische Theorien sind durch neue Wissenschaften wie Quantentheorie, Ökologie, die neue Biologie und Epigenetik widerlegt. Die Quantentheorie lehrt uns, dass die Welt nicht aus harter, unveränderlicher Materie besteht, sondern aus Potentialfeldern mit einer dynamischen Umwandlung von Teilchen in Wellen und Wellen in Teilchen. Meine Doktorarbeit über die Grundlagen der Quantentheorie konzentrierte sich auf die Untrennbarkeit, nicht auf die newtonsche Trennung, als das bestimmende Merkmal eines Quantenuniversums. Die Ökologie lehrt uns, dass alles ein einziges Lebensnetz ist und dass Gaia auf jeder Ebene, von der Zelle über den Organismus bis zum Planeten, ein sich selbst organisierendes System ist. Die Epigenetik lehrt uns, dass die Vorstellung, es gäbe Atome des Lebens, die »Gene« genannt werden und die die Eigenschaften von lebenden Organismen bestimmen, nicht stimmt. Sie zeigt uns, dass die Umwelt die Gene beeinflusst und dass die Gene sich nicht unabhängig von ihrer Umgebung selbst regulieren oder organisieren.

In *Biology as Ideology: The Doctrine of DNA* schreibt Richard Lewontin:

DNA ist ein totes Molekül, das zu den reaktionslosen, chemisch inerten Molekülen gehört. Es hat nicht die Möglichkeit, sich selbst zu reproduzieren. Vielmehr wird die DNA aus elementaren Materialien durch eine komplexe zelluläre Maschinerie von Proteinen hergestellt... Es wird zwar oft gesagt, dass die DNA Proteine produziert, aber in Wirklichkeit produzieren Proteine (Enzyme) die DNA. Wenn wir Gene als selbstreplizierend bezeichnen, verleihen wir ihnen eine geheimnisvolle Kraft, die sie über die gewöhnlichen Materialien des Körpers hinauszuheben scheint. Wenn jedoch irgendetwas auf der Welt als selbstreplizierend bezeichnet werden kann, dann ist es nicht das Gen, sondern der gesamte Organismus als komplexes System.[8]

Die zweite bedeutende Theorie, die das Wissensparadigma für die industrielle Landwirtschaft bildet, ist Darwins Theorie des Wettbewerbs als Grundlage der Evolution. In seinem Buch *Intelligente Zellen* schreibt Bruce H. Lipton:

[Darwin] erklärte, lebende Organismen befänden sich in einem ständigen »Kampf ums Überleben«. Für Darwin waren Kampf und Gewalt nicht einfach nur Teil der tierischen (menschlichen) Natur, sondern die dem evolutionären Fortschritt zugrundeliegenden Kräfte. Im Schlusskapitel seines Hauptwerkes *Der Ursprung der Arten* schrieb Darwin von einem unausweichlichen »Kampf ums Überleben« und dass die Evolution durch den »Kampf der Natur gegen Hunger und Tod« vorangetrieben werde.[9]

Aber das Leben entwickelt sich nicht durch Konkurrenz, sondern durch Kooperation und Selbstorganisation. Fünfzig Billionen Zellen arbeiten zusammen, um den menschlichen Körper zu bilden. Millionen von Arten arbeiten zusammen, um Ökosysteme und den Planeten zu gestalten.

Das darwinsche Paradigma vom Wettbewerb hat das Paradigma der industriellen Landwirtschaft befeuert. Monokulturen entstehen aus der Vorstellung, dass Pflanzen miteinander konkurrieren, während in Wirklichkeit Pflanzen miteinander kooperieren. Im gemischten Anbausystem von Mais, Bohnen und Kürbissen in Mexiko beispielsweise liefern stickstoffbindende Bohnen und Hülsenfrüchte freien Stickstoff an das Getreide, und im Gegenzug sorgen die Getreidehalme von Mais oder Hirse dafür, dass die Bohnen daran emporranken können. Im Gegenzug bietet der Kürbis dem Boden Bedeckung und verhindert so Bodenerosion, Wasserverdunstung und das Aufkommen von Unkraut. Zusammen bieten diese unterschiedlichen Nutzpflanzen Nahrung für Boden, Tiere und Menschen. Das darwinsche Paradigma hingegen betrachtet jedes Insekt als im Krieg gegen den Menschen und damit als etwas, das mit Giften ausgerottet werden muss.

Zusammen bilden diese beiden wissenschaftlichen Theorien ein reduktionistisches, mechanistisches Wissensparadigma, das eine grenzenlose Ausbeutung erlaubt. Während die Instrumente der Umsetzung unter diesem Paradigma unterschiedlich sind, hat die Alleingeltung dieser Art Wissen die intellektuelle Grundlage für das System der industriellen Produktion und der Kontrolle über die Natur geschaffen. In den aus diesem Paradigma hervorgegangenen

industriellen Landwirtschaftssystemen wird der Boden als inerter
Behälter für chemische Düngemittel behandelt, Pflanzen werden als
Fabriken definiert, und Samen werden als Maschinen betrachtet, die
mit Agrochemikalien betrieben werden.

Die newtonsch-kartesische Theorie der Fragmentierung und Trennung und das darwinistische Paradigma des Wettbewerbs haben zu
einer nicht regenerativen Nutzung der Ressourcen der Erde, zu einem
nicht nachhaltigen Modell der Ernährung und Landwirtschaft und
einem ungesunden Modell von Gesundheit und Ernährung geführt.
Die Betonung der Legitimität dieser Argumente als alleiniger »wissenschaftlicher« Ansatz hat eine Wissensapartheid geschaffen, indem
sie das Wissen der Bauern und die Intelligenz und Kreativität von
Mutter Erde außer acht lässt. Denn wenn die Natur bereits tot ist, wie
kann man sie dann töten?

* * *

Die wissenschaftlichen Gewaltparadigmen ebneten den Weg für
eine Intensivierung der Kriegsführung. Während des Zweiten Weltkriegs verdienten große Unternehmen durch den Tod von Millionen von Menschen riesige Summen. Nach Kriegsende verwandelte
sich eine Industrie, die durch die Herstellung von Sprengstoffen und
Chemikalien für den Krieg (und auch die Konzentrationslager) groß-
geworden war und Profite erzielt hatte, in die agrochemische Industrie. Vor die Wahl gestellt, zu schließen oder sich zu »rebranden«,
begannen Sprengstofffabriken, synthetische Düngemittel herzustellen, und Kriegschemikalien wurden nun als Pestizide und Herbizide
eingesetzt. Das Herzstück der industriellen Landwirtschaft ist der
Einsatz von Giften; das System der industriellen Landwirtschaft ist
eine Nekro-Ökonomie – ihre Profite wurzeln in Tod und Zerstörung.

Der chemische Schub veränderte, wie Landwirtschaft verstanden
und gelebt wurde. Statt mit ökologischen Prozessen zu arbeiten und
das Wohlergehen und die Gesundheit des gesamten Agrarökosystems
zu berücksichtigen, wurde die Landwirtschaft auf ein System reduziert, das auf der Zufuhr von außen und auf Giftstoffen beruhte. Wo

es also einst ein Landwirtschaftssystem gab, in dem alles intern recycelt und wiederverwendet wurde, vom Boden über das Wasser bis hin zu den Pflanzen, gab es jetzt ein System, das auf externen Input von Saatgut, Chemikalien und Dünger angewiesen war, die ständig zugekauft werden mussten.

Die industrielle Landwirtschaft ist ein massiver Verursacher der Klimazerrüttung. Sie ist für 25 Prozent der weltweiten Kohlendioxidemissionen, 60 Prozent der Methangas-Emissionen und 80 Prozent des Lachgas-Ausstoßes verantwortlich, die alle starke Treibhausgase sind. Wie wir in den folgenden Kapiteln sehen werden, hat sie auch zur Erosion und Unfruchtbarkeit der Böden, Wasserverschmutzung und Erschöpfung der Grundwasservorräte sowie zur Zerstörung von autarken Gesellschaften auf der ganzen Welt beigetragen.

Obwohl kleine Bauernhöfe aufgrund ihrer Vielfalt mehr Nahrungsmittel produzieren, hat sich die Landwirtschaft auf große, in Monokultur arbeitende Betriebe konzentriert, die auf dem intensiven Einsatz von Chemikalien, fossilen Brennstoffen und Kapital beruhen. Statt auf der Grundlage von mehr als 8.500 Pflanzenarten vielfältige Nahrungsmittel für die Menschen der unterschiedlichen Kulturen bereitzustellen, produzieren diese Betriebe in Monokulturen und unter Einsatz weniger Arten und Sorten Produkte für den globalen Handel. Monokulturen, die auf externer Zufuhr von chemischen Düngemitteln und Pestiziden beruhen, sind zudem anfälliger für Schädlinge und schneiden im Vergleich mit einer vielfältigen organischen Landwirtschaft schlecht ab. Dabei führte die Verlagerung von Vielfalt zu Monokulturen in der Landwirtschaft auch zu einer Monokultur in der Ernährung. Diese landwirtschaftliche Einseitigkeit hat sowohl die Gesundheit des Bodens als auch die Gesundheit der Menschen geschädigt. Krieg dient, wie wir alle wissen, niemals der Gesundheit oder dem Leben.

Unter einem reduktionistischen Wissensparadigma führte ein Denken in Kategorien des Krieges in der Landwirtschaft zu einer reduktionistischen Wirtschaft, bei der es bloß um die Produktion von Waren geht. Die Warenproduktion ist für die Wirtschaft das, was fragmentiertes Denken für die Biologie ist. Dasselbe Denksystem, das Gene als Leitmoleküle betrachtet, betrachtet Waren als Leitwährung der Welt. Das System für die Verwaltung von Rohstoffen ist das Bruttoinlandsprodukt oder BIP. Aber das BIP gab es nicht schon immer. Tatsächlich wurde es eingeführt, um Kriege zu finanzieren, damit die Regierungen rechtfertigen konnten, dass sie Ressourcen aus der Ernährung abziehen, um die Kriegsführung zu finanzieren. Die Fixierung auf das BIP ist für die Landwirtschaft gefährlich, weil es zu der fiktiven Idee geführt hat, dass man nichts produziert, wenn man nur das erzeugt, was man selbst verbraucht.[10] Während also früher die Natur und die Frauen die wichtigsten Produzenten von Nahrungsmitteln waren, nennt man jetzt Waren, das, was Gewinn erzielt, das Produkt.

Durch diese künstlich auferlegte Ökonomie wurde die Gesellschaft auf Produzenten und Konsumenten von Waren reduziert, statt auf Erzeuger und Esser von Lebensmitteln. Die Produktion ökologischer Güter und Dienstleistungen durch die Natur und die Fähigkeit der Gesellschaft, sowohl die Natur zu bewahren als auch für ihren Lebensunterhalt zu sorgen, wurde zuerst in den Köpfen der Menschen und dann in den realen Ökosystemen und der lokalen Wirtschaft ausgelöscht. Diese Vernichtung von jahrhundertealtem Wissen, das dem Boden und den Menschen Lebensgrundlage war und Nahrung bot, ist die Ursache für die Zerstörung der Ökosysteme und führt zu Armut und Hunger in der ganzen Welt.

Die Konstrukte des reduktionistischen Wirtschaftsparadigmas verliehen dem Kapital und den Unternehmen als den »kreativen Kräften, die uns Nahrung bringen«, geheimnisvolle Eigenschaften. Indem die von der Natur, den Frauen und den Kleinbauern geleistete Produktion unsichtbar gemacht wurde [weil sie im BIP nicht abgebildet wurde. *Anm. d. Übers.*], war fortan nur jener Teil der Lebensmittelwirtschaft sichtbar, der unter der Kontrolle der Konzerne stand. Systeme, die auf Vielfalt basierten, wurden durch Monokulturen ersetzt, die weniger Nahrung, dafür aber mehr Waren produzierten. Die Bauern wurden vom Kauf teuren Saatguts und Chemikalien abhängig gemacht, und viele überschuldete Bauern wurden schließlich in den Selbstmord getrieben.

* * *

Innerhalb eines lebenserhaltenden agrarökologischen Systems gibt es drei koexistierende Ökonomien: die Wirtschaft der Natur, die Wirtschaft der Menschen und die Marktwirtschaft. Zusammen bilden sie eine Wirtschaft der Nachhaltigkeit. Die Wirtschaft der Natur umfasst Biodiversität, Bodenfruchtbarkeit und die Bereitstellung von Wasser, die zusammen die ökologischen Grundlagen bilden, auf die die Landwirtschaft angewiesen ist. Die Wirtschaft der Menschen ist eine Wirtschaft für den Lebensunterhalt, in der Gemeinschaften das produzieren, was gebraucht wird, und sich gegenseitig versorgen. Und schließlich beinhaltet die Marktwirtschaft den Austausch und die Interaktionen zwischen echten Menschen, nicht zwischen Unternehmen.

Die Nachhaltigkeit der Wirtschaft der Natur und der Wirtschaft der Menschen beruht auf dem Gesetz des Ausgleichs. Alles ist in ständigem Austausch: Saatgut, Boden und Gesellschaft. Das Gesetz des Ausgleichs des Saatguts erhält den Kreislauf der lebendigen Samen. Es bedeutet, dass Samen sich in Saatgut verwandeln können, uns aber gleichzeitig als Nahrung dienen. Es bedeutet auch, dass sich lebendiges Saatgut, das die Bauern zusammen mit der Natur entwickelt haben, frei von Landwirt zu Landwirt bewegt. Das ist, was wir Saatgutfreiheit nennen. Das Gesetz des Ausgleichs bedeutet für den Boden, ihm organische Substanz zurückzugeben, um die Fruchtbarkeit zu erneuern und lebende Böden zu erhalten. Das Gesetz des Ausgleichs in der Gesellschaft bedeutet, den Bauern ihren gerechten Anteil für die Erzeugung der Nahrungsmittel – dafür, dass sie uns mit Nahrung versorgen – zurückzugeben, damit sie ein Leben in Würde und Freiheit führen können. Das bedeutet Zusammenarbeit und Gegenseitigkeit sowie das Schließen des Kreislaufs zwischen Produktion und Konsum. Und vor allem ist es das Gesetz des Ausgleichs zwischen den Generationen, wobei jede Generation die von

den Vorfahren erhaltenen Gaben bewahrt und das Vermächtnis von
Saatgut, Boden, Wissen und Kultur an die kommenden Generationen
weitergibt.

In einem nachhaltigen System existieren diese drei Ökonomien als
eine stabile Pyramide. Die Wirtschaft der Natur mit all ihrer reich-
haltigen, sich erneuernden Nahrung bildet die große Basis der Pyramide. Die Wirtschaft der Natur trägt die Wirtschaft der Menschen,
die dazu beiträgt, die von ihr genutzten natürlichen Ressourcen
zu recyceln und zu erneuern. Die Spitze der Pyramide ist dann die
Marktwirtschaft, die auf der Wirtschaft der Natur und der Menschen
aufbaut und aus den Interaktionen verschiedener Gemeinschaften
zum Austausch von Ressourcen, Wissen und Ideen besteht.

Aber unter dem reduktionistischen, mechanistischen Paradigma
von Wissen und Profit mutiert die Vorstellung von Nachhaltigkeit. Es
gibt ganz klar zwei verschiedene Bedeutungen von »Nachhaltigkeit«.
Die wirkliche Bedeutung bezieht sich auf die Natur und die Nachhaltigkeit der Menschen, und sie erkennt an, dass die Natur unser
Leben trägt und unsere Lebensgrundlagen bildet und die ursprüngliche Quelle unseres Lebensunterhalts ist. Die Erhaltung der Natur
impliziert die Aufrechterhaltung der Integrität der Prozesse, Zyklen
und Rhythmen der Natur.

Nun gibt es jedoch eine zweite Art von »Nachhaltigkeit«, eine,
die sich allein auf den Markt bezieht. Dieses Paradigma misst das
Wachstum der Marktwirtschaft nur anhand des BIP, obwohl dieses Wachstum mit dem Schrumpfen und der Zerstörung der oben
dargestellten Basis der Pyramide verbunden ist: der Wirtschaft der
Natur und der Wirtschaft der Menschen. Nachhaltigkeit in diesem
allmächtigen Markt bezeichnet die Sicherung der Versorgung mit
Rohstoffen und den Warenfluss, die Kapitalakkumulation und Inve-
stitionsrenditen. Sie kann nicht die Lebensgrundlagen sichern, denn
die verlieren wir bereits durch die Beeinträchtigung der Fähigkeit
der Natur, Leben zu erhalten. Hinter dem Wachstum der globalen
Märkte verbirgt sich die Zerstörung der lokalen Wirtschaft, also der
inländischen Produktion und des inländischen Verbrauchs. Und da

Industrierohstoffe und Marktgüter ersetzt werden können – wobei Menschen und die Natur nicht ersetzt werden können , wird Nachhaltigkeit in Substituierbarkeit (Ersetzbarkeit) von Materialien übersetzt, was sich wiederum in der Konvertierbarkeit (Umtauschbarkeit) der Natur in Gewinne und Geld niederschlägt.

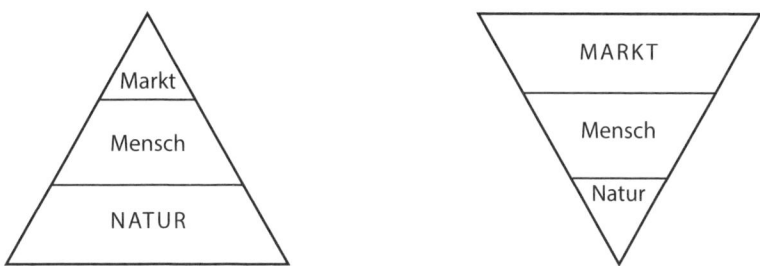

Abb. 1: Wenn der Markt alles dominiert, verlieren Mensch und Natur – und alles wird instabil.

Diese mutierte Idee von Nachhaltigkeit hat die Wirtschaftspyramide auf den Kopf gestellt und ökologisch und sozial instabil gemacht. An der Spitze steht ein großer, gewinnorientierter Markt, darunter eine kleinere, ebenfalls marktorientierte Volkswirtschaft, und schließlich wird die Wirtschaft der Natur auf eine winzige Spitze reduziert, die versucht, ein System aufrechtzuerhalten, das nur nimmt und nie zurückgibt.

Wir müssen die Pyramide in ihrer ursprünglichen, dauerhaften Form wieder herstellen. Dieser Übergang zu einer nachhaltig lebendigen Landwirtschaft erfordert, dass die beiden vernachlässigten Ökonomien von Natur und Mensch bei der Bewertung der Produktivität und der Kosten-Nutzen-Analyse in der Landwirtschaft sichtbar gemacht werden. Nachhaltigkeitskriterien können in der Landwirtschaft nur dann zur Geltung kommen, wenn sich in der Wirtschaft der Natur die Gesundheit der ökologischen Prozesse der Natur widerspiegelt – die Gesundheit des Bodens, die Gesundheit der Biodiversität, die Gesundheit der Wassersysteme – und wenn sich in der Wirtschaft der Menschen die tatsächliche Gesundheit des sozioökonomischen und ernährungsphysiologischen Status der Menschen widerspiegelt. Um diese Umkehrung einzuleiten, müssen wir zunächst die vorherrschenden Wissensparadigmen umkehren, die unsere Herangehens- und Betrachtungsweisen geprägt haben.

* * *

Das Wissen um die Erhaltung und Bewahrung wurde von den Hütern der reduktionistischen Wissenschaft und Wirtschaft nie als Wissen anerkannt. Stattdessen haben sich die vorherrschenden Wissensparadigmen auf Ausbeutung ausgerichtet. Nehmen Sie zum Beispiel das Wissen hinter bestimmten Arten der Forstwirtschaft. Ein Baum allein hat keinen Wert; erst wenn man den Baum fällt, entsteht der Wert. Nach dieser Logik ist das einzige Wissen, das zählt, das Wissen, das den Markt speist. Aber der Baum spendet Schatten, gibt Früchte, erhält den Boden, versorgt Vögel und andere Tiere und liefert den Sauerstoff, den wir atmen. Dies ist das Wissen, das die wieder erstarkende Agrarökologie zurückfordert. Agrarökologie ist der neue Name, der dem wissenschaftlichen Paradigma gegeben wurde, das alle alten, nachhaltigen und traditionellen Landwirtschaftssysteme umfasst, die auf ökologischen Prinzipien beruhten. Diese Praktiken wurden in der Regel nur in traditionellen lokalen Weltanschauungen gepflegt, wie zum Beispiel das Wissen, das in indigenen und Stammesgemeinschaften von Generation zu Generation weitergegeben wird. Die Agrarökologie nimmt all diese Vielfalt auf, kombiniert sie mit dem Wissen aus den neuen Wissenschaften wie der Epigenetik und der Quantentheorie, die die Verbundenheit der Welt unterstreichen, und produziert ein neues, nachhaltiges Wissensparadigma.

Das Paradigma des agrarökologischen Wissens gibt der Art und Weise, wie wir die Fragen im Zusammenhang mit Nahrung und Landwirtschaft verstehen, eine neue Gestalt:
• Sie erkennt Zusammenhänge in der Natur an und beruht auf der Anwendung der ökologischen Wissenschaft auf Ernährungs- und Landwirtschaftssysteme, statt eines reduktionistischen, mechanistischen und militarisierten Ansatzes.

- Sie fördert die Gesundheit von Boden, Pflanzen, Tieren und Menschen.
- Sie verbessert die ökologische Integrität der Nahrungsmittelproduktion durch das Gesetz des Ausgleichs.
- Sie erhält die biologische Vielfalt und intensiviert die Leistungen der Biodiversität, etwa durch Bestäuber, wodurch agrochemische Erzeugnisse wie Pestizide überflüssig werden.
- Sie maximiert »Gesundheit pro Hektar« und »Nahrung pro Hektar« anstelle von »Ertrag pro Hektar«.
- Sie beruht auf der Saatgutfreiheit, bei der die Kontrolle über das Saatgut bei den Bauern liegt statt auf einem System, das Saatgut als geistiges Eigentum von Unternehmen betrachtet.
- Sie schafft den sozioökonomischen, politischen und kulturellen Kontext für die Ausübung der Ernährungsfreiheit und Ernährungssouveränität.
- Sie konzentriert sich auf das Wissen von Frauen über Biodiversität, Ökosysteme, Gesundheit und Ernährung statt auf das von Unternehmen kontrollierte und manipulierte Wissen, das auf Monokulturen basiert.
- Sie beruht auf einem Gefühl für den Ort und gibt dem Lokalen den Vorrang vor den ungerechtfertigten Privilegien, die globalen Unternehmen eingeräumt werden.

Die Agrarökologie ist eine sehr reale Alternative zum zerstörerischen, gewalttätigen Paradigma der industriellen chemischen Landwirtschaft. Wie wir in den folgenden Kapiteln sehen werden, sind es die von der Agrarökologie entwickelten Methoden und Praktiken, die die Welt wirklich ernähren. Wo die industrielle Landwirtschaft die biologische Vielfalt zerstört, bewahrt und verjüngt die ökologische Landwirtschaft verschiedenste Arten. Wo die industrielle Landwirtschaft Wasser verbraucht und verschmutzt, schont die ökologische Landwirtschaft das Wasser, indem sie die Wasserspeicherkapazität der Böden durch die Wiederverwertung organischer Stoffe erhöht. Während die industrielle Landwirtschaft die Natur als tote Materie oder als Maschinerie betrachtet, bringt die Agrarökologie wieder

Leben in die Erde ein, indem sie sie als lebendiges, atmendes Wesen betrachtet.

Im agroökologischen Paradigma des Wissens und in der biologischen Landwirtschaft ist die Nahrung das Gewebe des Lebens. Der Mensch ist Teil dieses Gewebes, sowohl als Mitschöpfer und Miterzeuger als auch als Esser. Wenn wir Samen retten und wieder aussäen, werden wir Teil des Lebenszyklus. Wenn wir organische Substanz in den Boden zurückgeben, ernähren wir die Bodenorganismen. Nach den Gesetzen der Natur zu arbeiten bedeutet, an den Schöpfungs- und Produktionsprozessen der Natur teilzuhaben. Dies ist die Grundlage für die Nachhaltigkeit von Nahrungsmittel- und Landwirtschaftssystemen. Ein agrarökologisches Wissenssystem ernährt die Welt, nicht ein gewalttätiges, reduktionistisches Paradigma der Landwirtschaft.

2

Lebendiger Boden ernährt die Welt, nicht chemische Düngemittel

Was immer ich in dir pflanze, o Erde,
Möge schnell auf dir wachsen,
Oh Reine, möge meine Hacke niemals Deine
Lebenspunkte durchbohren, Dein Herz.

»Prithvi-Sukta«, ein Gebet aus dem
alten indischen Text *Atharva Veda*[1]

Der englische Botaniker Sir Albert Howard kam 1905 nach Indore in Indien. Dort begann er mit seiner Frau Gabrielle als landwirtschaftlicher Berater zu arbeiten und beobachtete die Anbaumethoden der Bauern und Bäuerinnen. Howard ist als Vater des ökologischen Landbaus bekannt, aber in Wirklichkeit waren die Bauern Indiens die Väter und Mütter der heute berühmten Agrarphilosophie und -praxis des Wissenschaftlers. Hier begann er, sich landwirtschaftliche Techniken zu eigen zu machen, die dem Boden Nährstoffe zurückgeben, und in seinen verschiedenen Schriften vertrat er seine berühmte These: »Die Gesundheit von Boden, Pflanze, Tier und Mensch sind untrennbar verbunden.«[2]

Der Boden ist ein lebendes System, in dem Milliarden von Bodenorganismen ein kompliziertes Nahrungsnetz weben, um die Bodenfruchtbarkeit zu schaffen, zu erhalten und zu erneuern. Die gesamte Nahrungsmittelproduktion beruht auf diesem Netz. Das Wohlergehen des Bodens ist für das menschliche Wohlergehen lebenswichtig, und von diesem Standpunkt aus gesehen, besteht der Sinn der Düngung nicht bloß darin, die Erträge zu steigern und die Pflanzen zu düngen, sondern den lebendigen Boden zu pflegen.

Das reduktionistische Paradigma, das den Weg für die industrielle chemische Landwirtschaft geebnet hat, behandelt den Boden jedoch als einen inerten, leeren Behälter für chemische Düngemittel. Nach dem Ersten Weltkrieg mussten die Hersteller von Sprengstoffen, deren Fabriken für die Bindung von Stickstoff ausgerüstet waren, andere Märkte für ihre Produkte finden. Synthetische Düngemittel boten eine bequeme »Konversion« hin zu einer friedlichen Verwendung von Kriegsprodukten,[3] nur dass diese Chemikalien nicht friedlich waren, sondern einen Kampf gegen den Boden und gegen die Erde führten. Nach dem Zweiten Weltkrieg wurde dieser Krieg unter dem Banner der Grünen Revolution geführt, um diese giftigen Chemikalien in den Globalen Süden zu exportieren.

Allein in Indien wurde es in zwanzig Jahren Grüner Revolution erreicht, die Fruchtbarkeit der Böden im Punjab zu zerstören. Diese Böden wurden über Jahrhunderte hinweg von Generationen von Bauernfamilien gepflegt und hätten auf unbestimmte Zeit erhalten werden können, wenn nicht internationale »Experten« und ihre indischen Gefolgsleute fälschlicherweise geglaubt hätten, dass Technologien ein Ersatz für Land sein und dass Chemikalien die organische Fruchtbarkeit der Böden ersetzen könnten.

Heute gehen den weltweiten Agrarsystemen jedes Jahr 24 Milliarden Tonnen fruchtbarer Böden verloren. Indien verliert 6,6 Milliarden Tonnen Boden pro Jahr, China 5,5 Milliarden Tonnen und die Vereinigten Staaten 3 Milliarden Tonnen. Tatsächlich geht der Boden zehn- bis vierzigmal so schnell verloren, wie er auf natürliche Weise wieder aufgefüllt werden kann. Die durch Erosion verlorenen Bodennährstoffe verursachen jährlich Kosten von 20 Milliarden Dollar. Chemische Monokulturen machen die Böden zudem anfälliger für Dürren und tragen weiter zur Ernährungsunsicherheit bei. Die Folge dieser Degradation sind eine geringere Verfügbarkeit von sauberem Wasser und eine erhöhte Anfälligkeit der betroffenen Gebiete für die Klimaveränderungen und für Ernährungsunsicherheit und Armut. Bereits heute sind 1,5 Milliarden Menschen in allen Teilen der Welt direkt durch ein geringeres Einkommen oder Ernährungsunsicherheit vom Verlust von Land betroffen.[4] Nach dem derzeitigen Stand der Bodendegradation wird es, wenn wir die lebenden Böden unseres Planeten weiter zerstören, in den nächsten zwanzig bis fünfzig Jahren 30 Prozent weniger Nahrungsmittel auf dem Planeten geben.[5]

Vorangetrieben durch das Gesetz der Ausbeutung und das Gesetz der Beherrschung, haben wir jetzt anstelle von Böden chemische Dünger. Der Drang nach mehr Düngemitteln war ein wichtiger Faktor bei der Verbreitung des neuen Saatguts, denn wo immer das neue Saatgut hinkam, eröffnete es neue Märkte für chemische Düngemittel. 1967 sprach Norman Borlaug, dem der »Erfolg« der Grünen Revolution in Indien zugeschrieben wird, bei einem Treffen in Neu-Delhi nachdrücklich über die Rolle von Düngemitteln in der neuen Agrarordnung. »Wäre ich ein Mitglied Ihres Parlaments«, sagte er den Politikern und Diplomaten im Publikum, »würde ich alle fünfzehn Minuten von meinem Sitz aufspringen und lauthals schreien: ›Dünger! Gebt den Bauern mehr Dünger!‹ Es gibt in Indien keine wichtigere Botschaft als diese: Düngemittel werden Indien zu mehr Nahrung verhelfen.«[6]

Aber keine Technologie kann für sich in Anspruch nehmen, die Welt zu ernähren, wenn sie dabei das Bodenleben zerstört. Deshalb sind die Behauptungen der Grünen Revolution – oder der Gentechnik –, dass ihre Technologien die Welt ernähren werden, falsch. Diesen Technologien sind Rezepte immanent, die das Leben im Boden vernichten und damit die Bodenerosion und -degradation beschleunigen. Degradierte und tote Böden, Böden ohne organische Substanz, Böden ohne Bodenorganismen und Böden ohne Wasserspeicherkapazität schaffen keine Ernährungssicherheit; sie verursachen Hungersnöte und sind der Kern der Nahrungsmittelkrise, mit der die Welt heute konfrontiert ist.

* * *

Gesunde und fruchtbare Böden bringen gesunde Pflanzen hervor, die wiederum gesunde Menschen hervorbringen. Howard schrieb:

> Ein Boden, der von gesundem Leben in Form einer üppigen Mikroflora wimmelt, wird gesunde Pflanzen hervorbringen, und diese werden, wenn sie von Tieren und Menschen verzehrt werden, Tieren und Menschen Gesundheit verleihen. Aber ein unfruchtbarer Boden, das heißt ein Boden, in dem es nicht genügend Mikroben, Pilze und anderes Leben gibt, wird einen Mangel an die Pflanze weitergeben, und diese Pflanze wiederum wird den Mangel an Tiere und Menschen weitergeben.[7]

Die Millionen von im Boden vorkommenden Organismen sind die Quelle seiner Fruchtbarkeit. Der größte Teil der Biomasse im Boden besteht aus Mikroorganismen. Bodenmikroorganismen erhalten die Bodenstruktur, tragen zum biologischen Abbau abgestorbener Pflanzen und Tiere bei und binden Stickstoff und Kohlenstoff. Sie sind der Schlüssel zur Bodenfruchtbarkeit, und ihre Zerstörung durch Chemikalien bedroht unser Überleben und unsere Ernährungssicherheit. Eine dänische Studie aus dem Jahr 1997 analysierte einen einzigen Kubikmeter Boden und fand Tausende von kleinen Regenwürmern, fünfzigtausend Insekten und Milben sowie zwölf Millionen Fadenwürmer. Ein einziges Gramm des Bodens enthielt dreißigtausend Einzeller, fünfzigtausend Algen, vierhunderttausend Pilze und Milliarden einzelner Bakterien. Es ist diese erstaunliche Artenvielfalt, die die Bodenfruchtbarkeit erhält und erneuert[8] und es den Bodenarbeitern oder Bodenorganismen ermöglicht, sich zu entfalten. Dazu gehören Pilze, Bakterien, Nematoden und Regenwürmer.

In unbelasteten Böden wird die organische Substanz von Bodenorganismen zu Humus abgebaut. *Humus* ist das lateinische Wort für »Boden« oder »Erde«. Humus ist organische Substanz, die von Bodenorganismen verdaut und zu lebendigem Boden gemacht wird. Eine wichtige Eigenschaft von Humus ist, dass er als Schwamm fungiert und bis zu 90 Prozent seines Eigengewichts an Wasser aufnehmen kann. Böden, denen es an Humus fehlt, sind anfälliger für Dürre, Nährstoffmangel und Bodenerosion.

Humusreiche Böden sind reich an Pilzen wie Mykorrhizen, die ohne Humus nicht existieren können. Mykorrhizen gehen eine symbiotische Beziehung mit Pflanzen ein, indem sie in die Wurzeln eindringen und Nährstoffe und Feuchtigkeit für die Pflanzen mobilisieren. In einem Kreislauf der wechselseitigen Abhängigkeit tragen diese Pilze auch zur Humusbildung und Bodenbindung bei.

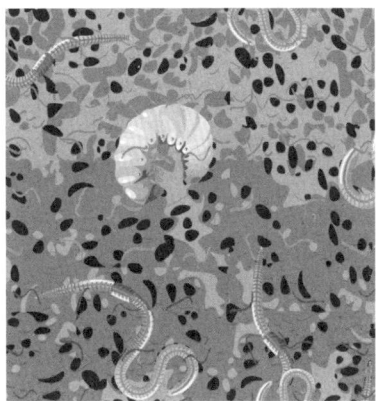 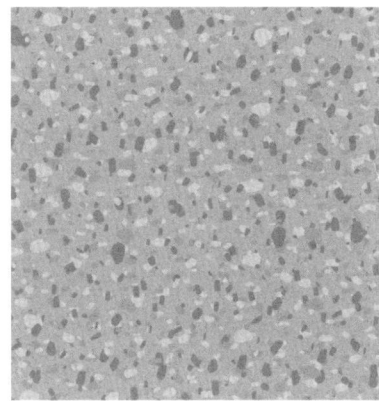

lebendiger organischer Boden   toter mechanischer Boden

Abb. 2: Ein lebendiger Boden bringt lebensfördernde Nahrung hervor.

Lebende Böden wimmeln von nützlichen Bakterien. Ein Teelöffel Boden enthält zwischen hundert Millionen und einer Milliarde Bakterien, was zwei Tonnen pro Hektar entspricht. Bakterien zersetzen und binden Nährstoffe, die in ihren Zellen zurückgehalten werden, wodurch ein Nährstoffverlust im Boden verhindert wird. Sie produzieren Substanzen, die Bodenpartikel zu Aggregaten binden – oder Bodenpartikel zusammenbauen –, wodurch die Bodenerosion verhindert und die Wasserhaltekapazität des Bodens erhöht wird.

Actinomyzeten sind Bakterien, die organisches Material abbauen und auf Humus leben, um als Klebstoff Bodenpartikel zu Aggregaten zu binden. Fehlen Bodenmikroorganismen, verbindet sich der Boden nicht. Stattdessen wird er zu Staub und kann leicht vom Wind weggeweht und vom Wasser weggespült werden. Lebende Böden haben auch stickstoff-bindende Bakterien, die eine symbiotische Beziehung mit der Pflanzenwurzel eingehen und der Pflanze Stickstoff im Austausch gegen Kohlenstoff geben.

Nematoden – oder mehrzellige Fadenwürmer – haben ihren Namen von dem griechischen Wort für »Faden«, *nema*. 90 Prozent der Nematoden befinden sich in den oberen 15 Zentimetern des Bodens. Nematoden zersetzen keine organische Substanz, sondern ernähren sich von Lebewesen. Nematoden können Bakterienpopulationen wirksam regulieren, indem sie bis zu fünftausend Bakterien pro Minute fressen und dabei Stickstoff produzieren.[9]

Regenwürmer sind für lebende Böden und die Bodenfruchtbarkeit unverzichtbar. 1881 veröffentlichte Darwin ein Buch mit dem Titel *The Formation of Vegetable Mould through the Action of Worms* (Die Bildung der Ackererde durch die Tätigkeit der Würmer) über seine Beobachtungen ihrer Gewohnheiten. Über Würmer schrieb er: »Es darf bezweifelt werden, ob es noch viele andere Tiere gibt, die in der Geschichte der Kreaturen eine so wichtige Rolle gespielt haben.«[10] Regenwürmer sind weit höher entwickelt als die teuersten Düngemittelfabriken, denn sie sorgen nicht nur für Fruchtbarkeit, sondern erhöhen auch die Wasserhaltekapazität und das Luftvolumen des Bodens, die für einen lebendigen Boden unerlässlich sind. Regenwürmer graben sich durch den Boden, um kleine Röhren zu bauen, durch die sich Luft und Wasser bewegen. Regenwürmer erhöhen das Luftvolumen des Bodens um bis zu 30 Prozent und die Wasserspeicherkapazität des Bodens um 20 Prozent. Dadurch wird der Boden widerstandsfähiger gegen Trockenheit. Böden mit Regenwürmern entwässern zudem zehnmal schneller als Böden ohne Regenwürmer, was den Boden widerstandsfähiger gegen Überschwemmungen macht. In einem einzigen Quadratmeter organischen Bodens können zwischen dreißig und dreihundert Regenwürmer vorkommen.

Zusätzlich zu Regenwürmern, Pilzen und Bakterien, befinden sich in jedem Gramm Boden zwischen zehntausend und hunderttausend

Grün- und Blaualgenzellen. Pro Quadratmeter organischen Bodens finden sich zwischen tausend und hunderttausend Milben, Spinnen, Ameisen, Käfer, Hundertfüßer und Tausendfüßer. Je mehr Bodenorganismen vorhanden sind, desto gesünder ist der Boden; er ist fruchtbarer, hält mehr Wasser zurück und ist weniger anfällig für Erosion.

Stickstoff ist wesentlich für die Landwirtschaft, weil er den Pflanzen bei der Bereitstellung ihrer Nahrung hilft. Damit der Stickstoff verfügbar ist, muss er der Atmosphäre entnommen und in einem Prozess »fixiert« werden, der ihn in Ammonium umwandelt. In den Fabriken wird Stickstoff aus der Luft mit riesigen Mengen fossiler Brennstoffe und unter Einsatz von Energie fixiert. In der biologischen Landwirtschaft, wo verschiedene Pflanzen nebeneinander wachsen, liefern uns stickstoffbindende Pflanzen wie Hülsenfrüchte und Leguminosen freien Stickstoff. Diese Pflanzen stehen in einer symbiotischen Beziehung mit den Knöllchenbakterien im Boden, die in die Pflanzenwurzeln eindringen und ihnen durch biologische Stickstoffbindung den Zugang zu Stickstoff aus der Luft erleichtern.

Darüber hinaus gibt es in der biologischen Landwirtschaft viele Pflanzenarten, die uns natürlichen Gründünger liefern. Sesbania, Glyricidien und Crotalaria zum Beispiel können die Bodenfruchtbarkeit immens steigern. [Jedenfalls im Globalen Süden. *Anm. d. Übers.*] Diese werden in der traditionellen Landwirtschaft meist als Hecken gepflanzt, sind jedoch in industriellen Monokulturen nirgendwo zu finden. Sie sind sehr effektiv, und Glyricidien können als Hecken Biomasse oder organische Substanz von bis zu sechs oder gar acht Tonnen pro Hektar und Jahr liefern. Befürworter der industriellen Landwirtschaft sagen uns immer wieder, dass ökologischer Landbau nicht möglich sei, weil es nicht genügend organische Substanz gebe. Aber mit Gründüngung können wir riesige Mengen an organischem Stickstoff und organischer Substanz produzieren, die die synthetischen Düngemittel ersetzen können, die durch das Abtöten von Bodenorganismen die Bodenfruchtbarkeit erschöpfen.

Ökologische Landwirtschaft basiert auf der Wiederverwertung organischer Stoffe und damit auf der Wiederverwertung von Nähr-

stoffen. Sie beruht auf dem Gesetz der Rückführung und darauf, dem
Boden Nährstoffe zurückzugeben und nicht einfach nur Nährstoffe
aus ihm herauszunehmen. Nehmen, ohne zu geben, ist Raubbau am
Boden und Banditentum, »eine besonders gemeine Form des Bandi-
tentums, weil künftige Generationen beraubt werden, die sich nicht
wehren können.«[11]

* * *

Sir Albert Howard schreibt in *An Agricultural Testament*:

> Das charakteristischste Merkmal der Düngung des Westens ist die
> Verwendung künstlicher Dünger. Die während des Weltkrieges
> zur Bindung des Luftstickstoffs und Herstellung von Explosiv-
> stoffen errichteten Fabriken mussten andere Absatzmärkte finden.
> Die Verwendung von stickstoffhaltigen Düngern nahm allmählich
> zu, so dass heute die Mehrzahl der Landwirte und Gärtner ihrem
> Düngungsprogramm die billigste Form des auf dem Markt befind-
> lichen Stickstoffes (N), Phosphors (P) und Kaliums (K) zugrunde
> legt. Was man am einfachsten als die NPK-Mentalität beschreiben
> könnte, beherrscht die Landwirtschaft sowohl in den Versuchs-
> stationen wie in den Landgebieten. Rechtlich begründete Interes-
> sen, die sich zur Zeit der größten nationalen Not einnisteten, haben
> einen würgenden Griff bekommen.[12]

Im Paradigma der industriellen Landwirtschaft wird der Boden als
tote Materie betrachtet: ein leerer Behälter zum Einfüllen von synthetischen Düngemitteln, insbesondere NPK. Dies geschieht trotz
der Tatsache, dass Pflanzen und Böden dreiunddreißig Elemente für
ein gesundes Wachstum benötigen. Da sie im Krieg wurzeln, setzen diese synthetischen Dünger den Krieg gegen unseren lebendigen
Boden fort.

Mykorrhiza-Bakterien und Regenwürmer überleben die Anwendung von chemischen Düngemitteln nicht. Düngemittel blockieren
die Bodenkapillaren, die die Pflanzen mit Nährstoffen und Wasser

versorgen. Das Einsickern des Regens wird verhindert, und es fließt oberflächlich ab, und der Boden ist Dürreperioden ausgesetzt, die eine immer stärkere Bewässerung und immer mehr fossile Brennstoffe zum Pumpen von Grundwasser erfordern.

Etwa zwei Drittel des ausgebrachten Stickstoffdüngers werden von der Pflanze nicht aufgenommen, sondern er verunreinigt durch Nitratbelastung das Grundwasser. Er verunreinigt auch Oberflächengewässer, was zur Eutrophierung (Überdüngung) von Flüssen und Seen führt und in Küstengewässern tote Zonen schafft. Große Teile des Stickstoffdüngers gelangen als Distickstoffmonoxid (Lachgas) in die Luft. Lachgas verbleibt 166 Jahre in der Atmosphäre und ist dort dreihundert Mal schädlicher als Kohlendioxid. Ungeachtet dessen, was die Chemieunternehmen uns glauben machen wollen, Tatsache ist, dass stickstoffbindende Pflanzen genug Stickstoff liefern können, um synthetischen Stickstoff zu ersetzen. Ökologische Alternativen, die lebende Böden schaffen, erhalten und verjüngen, tun dies zum Nulltarif und sind für die Erhöhung der Bodenfruchtbarkeit und der landwirtschaftlichen Fruchtbarkeit viel wirksamer als industrielle Dünger.

Synthetische Düngemittel zerstören nicht nur die Grundlagen der Bodenfruchtbarkeit und destabilisieren das Klima, sie verschwenden auch finanzielle Ressourcen: durch hohe Kosten und öffentliche Subventionen. Der weltweite Jahresverbrauch an Düngemitteln liegt bei 164,4 Millionen Tonnen (Megatonnen, Mt), die sich aus 105 Mt Stickstoff, 37,9 Mt Phosphor und 21,5 Mt Kali zusammensetzen.[13] Die Ausscheidungen von Regenwürmern in den Boden können hingegen bis zu 36 Tonnen pro Hektar und Jahr betragen und enthalten dreimal mehr austauschbaren Stickstoff, siebenmal mehr Phosphor, dreimal mehr austauschbares Magnesium, elfmal mehr Kali und einundhalb Mal mehr Kalzium als künstlich gedüngte Böden.

Für die Herstellung von synthetischen Düngemitteln wird Erdöl eingesetzt, so dass ihre Herstellung ein sehr energieintensiver Prozess ist. Für ein Kilogramm Stickstoffdünger wird das Energieäquivalent von zwei Litern Diesel benötigt, für ein Kilogramm Phosphatdünger das Energieäquivalent von einem halben Liter Diesel. Im Jahr 2000 betrug der Energieverbrauch bei der Herstellung von Düngemitteln weltweit 191 Milliarden Liter Diesel. Diese Zahl wird bis 2030 voraussichtlich auf 277 Milliarden ansteigen.[14] Während die industrielle Landwirtschaft behauptet, den Arbeitsaufwand verringert zu haben, hat sie lediglich die harte Arbeit der Menschen durch unsichtbare »Energiesklaven« ersetzt – das fossile Äquivalent zur Arbeit eines Menschen – und damit den ökologischen Fußabdruck der Landwirtschaft erhöht.

Heute leben wir im Zeitalter des »Peak Oil«, wie M. King Hubbert den Punkt bezeichnet, an dem der Planet das höchstmögliche Niveau der Erdölförderung erreicht. Danach wird die Ölförderung zwangsläufig zurückgehen.[15] Sinkende Förderung bedeutet steigende Preise, und der beispiellose Anstieg des Ölpreises seit 2008 ist ein Zeichen für eine sich abzeichnende Krise. Wie Heinberg es ausdrückte: »The Party's over.«

Da synthetischer Stickstoff auf fossilen Brennstoffen basiert, steigen auch die Preise für Düngemittel, wenn der Ölpreis steigt. In Indien beliefen sich die Subventionen für Düngemittel in den Jahren 1976 - 1977 auf 600 Millionen Rupien. Sie stiegen 2007 auf 403 Milliarden Rupien – und erreichten 966 Milliarden Rupien – oder fast eine Billion in den Jahren 2008 - 2009.[16] Diese Subventionen gehen an die Agrarindustrie, nicht an die Landwirte, die durch die steigenden Preise tiefer in die Schuldenfalle geraten. Da synthetische Düngemittel aus nicht erneuerbaren Ressourcen stammen, werden sie irgendwann zur Neige gehen, wenn auch nicht, bevor sie die Grundlagen der sich erneuernden Fruchtbarkeit des Bodens erschöpft haben: seine lebenden Organismen.

* * *

Wir sind Boden. Wir sind Erde. Wir bestehen aus denselben fünf Elementen – Erde, Wasser, Feuer, Luft und Raum –, aus denen das Universum besteht. Was wir dem Boden antun, tun wir uns selbst an; es ist kein Zufall, dass »Humus« und »human« (Mensch) die gleiche etymologische Wurzel haben.

Diese ökologische Wahrheit wird im vorherrschenden Wissensparadigma vergessen, weil die industrielle Landwirtschaft auf Öko-
Apartheid beruht. Sie basiert auf der falschen Vorstellung, dass wir
von der Erde getrennt und unabhängig von ihr seien. Sie basiert
auf einer Weltanschauung, die den Boden als tote Materie definiert.
Wenn der Boden ohnehin tot ist, kann menschliches Handeln sein
Leben nicht zerstören; es kann den Boden nur mit chemischen Düngemitteln »verbessern«. Und wenn wir die Herren und Eroberer des
Bodens sind, bestimmen wir das Schicksal des Bodens.

Es war die Annahme der Grünen Revolution, dass Nährstoffver-
luste und Nährstoffdefizite durch den Einsatz nicht erneuerbarer
Einträge von Phosphor, Kali und Nitraten als chemische Dünger
ausgeglichen werden können. Unter dem industriellen Paradigma
der Landwirtschaft wurde aus dem Nährstoffkreislauf, bei dem
Nährstoffe vom Boden durch Pflanzen produziert und als organische Substanz in den Boden zurückgeführt werden, ein linearer
Prozess: die ständige Zufuhr von Phosphor und Kali aus geologi-
schen Ablagerungen und Stickstoff, der unter Verwendung von
Erdgas oder Erdöl hergestellt wird.[17]

Aber schon Howards frühe Arbeiten zeigten, dass »die Grundlage
jedes guten Anbaus nicht so sehr in der Pflanze als vielmehr im Boden
liegt.«[18] In seiner Versuchsstation zeigte Howard, dass die Pflege
eines lebendigen Bodens, der die Pflanze nährt, einen bedeutende-
ren Beitrag zur Landwirtschaft leisten kann, als die bloße Züchtung
von Pflanzen ohne Verbesserung des Bodens. Während die Züchtung allein zu einer zehnprozentigen Ertragssteigerung beitrug, trug
die Verbesserung der Bodenfruchtbarkeit durch organische Substanz
und Gründüngung zu einer zwei- bis dreihundertprozentigen Steigerung bei.[19]
    Auf unserer Farm in Navdanya finden wir die gleichen Trends.
Unsere Farm entstand auf einem Stück Land, das unfruchtbar und
sandig war. Es war zuvor eine Plantage von Eukalyptus, einer

Pflanze, die aus Australien in ein Land importiert wurde, in dem diese Bäume nicht in den Kreislauf einbezogen werden konnten. Ihre Blätter zersetzen sich nicht, die Bäume brauchen zu viel Wasser und setzen allopathische Terpene frei, die das Wachstum anderer Pflanzen verhindern. Das Land hatte keine Bodenorganismen und keine Wasserspeicherkapazität. Mit Liebe bauten wir Vielfalt auf und gaben dem Boden so viel organische Substanz wie möglich zurück. Heute ist der Boden reich an Organismen, Regenwurmhaufen bedecken die Farm, und wir konnten den Wasserverbrauch um 70 Prozent verringern, weil der Boden jetzt Wasser halten kann. Der Boden wimmelt von Leben und gibt uns Leben.

Gesunde Böden bringen gesunde Pflanzen hervor, und, wie Howard einmal sagte: »Das Geburtsrecht jeder Kulturpflanze ist Gesundheit.«[20] Dies gilt insbesondere in Zeiten der Klimazerrüttung. Die industrielle Landwirtschaft ist für 40 Prozent der Treibhausgase verantwortlich, die zur Klimazerrüttung beitragen, und stark gedüngte Monokulturen sind anfälliger für das Klimachaos.

Als ich während einer landesweiten Dürre in Indien im Jahr 2009 Navdanya-Bauern in verschiedenen Teilen des Landes besuchte, stellte ich fest, dass ihre Ernten nicht gelitten hatten, weil sie lokal angepasstes Saatgut verwendeten und ihre Böden aufgrund der organischen Düngung wasserspeicherfähig waren. Landwirte der Grünen Revolution, die düngerintensive Sorten oder GVO-Baumwolle anbauten, hatten einen Ernteausfall, weil weder das Saatgut noch der Boden trockenheitsresistent waren.

Wachsende Vielfalt und organischer Anbau sind notwendig geworden, um unsere Böden an die Klimaveränderungen anzupassen. Die Förderung gesunder Böden ist der wirksamste Weg, um der Atmosphäre Kohlendioxid zu entziehen. Böden mit organischer Substanz sind widerstandsfähiger gegen Dürre und Klimaextreme. Biodiversitätsintensive Systeme – die in Wirklichkeit photosyntheseintensive Systeme sind – holen Kohlendioxid aus der Atmosphäre in die Pflanzen und dann in den Boden. Der Boden, nicht das Öl, ist die

Zukunft der Menschheit. Die auf Erdöl beruhende und chemikalienintensive industrielle Landwirtschaft setzt Prozesse in Gang, die den
Boden abtöten und damit unsere Zukunft zerstören.

Die Geschichte legt Zeugnis davon ab, dass das Schicksal von
Gesellschaften und Zivilisationen eng damit verbunden ist, wie wir
mit dem Boden umgehen: Sind wir mit dem Boden durch das Gesetz
des Ausgleichs oder durch das Gesetz der Ausbeutung verbunden?
Das Gesetz des Ausgleichs, des Zurückführens, hat dafür gesorgt,
dass Gesellschaften fruchtbaren Boden schaffen und erhalten und
über Tausende von Jahren von lebendigem Boden versorgt werden
können. Das Gesetz der Ausbeutung, des Nehmens ohne zurückzugeben, hat zum Zusammenbruch von Zivilisationen geführt.

Heute stehen Gesellschaften auf der ganzen Welt am Rande des
Zusammenbruchs, weil die Böden erodiert, degradiert, vergiftet,
unter Beton begraben und ihres Lebens beraubt werden. Aber es
kann auch anders kommen.

Howard warnte uns vor fast einem Jahrhundert:

Wir müssen unsere gegenwärtige Zivilisation als Ganzes betrachten und ein für alle Mal das große Prinzip erkennen, dass die Akti-
vitäten des Homo sapiens, die das Maschinenzeitalter, in dem wir
heute leben, geschaffen haben, auf einer sehr unsicheren Grundlage beruhen – auf einem Nahrungsüberschuss, der durch die
Plünderung von Fruchtbarkeitsreserven des Bodens verfügbar
wird, die nicht uns gehören, sondern Eigentum künftiger Generationen sind ... Keine Generation hat das Recht, den Boden auszubeuten, aus dem die Menschheit ihren Lebensunterhalt beziehen
muss.[21]

Der indische Dichter und Philosoph Rabindranath Tagore lädt uns
ein, auf den Boden zurückzukehren und Frieden mit der Erde zu
schließen:[22]

Kehren wir alle zur Muttererde zurück
Die ihr Kleid ausbreitet
Und auf uns wartet.
Das Leben erwächst aus ihrer Brust,
Blumen blühen aus ihrem Lächeln
Ihr Ruf ist die süßeste Musik;
Ihr Schoß erstreckt sich von einem Ende zum anderen,
Sie hält die Fäden des Lebens.
Ihre plätschernden Gewässer bringen
Das Raunen des Lebens aus aller Ewigkeit.

Rabindranath Tagore

3
Bienen und Schmetterlinge ernähren die Welt, nicht Gifte und Pestizide

Die Vernichtung eines Schädlings ist eher die Umgehung als die Lösung aller landwirtschaftlichen Probleme.

Sir Albert Howard[1]

Bienen, Schmetterlinge, Insekten und Vögel bringen Pollen von einer Blüte zur anderen, befruchten Pflanzen und ermöglichen ihnen die Fortpflanzung. Ohne Bestäuber würden sich die meisten Pflanzen nicht fortpflanzen, und ohne Pflanzenvermehrung wäre unsere Nahrungsmittelversorgung bedroht. Der Zyklus des Saatguts, sei es für die Bäume in den Wäldern oder für die Nutzpflanzen, die unsere Nahrung sind, beruht auf Bestäubungszyklen.

Ökologisch artenreiche Systeme bewahren nicht nur Bienen und Bestäuber, die uns ernähren, sondern regulieren auch Schädlinge durch ein natürliches Gleichgewicht zwischen Schädlingen und Fressfeinden. Sie unterstützen eine Fülle von natürlichen Feinden, die die Explosion von Schädlingspopulationen verhindern. Industrielle Monokulturen hingegen sind ein Festmahl für Schädlinge, weil es keine biologische Vielfalt gibt, die die ökologischen Funktionen der Schädlingsregulierung erfüllt.

Das industrielle Paradigma von Wissenschaft und Landwirtschaft beschreibt die Schädlingsbekämpfung als einen Krieg. In einem Lehrbuch zur Schädlingsbekämpfung heißt es: »Der Krieg gegen

Schädlinge ist ein andauernder Krieg, den der Mensch führen muss, um sein Überleben zu sichern. Schädlinge (insbesondere Insekten) sind unsere Hauptkonkurrenten auf der Erde.«[2] Vor mehr als fünfzig Jahren schrieb Rachel Carson das Buch *Der stumme Frühling*, eine Frühwarnung für künftige Generationen. Sie hinterfragte die sich verändernde Welt um sie herum:

> Es herrschte eine ungewöhnliche Stille. Wohin waren die Vögel verschwunden? ... Die wenigen Vögel, die sich noch irgendwo blicken ließen, waren dem Tode nah; sie zitterten heftig und konnten nicht mehr fliegen... Auf den Farmen brüteten die Hennen, aber keine Küken schlüpften aus ... Die Apfelbäume entfalteten ihre Blüten, aber keine Bienen summten zwischen ihnen umher, und da sie nicht bestäubt wurden, konnten sich keine Früchte entwickeln. Es war ein stummer Frühling.[3]

Carsons inzwischen legendäres Buch untersuchte die gefährlichen ökologischen Folgen von Chemikalien und Pestiziden und warnte, dass die tödlichen Chemikalien, die die Klänge des Frühlings zum Schweigen bringen, auch die Menschen nicht verschonen würden. Heute ist das, wovor sie gewarnt hat, zu einer weitverbreiteten Realität geworden, denn Gifte gibt es überall in unserem Nahrungssystem.

In den letzten vier Jahrzehnten haben wir einen drastischen Anstieg des Einsatzes von Pestiziden erlebt, die ihren Ursprung in der chemischen Kriegsführung haben. Pestizide sind nicht nur verheerend für das Ökosystem und für nützliche Bestäuber, sondern auch für unsere Gesundheit. Und da Konzerne, die Schädlingsbekämpfungsmittel herstellen, oft auch im Geschäft mit Arzneimitteln und Saatgut tätig sind, werden diese Chemikalien skrupellos als sichere»Medikamente« für Pflanzen und als wichtig für die Versorgung der Menschen vermarktet. In Ländern, in denen die Bauern eher arm und ungebildet sind, war es schwierig, diese um sich greifende gefährliche Vermarktung von Giftstoffen zu verhindern. Darüber hinaus blieb der Einsatz von schädlichen Pestiziden angesichts der großen Geldsummen, die im Agrobusiness zu verdienen sind, seitens der Regierungsbehörden ohne Widerspruch, obwohl sie die Menschen eigentlich vor Schaden bewahren sollen.

Aber Pestizide bekämpfen keine Schädlinge, sondern bringen sie vielmehr hervor. Schädlinge nehmen mit der Anwendung von Pestiziden zu, weil nützliche Arten getötet werden und Schädlinge gegen Chemikalien resistent werden. Befürworter des Agrobusiness haben argumentiert, dass es in jüngster Zeit verstärkten Schädlingsbefall gegeben habe, der bekämpft werden müsse. Aber in Wirklichkeit bedrohen sowohl Pestizide als auch GVO – die als vermeintliche Alternative zu Pestiziden konzipiert wurden – unsere natürlichen Systeme der Schädlingsregulierung: die Bestäuber. Ausbrüche von Schädlingsbefall sind Symptome eines Systems, das aus dem Gleichgewicht geraten ist. Anstatt das Ungleichgewicht durch die Einführung weiterer tödlicher Gifte zur Schädlingsbekämpfung zu verschlimmern, müssen wir das natürliche Gleichgewicht von Bestäubern und Schädlingen wieder herstellen, um so auch die Gesundheit und den Nährwert unserer Nahrung sowie ein nachhaltiges Leben in unseren Ökosystemen wieder herzustellen.

* * *

Am 25. Dezember 1925 konstituierte sich die IG Farben, ein deutsches Chemiekonglomerat, durch den Zusammenschluss bestehender Chemieunternehmen, darunter BASF, Bayer und Hoechst. In den 1920er- und 1930er-Jahren testeten die IG Farben Zyklon B für Hitlers Vernichtungsbemühungen. Später wurde Nervengas in Konzentrationslagern für den Holocaust eingesetzt. Andere, die an den Versuchen mit Nervengasen beteiligt waren, waren DuPont, Shell, Union Carbide, Basel AG (Ciba, Geigy und Sandoz), American Cyanamid und RhônePoulenc – alles Unternehmen, die heute für ihre Chemikalien, Pestizide oder Erdöl bekannt sind, mit denen sie Geschäfte machen. Der Grund dafür ist, dass nach dem Krieg die auf den

Völkermord an Menschen spezialisierten Unternehmen ihr Augenmerk auf andere Bereiche richteten.

In einem Kapitel mit dem Titel »Elixiere des Todes« im *Stummen Frühling* zeigt Rachel Carson, dass das Ende des Zweiten Weltkriegs den massiven Eintrag von Pestiziden in unsere Nutzpflanzen und in unsere Nahrung bedeutete. Sie schreibt: »Als man Mittel für chemische Kriegführung entwickelte, stellte sich heraus, dass einige der im Laboratorium erzeugten Stoffe für Insekten tödlich waren – einige von ihnen wurden zu tödlichen Nervengasen [und] andere, von eng verwandter Struktur, wurden zu Insektiziden.«[4]

Heute werden in der Landwirtschaft weltweit bis zu 1.400 Pestizide eingesetzt.[5] Pestizide lassen sich in fünf Kategorien einteilen: Herbizide, die zur Vernichtung unerwünschter Pflanzen und Unkräuter eingesetzt werden; Insektizide, die zur Vernichtung von Insekten und anderen Gliederfüßern verwendet werden; Rodentizide, die zur Bekämpfung von Mäusen und anderen Nagetieren eingesetzt werden; Fungizide, die zur Vernichtung von Pilzen verwendet werden; und Molluskizide, die gegen Weichtiere eingesetzt werden.[6]

Idealerweise sollten diese Pestizide nur auf den Zielorganismus wirken. Allerdings wirkt nur ein Prozent des versprühten Pestizids auf die Zielorganismen, der Rest breitet sich im Ökosystem aus und wirkt auf alle Organismen. Pestizide sind hochgradig unspezifisch und für viele Nicht-Zielorganismen, einschließlich des Menschen, toxisch. In einem Bericht der Weltgesundheitsorganisation (WHO) aus dem Jahr 1990 heißt es: »Es gibt kein Segment der Allgemeinbevölkerung, das vor der Exposition durch Pestizide und potentiell schwerwiegenden gesundheitlichen Auswirkungen geschützt ist, wenn auch die Entwicklungsländer und Hochrisikogruppen in allen Ländern eine unverhältnismäßig große Last tragen.«[7]

Abgesehen davon, dass Pestizide versprüht werden, umhüllen sie auch die meisten Samen, die heute auf dem Markt sind. Die Saatgutbeize ist eine Technik, bei der verschiedene Stoffe, darunter Düngemittel, Nährstoffe, Pflanzenwachstumsregulatoren, Chemikalien und

Pestizide, durch Haftmittel dem Saatgut zugesetzt werden, die die
»Saatgutleistung verbessern« und »Saatgutkrankheiten« verhindern
sollen. Aber diese Krankheiten sind eine direkte Folge der auf Pestiziden beruhenden Monokulturen, in denen das Saatgut verwendet
wird. Durch Pestizide kommt es zu mehr Schädlingen, und das Saatgut von schädlingsbefallenen Kulturen trägt die Krankheiten in sich.
Die Pestizidindustrie findet dann einen neuen Markt: das Beschichten
von Saatgut mit Pestiziden mit dem Argument, dass dadurch Ern-
teverluste verringert werden. Dies ist ein sich selbst aufrechterhal-
tender Teufelskreis.[8] In Indien werden alle kommerziell verkauften
Samen mit Pestiziden beschichtet.[9] In den Vereinigten Staaten werden 90 Prozent aller Maissamen mit den Neonicotinoid-Pestiziden
von Bayer beschichtet, die tief in das Bienensterben verstrickt sind.[10]

Die Herstellung und Verwendung von Pestiziden nimmt kontinuierlich zu. Regelmäßig werden neue Chemikalien auf den Markt
gebracht, und das System der Registrierung und Kontrolle von
Pestiziden durch die Regierungen ist überaus fehlerhaft und kann
im Einklang mit den Interessen der Unternehmen manipuliert werden. Die Zunahme ist vor allem im Globalen Süden zu beobachten:
Der Einsatz von Pestiziden wächst mit einer Rate von fünf bis sieben
Prozent pro Jahr. Pestizide finden sich heute in unseren Flüssen, im
Grundwasser, in der Muttermilch, im Boden, in der Nahrung und
in der Luft. Die meisten Pestizide und industriellen Gifte gelangen
über die Nahrung in den menschlichen Körper. Wir alle sind Pestiziden ausgesetzt und tragen messbare Mengen dieser schädlichen
Chemikalien in unserem Körper. Die vollen Auswirkungen dieser
Pestizide, die wir über unsere tägliche Ernährung zu uns nehmen,
sind nicht vollständig geklärt, aber Studien zeigen, dass die schäd-
lichsten Auswirkungen bei Kindern auftreten, die im Verhältnis zu
ihrem Körpergewicht mehr Pestizide zu sich nehmen. Zum Beispiel
sind Säuglinge in Indien relativ mehr Arsen ausgesetzt als die Allgemeinbevölkerung, weil Säuglinge mehr Reis konsumieren, der eine
höhere Arsenkonzentration aufweist.[11] Zusätzlich zu den Giften, den

Pestiziden in unserer Nahrung, stellen diese auch ernsthafte Gesundheitsrisiken für diejenigen dar, die mit ihnen arbeiten, insbesondere für Bauern oder diejenigen, die in der Nähe der Fabriken leben, in denen sie produziert werden.

Die IG Farben und andere spezialisierten sich auf die Entwicklung von Sarin und Tabun, Chemikalien, die unter die Kategorie der Organophosphate (OPs)[12] fallen und in den Konzentrationslagern der Nazis als Nervengase eingesetzt wurden. Heute sind die meisten der auf dem Markt verkauften Pestizide Nervengifte, was bedeutet, dass sie auf das Nervensystem wirken. Dies erklärt sowohl ihre Wirksamkeit als auch ihr toxisches Potential. Diese Pestizide können, selbst in kleinsten Mengen, das Nervensystem schädigen und somit neuropsychiatrische Störungen verursachen, die entweder chronisch oder in ihrem Verlauf lang anhaltend sind.[13] Die Exposition durch OPs kann akute Erkrankungen wie Übelkeit, Erbrechen, Kopf- und Bauchschmerzen, Schwindel, Haut- und Augenkrankheiten, Totgeburten und Geburtsfehler verursachen.[14] Die IG Farben wurde in den Nürnberger Prozessen nach dem Zweiten Weltkrieg wegen ihrer Rolle im Holocaust angeklagt. Ihre Rolle bei einem neueren, auf Pestiziden basierenden Völkermord ist jedoch weitgehend unbeachtet geblieben.

Im Dezember 1984 ereignete sich in einer Pestizidfabrik im Besitz von Union Carbid – heute im Besitz von Dow – in Bhopal, Indien, die nach allgemeiner Auffassung schlimmste Industriekatastrophe der Welt.[15] Ein Gasaustritt, bekannt als die Gastragödie von Bhopal, tötete über Nacht 3.000 Menschen und hat seitdem mehr als 30.000 Menschenleben gefordert. Unzählige Tiere und andere nichtmenschliche Kreaturen starben ebenfalls bei dem vierzigminütigen Leck: eine eindringliche Mahnung, dass Pestizide alles auf ihrem Weg brutal töten. Das Gas aus der Pestizidfabrik verseuchte Trinkwasser und Böden, woraufhin 200 Frauen Totgeburten erlitten und 400 Babys nur wenige Tage nach ihrer Geburt starben. Offiziellen Angaben zufolge wurden 10.000 Menschen dauerhaft behindert, 30.000 teilweise behindert, und 150.000 Menschen leiden an einer geringfügigeren Beeinträchtigung.[16]

Obwohl sie drei Jahrzehnte lang gegen Dow vor Gericht gekämpft haben, haben die Opfer der Gastragödie von Bhopal keine Gerechtigkeit erfahren. Stattdessen hat Dow wiederholt Klagen gegen Aktivisten angestrengt, die in gewaltlosen Demonstrationen Gerechtigkeit forderten. Unterdessen verbreitet Dow seine Chemikalien in der ganzen Welt. Der neue herbizidresistente GVO Agent Orange – benannt nach dem Herbizid, das während des Vietnamkriegs vom britischen und US-amerikanischen Militär versprüht wurde – ist ein von Dow entwickeltes Produkt, das vom *US Institute of Medicine* unter anderem für Weichteilsarkome, Non-Hodgkin-Lymphome, chronische lymphatische Leukämie, Morbus Hodgkin und Chlorakne verantwortlich gemacht wurde.[17]

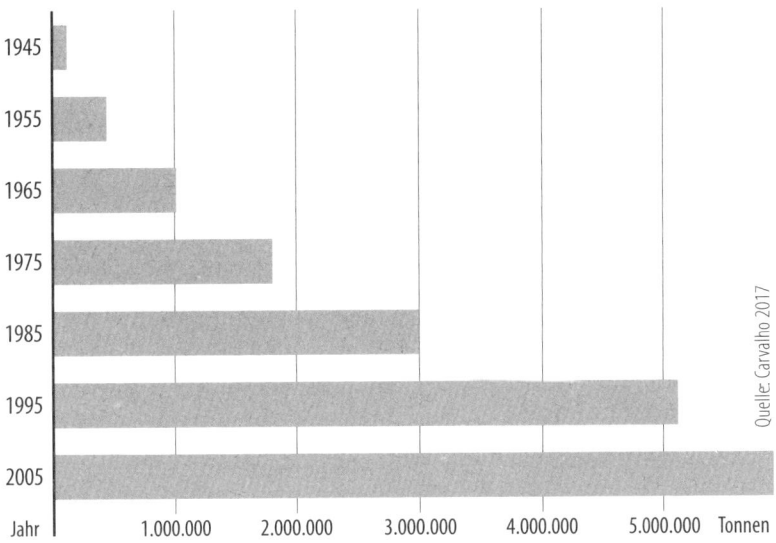

Abb. 3: Weltweiter Anstieg der Pestizidproduktion seit dem 2. Weltkrieg

Pestizide in der Landwirtschaft und in Lebensmitteln töten Landwirte, Verbraucher, Kinder, Schmetterlinge und Bienen. Der Navdanya-Bericht *Gifte in unserer Nahrung* zeigt, dass es einen klaren Zusammenhang zwischen Krankheitsepidemien wie Krebs und dem

Einsatz von Pestiziden in der Landwirtschaft gibt. Im Punjab, dem Land der sogenannten Grünen Revolution, wo täglich große Mengen an Pestiziden eingesetzt werden, ist die Krebsrate unverhältnismäßig hoch. Jeden Tag verlässt ein als »Krebszug« bezeichneter Zug den Punjab, in dem Krebsopfer zur kostenlosen Behandlung nach Rajasthan befördert werden.

Die verheerenden Auswirkungen von Gift in der menschlichen Ernährung sind weitreichend. Fast 700.000 Inder sterben jedes Jahr an Krebs, insgesamt wird bei mehr als einer Million Menschen eine Form dieser Krankheit diagnostiziert.[18] Weltweit starben im Jahr 2012 8,3 Millionen Menschen an Krebs,[19] und die Weltgesundheitsorganisation berichtet, dass weltweit jedes Jahr 222.000 Menschen an einer Pestizidvergiftung sterben.[20] 1960 hatte in den Vereinigten Staaten einer von zwanzig Menschen Krebs. Bis 1995 war die Zahl aufgrund des verstärkten Einsatzes von Pestiziden auf eine von acht Personen angestiegen.[21]

Eine sri-lankische Studie fand Zusammenhänge zwischen dem zunehmenden Einsatz von Glyphosat (das unter der Monsanto-Marke Roundup Ready verkauft wird) und Nierenerkrankungen, von der in den letzten zwanzig Jahren 400.000 Landwirte betroffen waren und die in den letzten zwanzig Jahren 20.000 Menschen das Leben gekostet haben.[22] In den Vereinigten Staaten hat der Autismus nach Angaben des *Centers for Disease Control and Prevention* innerhalb von zwei Jahren um 35 Prozent zugenommen, von einem von 85 auf eines von 68 Kindern. (Laut dem National Center for Health Statistics der USA lag die Häufigkeit 2014 sogar bei einem von 44 Kindern. *Anm. d. Übers.*) Das Zentrum geht davon aus, dass die Ursachen umweltbedingt sind, wobei der zunehmende Einsatz von Glyphosat und GVO die bedeutendsten Umweltveränderungen sind.[23]

Immer mehr Daten aus der ganzen Welt weisen darauf hin, dass wir die gefährlichen und lebensbedrohlichen Folgen der ständig zunehmenden Gifte in unserem Nahrungsmittelsystem nicht länger ignorieren können. Eine Strategie der betroffenen Unternehmen, diese Daten aus dem Verkehr zu ziehen, besteht darin, zu versuchen, Wissenschaftler zum Schweigen zu bringen, zu verfolgen und zu schikanieren, deren Arbeit zeigt, dass Pestizide und GVOs der Gesundheit schaden. Beispiele dafür sind Arpad Pusztai aus dem Vereinigten Königreich, Gilles-Éric Séralini aus Frankreich, Tyrone Hayes von der Universität von Kalifornien, Berkeley, Vicki Vance von der Universität von South Carolina und viele andere. Ich habe dies »Wissensterrorismus« genannt.

* * *

Angesichts der Tatsache, dass nur ein Prozent einer Pestizidanwendung auf den »Zielschädling« wirkt, ist die Wirkung auf freundliche Insekten und Bestäuber drastisch. Bestäuber tragen wesentlich zu unserer Ernährungssicherheit und zur Agrarwirtschaft bei.

Honigbienen zum Beispiel bestäuben einundsiebzig der einhundert häufigsten Nutzpflanzen, die 90 Prozent der Welternährung ausmachen. Weltweit wird der Beitrag der Bienen zur Nutzpflanzenproduktion auf umgerechnet 200 Milliarden Dollar geschätzt.[24] Jeder vierte Mundvoll Nahrung auf der Welt wird durch die ökologischen Beiträge der Bestäuber produziert.[25] Die von Insekten bestäubten Nutzpflanzen in den Vereinigten Staaten werden auf einen Wert von 20 Milliarden Dollar geschätzt.[26] Dennoch werden Bienen und Schmetterlinge, die unverzichtbare Nahrungsmittelproduzenten sind, durch das Arsenal von Giften getötet, die die Grundlage der industriellen Landwirtschaft bilden.

Von 1985 bis 1997 sank die Zahl der Honigbienenvölker auf dem Ackerland der USA um etwa 57 Prozent. Pestizide waren weitgehend für diese Veränderung verantwortlich. Das Immunsystem der Honigbienen wird durch die Einwirkung von Pestiziden geschwächt, und so werden sie anfälliger für natürliche Feinde. Die Exposition gegenüber Pestiziden kann auch ihre Fortpflanzung und Entwicklung stören. Bestäuber sind eine wesentliche natürliche Dienstleistung, die den Bauern zur Verfügung gestellt wird, und ohne ihre Existenz ist unsere Ernährungssicherheit bedroht.[27]

Der US-Wissenschaftler Paul DeBach schreibt:

Die Philosophie der Schädlingsbekämpfung mit Chemikalien
bestand darin, eine möglichst hohe Abtötung zu erreichen, und die
prozentuale Sterblichkeit war der Hauptmaßstab bei der vorange-
henden Untersuchung neuer Chemikalien im Labor. Ein solches
Ziel, die höchstmögliche Abtötung, kombiniert mit der Unkenntnis von Nicht-Zielinsekten und Milben oder ihrer Missachtung,
ist garantiert der schnellste Weg, um das Wiederaufleben und die
Entwicklung von Resistenzen gegen Pestizide zu erreichen.[28]

Viele große Rüstungsunternehmen, aus denen die agrochemische
Industrie hervorging, wurden später durch Gentechnik zur Saatgutindustrie. Von diesen Unternehmen hat das in den USA ansässige
Unternehmen Monsanto eine Monopolstellung: Es kontrolliert 23
Prozent des weltweiten patentierten Saatgutmarktes.[29] In den Vereinigten Staaten, wo GV-Pflanzen weit verbreitet sind, stammen
80 Prozent des Mais- und 93 Prozent des Sojaanbaus aus von Monsanto patentiertem GV-Saatgut. Weltweit wachsen auf 282 Millionen
Hektar Land Monsanto-Kulturen (im Jahr 1996 waren es drei Millionen).[30]
    Gentechnik wurde als Alternative zu chemischen Pestiziden dar-
gestellt. GV-Pflanzen sind jedoch Teil derselben Logik des Krieges
gegen die Natur, die durch das Gesetz der Herrschaft und ein mili-
taristisches Paradigma gefördert wird. Im Falle der GVOs wurde das
Gift als toxin-produzierendes Gen in die Pflanze eingebracht, so dass
der GVO faktisch zu einer pestizidproduzierenden Pflanze wird. So,
wie Pestizide Schädlinge hervorriefen, anstatt sie zu bekämpfen, so
vermehren auch GVO als pestizidproduzierende Pflanzen Schädlinge, anstatt sie zu bekämpfen. Neue Schädlinge treten auf und alte
Schädlinge werden resistent. Das Ergebnis ist ein erhöhter Einsatz
von Pestiziden.
    GVOs versagen bei der Schädlings- und Unkrautbekämpfung.
Stattdessen haben sie Superschädlinge und Superunkräuter geschaffen. In den zwanzig Jahren der Kommerzialisierung gentechnisch
veränderter Nutzpflanzen sind nur zwei Merkmale in nennens-

wertem Umfang kommerzialisiert worden: Herbizidtoleranz und Insektenresistenz. Herbizidtolerante Nutzpflanzen, die unter dem Markennamen Roundup Ready bekannt sind, sollten Unkräuter kontrollieren, und Bt-Pflanzen* sollten Schädlinge bekämpfen.

Im Jahr 2013 errechnete *Food and Water Watch*, dass 27 Prozent der Gewinne von Monsanto aus dem Verkauf von Roundup Ready-Herbiziden stammten.[31] Doch anstatt Unkraut und Schädlinge zu bekämpfen, haben diese GV-Nutzpflanzen zur Entstehung von Superunkraut und Superschädlingen geführt. In den Vereinigten Staaten haben Roundup Ready-Kulturen Unkraut hervorgebracht, das gegen Roundup resistent ist. Ungefähr 15 Millionen Hektar werden heute von Superunkräutern überwuchert, und in einem Versuch, diese Unkräuter zu vernichten, hat Monsanto den Landwirten zwölf Dollar pro Hektar gezahlt, damit sie tödlichere Herbizide sprühen, wie zum Beispiel Agent Orange, das während des Vietnamkriegs eingesetzt wurde.

Herbizidresistente Pflanzen wie Roundup Ready Mais und Soja haben zum vermehrten Einsatz von Glyphosat (in Herbiziden enthalten) geführt, das alle anderen Pflanzen tötet, darunter auch Milchkraut: die einzige Pflanzenart, die Monarchschmetterlinge zur Eiablage nutzen können. Monarchfalter sind wichtige Bestäuber für Nutzpflanzen und gehören zu den schönsten Schmetterlingen der Welt. Da die Roundup Ready-Pflanzen jetzt 90 Prozent ausmachen, ist die Zahl der Milchkrautpflanzen um 60 Prozent zurückgegangen, und die Zahl der Monarchfalter, die jedes Jahr durch die Vereinigten Staaten nach Mexiko wandern, ist von einer Milliarde im Jahr 1997 auf einen historischen Tiefstand von 33,5 Millionen gesunken.[32]

In Indien sollte Bt-Baumwolle, die unter dem Handelsnamen Bollgard verkauft wurde, den Baumwollkapselwurm bekämpfen. Heute ist dieser Wurm gegen Bt-Baumwolle resistent geworden, und nun verkauft Monsanto Bollgard II, das zwei zusätzliche toxische Gene

---

* Bt-Pflanzen sind transgene Pflanzen, die das gleiche Toxin wie das Bakterium *Bacillus thuringiensis* in der Pflanzenzelle produzieren und so die Pflanzen vor Schädlingen schützen.

in sich trägt. Feldstudien, die 2008 von Navdanya und der *Research Foundation for Science, Technology and Ecology* durchgeführt wurden, haben gezeigt, dass der Pestizideinsatz in Vidarbha in Maharashtra nach der Einführung von Bt-Baumwolle um das Dreizehnfache zugenommen hat. Eine kürzlich durchgeführte Studie zeigt auch, dass die Ausgaben für chemische Pestizide bei Bt-Baumwolle höher sind als bei anderen Nutzpflanzensorten.[33]

Diese Statistiken sind nicht nur in Indien zu finden. Eine Studie von Charles Benbrook berichtet, dass herbizidresistente Nutzpflanzentechnologie in den Vereinigten Staaten zwischen 1996 und 2011 zu einem Anstieg des Herbizideinsatzes um 239 Millionen Kilogramm geführt hat, während Bt-Pflanzen im allgemeinen den Einsatz von Insektiziden um 56 Millionen Kilogramm reduziert haben. Insgesamt bedeutet dies immer noch, dass der Pestizideinsatz um geschätzte 183 Millionen Kilogramm oder etwa sieben Prozent zugenommen hat. Hinzu kommt, dass die Verringerung des Insektizideinsatzes nicht für alle Nutzpflanzen gilt. Während die Einführung von Bt-Mais keine Auswirkungen auf den Einsatz von Chemikalien hatte, hat sich in Alabama, wo Bt-Baumwolle weit verbreitet ist, der Einsatz von Insektiziden zwischen 1997 und 2008 verdoppelt.[34]

Darüber hinaus wurde im selben Bericht festgestellt, dass im Jahr 2008 für GV-Nutzpflanzen 26 Prozent mehr Pestizide pro Hektar benötigt wurden als für konventionelle Sorten, und es wird davon ausgegangen, dass sich dieser Trend aufgrund der Ausbreitung gegen Glyphosat resistenter Unkräuter fortsetzen wird.[35] Die Zunahme gegen Glyphosat resistenter Unkräuter hat es notwendig gemacht, diese Unkräuter durch den Einsatz anderer, oft giftigerer Herbizide zu bekämpfen. Dieser Trend wird durch die Pestizidaten des US-Landwirtschaftsministeriums aus dem Jahr 2010 bestätigt,[36] die zeigen, dass der sprunghaft angestiegene Glyphosateinsatz mit konstanten oder steigenden Einsatzraten anderer toxischerer Herbizide einhergeht.

In China hat sich seit der Einführung der Bt-Baumwolle im Jahr 1997 die Population der Wanzen, die zuvor nur ein geringes Problem für die Bauern darstellte, verzwölffacht. Eine Studie des International Journal of Biotechnology aus dem Jahr 2008 ergab, dass alle finanziellen Vorteile des Anbaus von Bt-Baumwolle durch den zunehmenden Einsatz von Pestiziden, die zur Bekämpfung von Nicht-Zielschädlingen benötigt werden, zunichtegemacht wurden.[37]

In Argentinien hat sich nach der Einführung von Roundup-Ready-Soja im Jahr 1999 der Einsatz von Herbiziden bis 2006 mehr als verdreifacht. Roundup-Ready-Sojabauern setzen mehr als doppelt so viele Herbizide ein wie konventionelle Sojabauern; und 2007 wurde über eine Glyphosat-resistente Version von Johnsongrass (das als eines der schlimmsten und schwierigsten Unkräuter der Welt gilt) auf mehr als 120.000 Hektar erstklassiger landwirtschaftlicher Nutzfläche berichtet – eine Folge des erhöhten Glyphosateinsatzes. Es wird geschätzt, dass pro Landwirt und Jahr zusätzlich 25 Liter Herbizide benötigt werden, um die resistenten Unkräuter zu bekämpfen.[38] Überall im sogenannten »GV-Gürtel« in Argentinien klagen die Bürger über wachsende Gesundheitsrisiken – darunter Krebs und Geburtsfehler –, die mit dem aggressiven Sprühen von Agrochemikalien zusammenhängen.[39]

In Brasilien, das seit 2008 der weltweit größte Verbraucher von Pestiziden ist, machen gentechnisch veränderte Nutzpflanzen 45 Prozent aller Kulturen aus, die im Land angebaut werden. Und es wird ein Anstieg dieses Prozentsatzes erwartet.[40]

Benbrooks Studie über den Einsatz von Pestiziden in den Vereinigten Staaten kommt zu folgendem Schluss:

Im Gegensatz zu oft wiederholten Behauptungen, dass die heutigen gentechnisch veränderten Nutzpflanzen den Einsatz von Pestiziden verringert haben und verringern, hat die Ausbreitung Glyphosat-resistenter Unkräuter in herbizidresistenten Unkrautbekämpfungssystemen zu einem erheblichen Anstieg der Anzahl und des Volumens der eingesetzten Herbizide geführt. ... Das Ausmaß der Zunahme des Herbizideinsatzes auf herbizidresistentem Ackerland hat den Rückgang des Insektizideinsatzes bei

Bt-Kulturen in den letzten sechzehn Jahren weit übertroffen und wird dies auch in absehbarer Zukunft tun.[41]

Trotz der Behauptung, dass GVO die Menge der verwendeten Chemikalien senken werden, war dies nicht der Fall. Dies ist sehr besorgniserregend, sowohl wegen der negativen Auswirkungen dieser Chemikalien auf die Ökosysteme und den Menschen als auch wegen der Gefahr, dass der verstärkte Einsatz von Chemikalien dazu führt, dass Schädlinge und Unkräuter Resistenzen entwickeln, so dass noch mehr Chemikalien zu ihrer Bekämpfung benötigt werden.

Das ist keine Lebensmittelproduktion. Das ist Krieg.

* * *

Der CEO des Agrochemie-Unternehmens Syngenta, Mike Mack, verteidigte den Einsatz von GVO auf dem Weltwirtschaftsforum mit den Worten:»Es gibt nicht viel, was an der Landwirtschaft natürlich ist. – Landwirtschaft gibt es seit 10.000 Jahren, und es wurde viel [getan], um die Schädlinge, wie auch immer man das macht, vom Acker fernzuhalten.«[42]

Aber der Krieg gegen die Schädlinge ist weder notwendig noch wirksam. Schädlinge werden reguliert, wenn zwischen den verschiedenen Komponenten in einem landwirtschaftlichen System ein Gleichgewicht herrscht, und Artenreichtum ist unser bester Freund beim Umgang mit diesen Problemen. Er funktioniert auf zwei Ebenen.

Erstens entstehen Schädlinge nicht, wo Vielfalt herrscht, denn in einem System ist kein einziges Insekt oder Unkraut ein »Schädling«. Ein ökologisches Gleichgewicht durch biologische Vielfalt ist der beste Schädlingsbekämpfungsmechanismus, und freundliche Insekten wie Marienkäfer, Weichkäfer und andere Käfer, Spinnen, Wespen und die Gottesanbeterinnen tragen alle dazu bei.

Die biologische Vielfalt ermöglicht Systeme der integrierten Schädlingsbekämpfung wie das Push-Pull-System, bei dem eine Pflanze die Aufgabe hat, Schädlinge anzuziehen, während eine andere die Aufgabe hat, sie abzuwehren. Diese Technik wird von Tausenden

von Bauern in ganz Ostafrika angewandt, die Silberblatt-Desmodium
(eine Futterleguminose) mit Mais, Napier und Sudangras zusammen
anbauen. Die vom Desmodium produzierten Aromen wehren Schädlinge wie den Mais-Stammbohrer ab (Push), während die von den
Gräsern produzierten Düfte den Stammbohrer anziehen (Pull) und
ihn anregen, seine Eier statt im Mais im Gras abzulegen. Im Gegenzug produziert das Napiergras eine gummiartige Substanz, die die
Larven des Stammbohrers einfängt, so dass nach dem Schlüpfen
nur wenige von ihnen bis ins Erwachsenenalter überleben und so
ihre Anzahl reduziert wird.[43] Länder auf der ganzen Welt wenden
Systeme der integrierten Schädlingsbekämpfung an, die auf der biologischen Vielfalt beruhen. In Indonesien arbeitete die Ernährungs-
und Landwirtschaftsorganisation (FAO) mit der Regierung zusammen, um Feldschulen für Bauern einzurichten, in denen integrierter
Pflanzenschutz gelehrt wird. Dies gilt weithin als eines der erfolg-
reichsten Beispiele für die Verringerung der Abhängigkeit von Pestiziden durch biologische Vielfalt.[44] In Indien hat sich die Regierung
des Bundesstaates Andhra Pradesh verpflichtet, eine pestizidfreie
Landwirtschaft zu fördern, und die Bauern innerhalb des Bundesstaates haben sowohl die Produktivität gesteigert als auch die Kosten
gesenkt.[45]

Der zweite Vorteil der Biodiversität besteht darin, dass bei einem
Schädlingsausbruch die Biodiversität ökologische Alternativen in
Form von pflanzlichen Schädlingsbekämpfungsmitteln bietet, etwa
Neem. Neem (Azadirachta indica) ist ein in Indien beheimateter
Baum, der sich aufgrund seiner nutzbringenden Verwendung weltweit verbreitet hat. 1985, zur Zeit der Bhopal-Gas-Tragödie, startete
ich eine Kampagne mit dem Slogan: »Keine Bhopals mehr, pflanzt
einen Neem.« Zehn Jahre später stellte ich fest, dass die Verwendung
von Neem patentiert worden war: durch das US-Landwirtschaftsministerium und W. R. Grace (ein Chemieunternehmen, das in die
Verschmutzung des Grundwassers im Raum Boston verwickelt war,
was zu einer Krebsepidemie führte; das Buch und der Film *A Civil
Action* beruht auf diesem Fall). Mit Magda Aelvoet von den Grünen

im Europäischen Parlament und Linda Bullard, der Präsidentin der *International Federation of Organic Agriculture Movements*, habe ich eine Klage gegen die Biopiraterie von Neem eingereicht. Es hat elf Jahre gedauert, aber wir haben das Patent aufgehoben, und die Verwendung von Neem als natürliche Form der Schädlingsbekämpfung bleibt der Natur und den Bauern überlassen. In einem biologisch vielfältigen System können eine Reihe von Pflanzen gedeihen, die eine sichere und wirksame Schädlingsbekämpfung bieten. Einige dieser Pflanzen sind Neem, Dhaikan (*Melia azedarach*), Nurgundi (*Vitex negundo*), Sharifa (*Annona squamosa*), Pongam oder Karanj (*Pongamia pinnata*), Knoblauch (*Allium sativum*) und Tabak (*Nicotiana tabacum*).

Menschen auf der ganzen Welt wehren sich gegen den Einsatz von Pestiziden und Giften in unserem Ernährungssystem. US-Imker haben den Chemiekonzern Bayer verklagt, nachdem sie Tausende von Bienenvölkern durch die Pestizidbehandlung von Rapssamen verloren haben. Frankreich hat 1999 Gaucho, ein Breitband-Insektizid, wegen seiner Toxizität für Bienen und andere Lebensformen, einschließlich des Menschen, verboten.[46]

Am 29. April 2013 verbot die Europäische Union die Verwendung von Neonicotinoiden, um die Bienen zu schützen. Diese Neonicotinoide werden unter Markennamen verkauft, die direkt von der Kriegsartillerie stammen: Helix, Kreuzer, Flaggschiff und Honcho. In Europa machten Neonicotinoide 16 Prozent des acht Milliarden Euro umfassenden Pestizidmarktes und 77 Prozent des 535 Millionen Euro teuren Saatgutbehandlungsmarktes aus.[47] Tonio Borg, der damalige EU-Kommissar für Gesundheit, sagte, man plane, das bahnbrechende Verbot ab Dezember 2013 umzusetzen. Er erklärte:»Ich verpflichte mich, alles in meiner Macht Stehende zu tun, um sicherzustellen, dass unsere Bienen, die für unser Ökosystem so lebenswichtig sind und jährlich über 22 Milliarden Euro zur europäischen Landwirtschaft beitragen, geschützt werden.«[48] Bayer blockierte jedoch die Umsetzung dieser Entscheidung und verklagte stattdessen 2013 die Europäische Kommission, weil sie versucht hatte, den Einsatz von Pestiziden einzuschränken.

Am 6. Mai 2014 gab die chinesische Regierung bekannt, GVO-Getreide, Nahrungsmittel und Öl werde nicht mehr an das Militärpersonal geliefert. Auf der Website des Getreidebüros der Stadt Xiangyang in der Provinz Hubei ist zu lesen, dass »die Sicherheitsbedenken in Bezug auf GVO-Getreide und -Ölprodukte in China derzeit [noch] nicht geklärt sind, [und] um die Gesundheit der in unserer Stadt lebenden Militärangehörigen insgesamt zu gewährleisten", GVO-Lebensmittel verboten werden sollten.«[49] Noch wichtiger ist, dass Russland im April 2014 den Import jeglicher GVO-Produkte verboten hat, wobei sein Premierminister Dmitri Medwedew kommentierte: »Wenn die Amerikaner gerne GVO-Produkte essen, dann sollen sie sie auch essen. Das brauchen wir nicht zu tun; wir haben genug Platz und Möglichkeiten, ökologische Lebensmittel zu produzieren.«[50]

Kriegsrhetorik

Aktion, Apokalypse, Arsenal, Aufprall, Auslöser, Autorität zuerst, Besiegen, Bizeps II, Blitz, Bravo, Breitschuss, Brigade, Champion, Domäne, Doppelmagnum, Durchsetzen, Ehrengarde, Eindämmen, Enteignend, Erreichen, Erster Schuss, Extrem, Falke, Feuersturm, Fusilade, Gefangennahme, Grenze, Hinterhalt, Honcho, Infanterie, Jury, Kader, Kadett, Kobra, Kommando, Kraft, Kugel, Ladegerät, Lasso, Machete, Munition, Pentagon, Rache, Rampage, Razzia, Revolver, Revolverheld, Säbel, Schlag, Schlägerei, Schnelles Töten, Schrotflinte, Schwadron, Speer, Sperrfeuer, Stören, Streifzug, Totale Tötung, Triumphator, Überwinder, Unterwerfen, Verbündeter, Verwüstung, Vollstrecker, Vorschlaghammer, Wilder, Wut, Zepter, Ziel, Zündung, Zyklon.

Quellen: Vandana Shiva, *Staying Alive* (Neu-Delhi: Kali Unlimited, 2010); Joni Seager, *Carson's Silent Spring* (New York: Bloomsbury, 2014).

Sowohl die Bio-Bewegung – hin zu einer chemikalien-, pestizid- und gentechnikfreien Landwirtschaft – als auch die Umweltbewegung – gegen die Klimazerrüttung – versuchen, eine giftfreie Welt zu schaffen. Der Imperativ, Gifte zu verbreiten, ist weder ein ökologischer

Imperativ für die Wirkungsweise der Natur noch ein sozioökonomischer Imperativ für die Schaffung florierender Volkswirtschaften. Er ist vielmehr nur ein Imperativ für die Gewinne jener Unternehmen, die ihre Wurzeln in den Giftstoffen des Krieges haben. Diese Konzerne sind in der Folge sowohl von den Profiten als auch von einer militarisierten Denkweise und einem militarisierten Wissensparadigma abhängig geworden, das Gifte für die Schädlingsbekämpfung und damit für die Ernährung der Welt unerlässlich erscheinen lässt.

Aber wie wir gesehen haben, gibt es giftfreie Formen der Landwirtschaft, die nicht nur möglich, sondern auch erfolgreich sind. Der Ausbruch aus dem Giftkreislauf ist entscheidend für den Schutz unserer Gesundheit und unserer biologischen Vielfalt, die durch Pestizide und pestizidproduzierende Pflanzen bedroht sind. Biodiversität und ökologische Prozesse sind der ausgeklügeltste und bewährteste Ansatz zur Schädlingsregulierung. Es ist an der Zeit für einen Paradigmenwechsel vom militarisierten Geist, der alle Arten als Feinde sieht, die ausgerottet werden müssen, hin zu einer Weltanschauung, die den Menschen als Teil einer Erdenfamilie betrachtet und Bestäuber und freundliche Insekten als unsere Co-Produzenten im Nahrungsnetz anerkennt.

4
Biodiversität ernährt die Welt, nicht giftige Monokulturen

Mehr als siebentausend Arten haben die Menschheit im Laufe ihrer Geschichte ernährt: ein bemerkenswerter Hinweis auf die biologische Vielfalt auf unserem Planeten. In einem biodiversitätsreichen Landwirtschaftssystem bestäuben Tausende von Insekten unsere Nutzpflanzen und geben uns Nahrung. Freundliche Insekten bekämpfen Schädlinge, indem sie ein natürliches Gleichgewicht zwischen Schädlingen und ihren Vertilgern aufrechterhalten. Millionen von Bodenorganismen arbeiten daran, Leben und Fruchtbarkeit im Boden zu schaffen. Fruchtbare und gesunde Böden geben uns reichlich und gesunde Nahrung. Auf einem biodiversen Bauernhof, Ökosystem oder Planeten ist das Nahrungsnetz das Netz des Lebens.

Aber heute liefern nur dreißig Nutzpflanzen 90 Prozent der Kalorien in der menschlichen Ernährung, und allein drei Arten – Reis, Weizen und Mais – machen mehr als 50 Prozent unserer Kalorienzufuhr aus. Nach Angaben des *State of the World's Plant Genetic Resources for Food and Agriculture* sind von den 7.098 Apfelsorten, die zu Beginn des 20. Jahrhunderts in den Vereinigten Staaten dokumentiert wurden, 96 Prozent verlorengegangen. Darüber hinaus sind 95 Prozent der Kohlsorten, 91 Prozent der Feldmaissorten, 94 Prozent der Erbsen- und 81 Prozent der Tomatensorten verlorengegangen. In Mexiko existieren heute von allen im Jahre 1930 gemeldeten Maissorten nur noch 20 Prozent.[1]

Der Verlust von Biodiversität in unserer Nahrung und auf unserem Land ist darauf zurückzuführen, dass die industrielle Landwirtschaft auf Monokulturen beruht. Darunter versteht man den Anbau

Abb. 4: Weltweiter Verlust der Sortenvielfalt seit Beginn des 20. Jahrhunderts (Beispiele)

nur einer einzigen Sorte einer Kulturpflanze, die auf bestimmte Chemikalien oder Toxine hin gezüchtet wurde.

Die rapide Erosion der Biodiversität hat unter der Ägide eines Ernährungssystems stattgefunden, das die Landwirtschaft als Fabriken für die Erzeugung von Waren versteht, anstatt als Netzwerke zum Hervorbringen von Lebensmitteln und Leben. Diese Fabriken werden mit Chemikalien betrieben, die einst für die Kriegsführung konzipiert worden sind, und zerstören die Vielfalt der Arten, die seit Jahrtausenden auf unserem Planeten gedeihen. Die biologische Vielfalt erhöht die Stabilität von Ökosystemen und stärkt ihre ökologischen Funktionen, während eine Verringerung der Anzahl von Genen, Arten und Gruppen von Organismen die Effizienz und Widerstandsfähigkeit ganzer Gemeinschaften verringert.[2]

Drei Kräfte haben das Verschwinden der Artenvielfalt auf der ganzen Welt vorangetrieben, und alle drei haben mit der Kontrolle der Konzerne über das Saatgut zu tun. Die erste ist der Eintritt des Großkapitals in den Saatgutmarkt, was die von den Bauern gezüchteten lokalen Sorten verdrängt und durch einheitliche kommerzielle Hybriden und GVOs ersetzt hat, die von Konzernen entwickelt und verkauft wurden. Während wir früher unterschiedlich geformte, nahrhafte und saisonale Früchte hatten, haben wir heute einheitliche Sorten, die das ganze Jahr über erhältlich sind. Der zweite Faktor ist der globalisierungsbedingte Fernhandel. Vielfalt geht Hand in Hand mit lokalen, dezentralisierten Lebensmittelsystemen, aber in einem globalen Lebensmittelsystem werden Frische und Weichheit durch Härte ersetzt, so dass Früchte verschickt werden können. Wir züchten Steine, keine Früchte. Der dritte Faktor ist die industrielle Verarbeitung, die dazu führt, dass Unternehmen wie McDonald's und PepsiCo nahrhafte, lokale Gerichte durch Junkfood ersetzen. Dies beeinflusst dann, welche Pflanzen angebaut werden. Zum Beispiel verschwinden saftige, schmackhafte Tomaten, um Platz für harte, geschmacklose zu machen, denn Tomatenketchup erfordert letztere. Heute verdient es jede Esskultur, als Kulturerbe anerkannt zu werden, bevor sie ausgelöscht wird.

Biodiversität, Nahrungsmittelvielfalt und kulturelle Vielfalt gehen Hand in Hand. Stämme im Kernland Indiens entwickelten aus einem Wildgras, dem Oryza sativa, 200.000 Reissorten. Reis ist ihr Leben, Reis ist ihre Nahrung, und Reis ist ihre Kultur. Ich habe mich ihnen beim Akti angeschlossen, dem Fest, das den Beginn des landwirtschaftlichen Zyklus markiert, bei dem sie ihre verschiedenen Reissorten mitbringen, sie der Dorfgottheit anbieten, sie miteinander teilen und dann den Reis auf ihren Feldern aussäen. Oder nehmen Sie Mexiko, wo die Bauern vor Tausenden von Jahren eine Wildpflanze namens *Teosinte* domestiziert und zu der Vielfalt von Tausenden von Maissorten verwandelt und weiterentwickelt haben. Die Mexikaner sind das Volk des Mais: Mais ist ihre Identität, ihr Essen und ihre Kultur.

Die Kontrolle des Saatguts durch Konzerne, die die biologische Vielfalt untergraben hat, ist das Ergebnis eines Produktionsparadigmas, das auf Uniformität und Monokulturen beruht: das, was ich Monokultur des Geistes genannt habe. Eine Monokultur des Geistes drückt der Welt eine einzige Art des Wissens auf, die reduktionistische und mechanistische – einer Welt, die eine Vielfalt und Pluralität von Wissenssystemen hervorgebracht hat. Diese Wissenssysteme umfassen das Wissen und die Fachkenntnisse, die aus der Praxis, der Erfahrung und der Arbeit mit der Natur als Partner stammen:

das Wissen von Frauen und Landarbeitern, von Bauern und Bäuerinnen. Diese Wissenssysteme sind vielfältig und unterschiedlich. Doch in dem Maße, wie die ökologische Artenvielfalt durch Monokulturen von Nahrungsmitteln und Nutzpflanzen ersetzt wird, die zu Handelszwecken vermarktet und patentiert werden können, und wie die reiche Vielfalt der Nahrungsmittelkulturen durch Monokulturen von Junkfood ersetzt wird, wird auch der menschliche Geist auf eine Monokultur reduziert. Monokulturen des Geistes, die in einem reduktionistischen, mechanistischen Paradigma verwurzelt sind, schaffen eine Blindheit gegenüber der Vielfalt der Welt. Auf mechanistischem Denken beruhend, sind diese Monokulturen blind für das evolutionäre Potential und die Intelligenz von Zellen, Organismen, Ökosystemen und Gemeinschaften. Sie sind blind für die ökologischen Funktionen, die sich aus den Beziehungen und dem Zusammenwirken zwischen verschiedenen lebenden Komponenten eines Agrarökosystems ergeben. Und in einem Teufelskreis der Uniformität setzen sich diese Monokulturen des Geistes wieder als Monokulturen im Landbau fort.

Ein mechanistisches Paradigma der industriellen Landwirtschaft verwandelt Vielfalt in Monokulturen, indem es sich auf den externen Input von Chemikalien und auf uniforme Waren als Output konzentriert. Wir sind fälschlicherweise zu der Annahme verleitet worden, dass chemieintensive Monokulturen mehr Nahrungsmittel produzieren und daher die Antwort auf Hunger und Ernährungsunsicherheit sind. Das gleiche mechanisierte Denken begünstigt die Idee, dass durch die Intensivierung von Monokulturen und den damit einhergehenden Einsatz von giftigen Chemikalien, fossilen Brennstoffen und Kapital die biologische Vielfalt erhalten wird, weil weniger Land genutzt wird. Das ist falsch.

Wenn man alle Outputs in Betracht zieht, produzieren chemieintensive Monokulturen weniger Nahrungsmittel pro Hektar als biodiverse, ökologische Betriebe. Monokulturen verdrängen die Vielfalt auf einem Hof, und laut der Internationalen Technischen Konferenz für pflanzengenetische Ressourcen der UNO 1995 in Leipzig sind

75 Prozent der gesamten Agrobiodiversität durch industrielle Monokulturen in der Landwirtschaft verdrängt worden. Wir können mit Sicherheit davon ausgehen, dass sich dieser Prozentsatz seitdem noch vergrößert hat.

Die industrielle Landwirtschaft beruht auf dem externen Einsatz chemischer Pestizide sowie auf GVO-Kulturen mit eingebauten Pestiziden, die nützliche Arten töten und die Nahrungsmittelproduktion untergraben. Diese Chemikalien stammen aus dem Krieg. Und durch die industrielle Landwirtschaft setzen sie den Krieg fort. Die Produktivität der industriellen Landwirtschaft wurde auf allen Ebenen falsch dargestellt, weil der Beitrag der biologischen Vielfalt von Pflanzen, Bodenorganismen und Bestäubern zur Landwirtschaft und Nahrungsmittelproduktion ignoriert wurde. Durch ein mechanistisches, reduktionistisches Gedankenkonstrukt wurde der Mythos kreiert, dass wir ohne chemische Monokulturen nichts zu essen hätten und dass die biologische Vielfalt und die biologische Landwirtschaft teuer und ein Luxus für die Reichen seien.

Wir müssen mit diesen Mythen aufräumen. Unter dem industriellen Paradigma töten giftige Chemikalien die biologische Vielfalt von Bienen, Schmetterlingen und nützlichen Insekten. Chemische Düngemittel töten Bodenorganismen und zerstören den Boden und die Bodenfruchtbarkeit. Stickstoffdünger schaffen tote Zonen und töten die Biodiversität von Wasser- und Meereslebewesen. Da sie zudem in hohem Maße auf den Einsatz tödlicher Chemikalien angewiesen sind, sind die Kosten sowohl für den Landwirt als auch für den Verbraucher in der Monokultur-Landwirtschaft höher; die Gewinne werden einzig von großen Agrarunternehmen erzielt. Monokulturen des Geistes konzentrieren sich nur auf eine einzige Wirtschaft: den globalen Markt, der von globalen Konzernen kontrolliert wird. Sie bleiben blind für die Ökonomien von Natur und Gesellschaft, für die Ökonomie der Natur und für die Ernährungswirtschaft der Menschen. Wir müssen den Monokulturen ein Ende setzen, sowohl auf dem Land als auch im menschlichen Denken, und wir müssen dringend die wahren Kosten der industriellen Landwirtschaft und den wahren Nutzen der biodiversen, ökologischen Landwirtschaft neu bewerten.

* * *

Biodiverse Systeme von Mischkulturen beruhen auf einer symbiotischen Beziehung zwischen Boden, Wasser, Nutztieren und Pflanzen. Die ökologische Landwirtschaft verbindet diese Elemente auf nachhaltige Weise miteinander, wobei jedes Element vom anderen abhängig ist, und dadurch wird die Beziehung zwischen ihnen gestärkt. Die Landwirtschaft der Grünen Revolution, oder die industrielle Landwirtschaft, ersetzt diese Integration durch die Einführung externer Inputs, etwa Saatgut, das gezüchtet wird, um auf Chemikalien zu reagieren, oder durch die Chemikalien selbst.[3] Das Saatgut-Chemikalien-Paket bricht nicht nur die Verbindungen der ökologischen Landwirtschaft auf, sondern stellt auch seine eigenen toxischen Wechselwirkungen mit dem Boden und den Wassersystemen her. Diese neuen Wechselwirkungen werden jedoch weder bei der Bemessung der Kosten noch der Erträge der industriellen Landwirtschaft berücksichtigt.

Die Vielfalt in der Landwirtschaft wurde unter der falschen Annahme zerstört, dass sie mit einer geringen Produktivität einhergeht. Infolgedessen wurden die vielfältigen, einheimischen Sorten der Bauern durch neue Nutzpflanzen ersetzt, die fälschlicherweise als Hochertragssorten oder HYVs bezeichnet werden. HYVs sind Teil des ersten Mythos, der eingesetzt wurde, um industrielle, monokulturelle Landwirtschaftssysteme voranzutreiben: dass die chemische Landwirtschaft mehr Nahrungsmittel produziert. Was die multinationalen Unternehmen bequemerweise vergessen haben, uns zu sagen, ist, dass HYVs keine Hochertragssorten sind. Vielmehr sprechen sie gut auf Chemikalien an (die höchstwahrscheinlich von denselben Saatgutfirmen produziert werden, die HYVs fördern). Tatsächlich wäre eine angemessenere Bezeichnung für sie: »Sorten mit hohem Rücklauf«.

Solche Sorten wurden so gezüchtet, dass sie nur mit hohem Chemikalieneinsatz eine höhere Getreideproduktion liefern. Wenn wir ein landwirtschaftliches System als ein Ökosystem betrachten, das nicht nur den Menschen, sondern alle Lebewesen auf dem Bauernhof ernährt, weisen HYVs eine sehr geringe Gesamtproduktivität des gesamten Systems auf. In Ländern wie Indien zum Beispiel ist die Menge Stroh, die aus Getreide gewonnen wird, wichtig als Futtermittel für das Vieh. HYVs produzieren nicht genügend Stroh in ausreichender Qualität, so dass die Konzerne zwar die vermarktbare Produktion von Getreide steigern können, wobei die Tiere auf dem Bauernhof aber immer noch fressen müssen, so dass sie mit genau dem Getreide gefüttert werden, das für den Menschen bestimmt war. Dieses Getreide ist sowohl in Bezug auf den Nährwert als auch auf die Menge für die Tiere unzureichend. Weder Boden noch Tiere oder Menschen profitieren von HYVs, und die Erhöhung der vermarktbaren Getreideproduktion wurde aufgrund einer Überbeanspruchung der Ressourcen auf Kosten einer geringeren Biomasse für Tiere und Böden sowie einer geringeren Produktivität des Ökosystems erreicht.

Wenn man die gesamte Biomasse in einem landwirtschaftlichen System berücksichtigt, schneiden die einheimischen Sorten der Landwirte besser ab als die HYV. Tatsächlich erzielen viele einheimische Sorten sowohl in Bezug auf den Getreideertrag als auch in Bezug auf den gesamten Biomasseertrag (Getreide plus Stroh) höhere Erträge als die HYV, die an ihrer Stelle eingeführt wurden. Eine Studie, die traditionelle Mischkulturen mit industriellen Monokulturen vergleicht, zeigt, dass ein Mischkultursystem 100 Einheiten Nahrungsmittel aus fünf Einheiten Input produzieren kann, während ein industrielles System 300 Einheiten Input benötigt, um die gleichen 100 Einheiten Nahrungsmittel zu produzieren. Die 295 Einheiten verschwendeten Inputs hätten in einem biodiversen Betrieb 5.900 Einheiten zusätzliche Nahrung liefern können. Somit führt das industrielle System zu einem Rückgang von 5.900 Nahrungsmitteleinheiten. Dies ist ein Rezept für hungernde Menschen, nicht für deren Ernährung.[4]

Die Messung von Ertrag und Produktivität im Paradigma der Grünen Revolution ist losgelöst von einem Verständnis dafür, wie sich die Prozesse der Steigerung einer einzelnen Funktion einer einzelnen Art auf diejenigen Prozesse auswirken, die die Bedingungen für die landwirtschaftliche Produktion aufrechterhalten. Dies geschieht durch die Verringerung der Artenzahl und der funktionalen Vielfalt der landwirtschaftlichen Systeme sowie durch den Ersatz interner Inputs, die durch die biologische Vielfalt bereitgestellt werden, durch gefährliche Agrochemikalien. Diese reduktionistischen Kategorien von Ertrag und Produktivität erlauben zwar ein höheres Maß an zu erntenden Erträgen einzelner Güter, sie rechnen jedoch die ökologische Zerstörung nicht mit ein, die sich auf künftige Erträge und die Vernichtung diverser Outputs aus biodiversitätsreichen Systemen auswirkt.

Die Produktivität in der traditionellen Landwirtschaft war schon immer hoch, da sie nur sehr wenige externe Inputs erfordert. Während also die Grüne Revolution als produktivitätssteigernd im absoluten Sinne dargestellt wurde, weist sie unter Berücksichtigung der Ressourcennutzung eine geringere Produktivität sowohl im Sinne der gesamten Biomasseproduktion als auch bei der Nutzung externer Inputs auf. Die industrielle chemische Landwirtschaft verwendet zehn Kilokalorien an Inputs, um eine Kilokalorie an Nahrungsmitteln zu produzieren. Sie verbraucht auch zehnmal mehr Wasser und viel mehr Land als die ökologische Landwirtschaft, um die gleiche Menge an Nahrungsmitteln zu produzieren. Die von Monokulturen verbrauchten zusätzlichen Ressourcen hätten zur Ernährung der Menschen verwendet werden können. Verschwendete Ressourcen führen zur Entstehung von Hunger. Weil sie wegen ihrer eindimensionalen Monokulturen, die durch intensive externe Inputs aufrechterhalten werden, Ressourcen verschwenden, schaffen neue Biotechnologien Ernährungsunsicherheit und Hunger.

Ein gängiges Argument bei der Förderung der Gentechnik in der Landwirtschaft ist, dass nur industrielle Landwirtschaft und industrielle Züchtung mit dem steigenden Nahrungsmittelbedarf einer

wachsenden Bevölkerung mithalten können. Mehr zu fütternde
Mäuler erfordern eine effizientere Nutzung der Ressourcen. Aber
eine Studie im *Scientific American* zeigt, dass die industrielle Landwirtschaft zu einem sechzigfachen Rückgang der Kapazität zur Nahrungsmittelproduktion geführt hat und keine effiziente Strategie zur
Nutzung von begrenztem Land, Wasser und biologischer Vielfalt zur
Ernährung der Welt ist.[5]

Da die Ernährungssicherheit auf dem Anspruch auf Nahrung –
oder dem Zugang zu Nahrung – basiert und bäuerliche Gesellschaften einen Anspruch auf Lebensunterhalt und Arbeit haben, sollte eine
Erhöhung der Menge an Nahrungsmitteln nicht auf der Zerstörung
von Lebensgrundlagen beruhen. Aus dem Bezugsrahmen sowohl
der Nahrungsmittelproduktivität als auch der Nahrungsmittelan-
sprüche ergibt sich, dass die industrielle Landwirtschaft im Vergleich
zu einem auf Vielfalt basierenden internen Inputsystem nicht in der
Lage ist, den Nahrungsmittelbedarf einer wachsenden Bevölkerung
zu decken. Da die ökologische Landwirtschaft auf dem Gesetz der
Rückführung, der biologischen Vielfalt, beruht, hilft sie den Bauern
auf zwei Ebenen. Erstens befreit sie die Landwirte von kostspieligen zugekauften Inputs, die sie in der Schuldenfalle gefangen halten, indem sie mit ökologischen Prozessen statt gegen sie arbeitet.
Zweitens ermöglicht das Gesetz der Rückführung in der Gesellschaft,
dass Bauern und Verbraucher eine Beziehung des fairen Handels eingehen, in denen die Bauern einen gerechten Preis für ihre Arbeit bei
der Erzeugung guter Lebensmittel und dem Erhalt der Gesundheit
bekommen und dafür, dass sie die Haushälter unseres Planeten sind.

Die Agrarindustrie, die dem Gesetz der Ausbeutung und dem
Gesetz der Dominanz folgt, erzählt uns, dass Monokulturen die
kostengünstigste Art der Nahrungsmittelproduktion sind: sowohl
aufgrund des Chemieeinsatzes als auch durch Gentechnik. Aber die
Monokultur-Landwirtschaft ist eine Verlustwirtschaft. Bereits 1978
verglich Professor William Lockeretz die wirtschaftliche Leistung
von vierzehn ökologischen Pflanzenbau- und Viehzuchtbetrieben
im Mittleren Westen der Vereinigten Staaten mit der von vierzehn

konventionellen oder Monokultur-Betrieben. Die untersuchten Betriebe wurden auf der Grundlage ihrer physischen Merkmale und der Art ihres landwirtschaftlichen Betriebs verglichen. Der Marktwert der pro Flächeneinheit produzierten Feldfrüchte war in den Biobetrieben um 11 Prozent geringer. Da aber auch die Produktionskosten geringer waren, weil die biologische Landwirtschaft weniger auf externe Inputs wie Chemikalien und Düngemittel angewiesen ist, war das Nettoeinkommen pro Flächeneinheit für beide Systeme nahezu gleich. Der Monokulturanbau ist nicht rentabler als der ökologische Landbau.

Da Biobauern eine größere Vielfalt an Kulturen anbauen, ist die gesamte Produktion eines Betriebs nicht durch dieselben Schädlinge oder saisonale Wetterereignisse gefährdet. Darüber hinaus absorbieren biologisch bewirtschaftete Böden einen größeren Teil des verfügbaren Niederschlags und bieten so Schutz vor Dürre.[6] Wenn es zu einem totalen Ernteausfall kommt, erleiden Biobauern weniger wirtschaftliche Verluste, da sie weniger in zugekaufte Betriebsmittel investiert haben. Die Vielfalt der Kulturen auf Biobetrieben hat auch andere wirtschaftliche Vorteile. Die Vielfalt bietet einen gewissen Schutz vor ungünstigen Preisveränderungen bei einer einzelnen Ware und sorgt für eine bessere saisonale Verteilung der Betriebsmittel.

Biobauern müssen sich aus zwei Gründen weniger Geld leihen als konventionelle Landwirte. Erstens kaufen Biobauern weniger Betriebsmittel wie Dünger und Pestizide. Zweitens sind Kosten und Einkommen auf diversifizierten Biobetrieben gleichmäßiger über das Jahr verteilt, weil zu verschiedenen Zeitpunkten im Jahr unterschiedliche Kulturen erntereif sind. In Indien konzentriert sich die Epidemie der Selbstmorde von Bauern auf Regionen, in denen die chemische Intensivierung die Produktionskosten erhöht hat und Monokulturen von Nutzpflanzen mit einem globalisierungsbedingten Preis- und Einkommensrückgang verbunden sind. Hohe Produktionskosten sind der wichtigste Grund für die Verschuldung ländlicher Gebiete, in einer Gleichung: Monokulturen = Chemikalien = Schulden = Selbstmorde.

Wenn wir alle Daten einbeziehen, ist das Argument, dass durch Monokulturen eine größere Menge billigerer Nahrungsmittel verfügbar ist, in vierfacher Hinsicht illusorisch.

• Erstens konzentrieren sich Monokulturen eher auf Teilaspekte einzelner Kulturen als auf die Gesamterträge von mehreren Kulturen und integrierten Systemen.

• Zweitens konzentriert sich die industrielle Züchtung auf die Erträge von einem oder zwei globalen Gütern und nicht auf die verschiedenen Nutzpflanzen, die die Menschen tatsächlich essen. Der Schwerpunkt liegt auf der Menge pro Hektar und nicht auf dem Nährwert pro Hektar, wobei der Nährwert pro Hektar infolge der industriellen Landwirtschaft tatsächlich zurückging.

• Drittens nutzt die industrielle Züchtung, einschließlich der Gentechnik, die natürlichen Ressourcen intensiv und verschwenderisch. Wenn die Produktivität auf Grundlage der Ressourcennutzung definiert wird, hat die industrielle Landwirtschaft eine sehr geringe Produktivität und untergräbt die Ernährungssicherheit, indem sie Ressourcen verbraucht, die in einem nachhaltigen Produktionssystem direkt zur Erzeugung von mehr Nahrungsmitteln hätten verwendet werden können.

• Viertens, und das ist entscheidend, produziert die chemische Intensivierung und Gentechnik in Monokulturen weniger Nahrungsmittel als ökologische Alternativen, die auf der Intensivierung der biologischen Vielfalt beruhen.

* * *

Nach dem vorherrschenden Paradigma der Nahrungsmittelproduktion beeinträchtigt Vielfalt die Produktivität. Dies führt zu einem Drang nach Uniformität und Monokulturen und hat zu der paradoxen Situation geführt, dass die »Verbesserung« heutiger Pflanzen auf der Zerstörung der biologischen Vielfalt beruht, die bloß als Ausgangsmaterial benutzt wird. Die Ironie der heutigen Pflanzen- und Tierzucht besteht darin, dass sie genau die Bausteine zerstört, von denen ihre Technologie abhängt. Forstwirtschaftliche Entwicklungsprogramme führen Monokulturen von industriell nutzbaren Arten wie Eukalyptus ein und treiben die Vielfalt lokaler Arten, die einst die lokalen Bedürfnisse erfüllten, in Richtung Ausrottung. Programme zur Modernisierung der Landwirtschaft bringen neue und einheitliche Kulturpflanzen auf die Felder der Bauern und zerstören die Vielfalt der lokalen Sorten. Die Modernisierung der Tierhaltung vernichtet die unterschiedlichen Rassen und führt die Massentierhaltung ein.

Diese Strategie, die Produktivitätssteigerung auf die Zerstörung der Vielfalt zu gründen, ist gefährlich und unnötig. Monokulturen sind ökologisch und sozial nicht nachhaltig, weil sie sowohl die Wirtschaft der Natur als auch die Wirtschaft der Menschen zerstören. In der Land- und Forstwirtschaft, der Fischerei und der Viehzucht wird die Produktion unaufhörlich in Richtung der Zerstörung der Vielfalt gedrängt. Eine auf Uniformität beruhende Produktion wird so zur hauptsächlichen Bedrohung für die Erhaltung der Biodiversität und die ökologische und sozioökonomische Nachhaltigkeit.

Erst muss die Vielfalt zur Produktionslogik gemacht werden, bevor sie erhalten werden kann. Wenn die Produktion weiterhin auf der Logik von Uniformität und Gleichmacherei beruht, wird sich Uniformität weiter auf Kosten der Vielfalt ausbreiten. Eine »Verbesserung« aus Sicht der Konzerne oder aus der Sicht der westlichen land- oder forstwirtschaftlichen Forschung ist oft ein Verlust für den Globalen Süden und insbesondere für die Armen im Globalen Süden. Bei der Verbesserung der Pflanzen in der Landwirtschaft geht es um die Steigerung des Ertrags erwünschter Produkte auf Kosten unerwünschter Pflanzenteile. Was »erwünscht« ist, ist jedoch für die Agrarindustrie und für die Bauern nicht dasselbe, und welche Teile eines landwirtschaftlichen Systems als »unerwünscht« gelten, hängt davon ab, welcher Klasse und welchem Geschlecht man angehört. Was sich die Armen wünschen, ist für das Agrobusiness unerwünscht, und weil die Aspekte der biologischen Vielfalt vernachlässigt werden, fördert die »landwirtschaftliche Entwicklung« Armut und ökologischen Niedergang. Daher ist der Mythos, dass Produktivität und Vielfalt unvereinbar sind, nicht wahr. Einheitlichkeit als

Produktionsmuster ist nur im Zusammenhang mit Kontrolle und Rentabilität unvermeidlich.

Produktivität und Nachhaltigkeit sind in gemischten Systemen der Land- und Forstwirtschaft, die unterschiedliche Leistungen erbringen, viel höher. Die Produktivität von Monokulturen ist im Zusammenhang mit vielfältigen Leistungen und Bedürfnissen gering. Hoch ist sie nur im begrenzten Kontext des Outputs »eines Teils eines Teils« der forst- und landwirtschaftlichen Biomasse. Bei den »ertragreichen« Anbaumodellen der Grünen Revolution wird unter Hunderten von Pflanzen eine einzige ausgewählt, zum Beispiel der Weizen – für die Ernte von nur einem Teil der Weizenpflanze: das Korn. Diese hohen Teilerträge führen nicht zu hohen Gesamterträgen. Die Produktivität ist daher unterschiedlich, je nachdem, ob sie in einem Rahmen der Vielfalt oder in einem Rahmen der Gleichförmigkeit gemessen wird und ob sie als Gesetz des Ausgleichs oder als Gesetz der Dominanz verstanden wird.

Auf diese Weise verzerren die ökonomischen Berechnungen der landwirtschaftlichen Produktivität im vorherrschenden Paradigma die realen Produktivitätsbemessungen. Sie lassen die Vorteile interner Inputs der Biodiversität außer acht und vernachlässigen die zusätzlichen finanziellen und ökologischen Kosten, die durch den Kauf externer chemischer Inputs als Ersatz für interne natürliche Inputs in Monokultursystemen entstehen.

Die höhere Produktivität der auf Vielfalt beruhenden Systeme zeigt, dass es eine Alternative zur Gentechnik und zur industriellen Landwirtschaft gibt: eine Alternative, die ökologischer und gerechter ist. Diese Alternative beruht auf der Intensivierung der biologischen Vielfalt anstelle der chemischen Intensivierung. Doch auch wenn die Vielfalt mehr hervorbringt als Monokulturen, sind Monokulturen für die Industrie gewinnbringend und vorteilhaft, sowohl für die Märkte als auch für die politische Kontrolle. Der Wechsel von einer ertragreichen Vielfalt zu ertragsschwachen Monokulturen wird durch eine Logik des Marktes ermöglicht, die den Armen die Ressourcen wegnimmt und sie den Reichen gibt, die sie dann zerstören. Bis dahin bringt eine höhere Warenproduktion nur denjenigen Vorteile, die über wirtschaftliche Macht verfügen. Doch ironischerweise ist es der Hunger der Armen, der zur Rechtfertigung der landwirtschaftlichen Strategien benutzt wird, die ihren Hunger jedoch verschlimmern.

* * *

Als ich in einem Stammesgebiet in Tamil Nadu in Südindien Saatgut sammelte, begegnete ich einem Bauern, der neun Feldfrüchte zusammen anbaute. Er erklärte mir, wie die Vielfalt der Nutzpflanzen auf dem Land vom Makro- bis zum Mikrobereich zusammenhängt: vom planetarischen Gleichgewicht des Sonnensystems über das ökologische Gleichgewicht der Erde bis hin zum Nährstoffgleichgewicht in unserem Körper. Navdanya bedeutet »neun Samen« oder »neun Nutzpflanzen«, und als Zeugnis dieser Vielfalt nannte ich unsere Samenrettungsbewegung Navdanya.

Die Idee, dass »Vielfalt Wohlstand ist«, ist so alt wie wahr, und ihre Praxis ist auf dem gesamten lebenden Planeten zu beobachten. Lokale Bergbauern im Garhwal-Himalaya-Gebirge haben sich ergänzende, synergistische Verbindungen zwischen verschiedenen Arten entwickelt, um auf Agro-Biodiversität ausgerichtete landwirtschaftliche Praktiken zu pflegen. Von diesen ist die Baranaaja-Kultur ein Paradebeispiel und ein Zeugnis für Wohlstand in Vielfalt. Baranaaja besteht aus zwölf Nahrungspflanzen, die mit Fingerhirse, die als Basiskultur verwendet wird, zusammen angebaut werden. Amaranth, Buchweizen, Kidneybohnen, Pferdegram, schwarze Sojabohne, schwarze Gram, grüne Gram, Kuhbohne, Reisbohne, Adzukibohne, Sorghum und Cleome sind die Kulturen, die meist mit Fingerhirse gemischt werden. Baranaaja führt dazu, ein Maximum an Nahrungsmitteln zu erzeugen und zugleich eine ausgewogene Ernährung auf einer minimalen Landfläche zu gewährleisten. Baranaaja-Kulturen gedeihen auf den am wenigsten fruchtbaren Ackerflächen, wo andere feuchtigkeitsliebende oder wasserverbrauchende Pflanzen nicht wachsen würden. Ein solch sorgfältig ausgearbeitetes Biodiversitätsmanagement verbessert die Nachhaltigkeit des Agrarökosystems und erhöht das Niveau der Ernährungssicherheit der gesamten landwirtschaftlichen Gemeinschaft.

Mehrere Ozeane vom Himalaya-Gebirge entfernt haben die Bauern Mittelamerikas seit Jahrhunderten ein Mischkultursystem namens Milpa. Auf der Grundlage der alten landwirtschaftlichen Methoden der Maya, der Zapoteken und anderer Völker Mittelamerikas, erzeugt die Milpa-Landwirtschaft Mais, Bohnen und Kürbisse sowie andere Feldfrüchte, die an die lokalen Bedingungen angepasst sind. Das System ist in Bezug auf den Verbrauch völlig selbsttragend und umfasst Avocados, Melonen, Tomaten, Chilis, Süßkartoffeln, Jicama, Amaranth und Mucuna. Der Journalist und Autor Charles C. Mann beschreibt Milpa als »ernährungsphysiologisch und ökologisch komplementär«. Er schreibt:

> Mais fehlt es an den Aminosäuren Lysin und Tryptophan, die der Körper braucht, um Proteine und Niacin herzustellen. … Bohnen haben sowohl Lysin als auch Tryptophan. … Kürbisse liefern ihrerseits eine Reihe von Vitaminen; Avocados, Fette. Die Milpa ist nach Einschätzung von H. Garrison Wilkes, Maisforscher an der University of Massachusetts in Boston, »eine der erfolgreichsten menschlichen Erfindungen, die je gemacht wurden.«[7]

In San Felipe del Agua ist Milpa mehr als Felder und Erntegut: Es ist ein Netzwerk von Familien, von Handel und Praktiken, von denen vieles sehr alt ist. Die Milpa von San Felipe umfasst traditionelles Wissen, handgefertigte Werkzeuge, das mit dem Zebu gekreuzte Criollo-Rind, das zum Pflügen verwendet wird, Esel, Hunde, Tortillafabriken im Hinterhof, Küchentische, Mahlzeiten und harte Arbeit – es ist eine Lebensweise, in deren Mittelpunkt der Mais steht, und ein Zeugnis nicht nur der biologischen, sondern auch der kulturellen Vielfalt.

Variationen dieser biologischen Praxis (biologisch in Bezug auf Nutzpflanzen, aber auch in Bezug auf die Verwurzelung innerhalb einer Gemeinschaft) sind kulturübergreifend zu finden. Bei einigen

Indianerstämmen nimmt das Milpa-System den Namen »drei Schwestern« an, die Mais, Bohnen und Kürbis zusammenbringen. Als europäische Siedler in den frühen 1600er Jahren nach Amerika kamen, hatten die Irokesen die drei Schwestern bereits seit mehr als drei Jahrhunderten angebaut. Das Trio versorgte die Ureinwohner Amerikas sowohl physisch als auch spirituell; gemäß einer Legende waren die Pflanzen ein Geschenk der Götter, die immer zusammen angebaut, zusammen gegessen und zusammen gefeiert werden sollten.[8]

Beide Aspekte der Nahrungsmittelkrise – die Agrarkrise auf der einen Seite und die Unterernährungskrise auf der anderen – hängen damit zusammen, dass die Nahrungsmittelproduktion chemieintensiv geworden ist und sich auf den »Ertrag pro Hektar« konzentriert. Der Ertrag pro Hektar ignoriert jedoch den Nährwertverlust, der zur Unterernährungskrise führt. Während also die Grüne Revolution zu einem Mehr an Reis und Weizen mit chemie-, kapital- und wasserintensiven Inputs führte, verdrängte sie gleichzeitig Hülsenfrüchte, Ölsaaten, Hirse, Gemüse und Obst von den Feldern und aus der Ernährung der Menschen. Der »Ertrag pro Hektar« ist ein Maß für nichts anderes als die Gewinne des Agrobusiness. Unter dem Paradigma der Agrarökologie messen wir hingegen »Nährwert pro Acre«.

Navdanyas Bericht *Health Per Acre* zeigt, dass eine Umstellung auf artenreichen biologischen Landbau und ökologische Intensivierung den Nährwert-Output erhöht und gleichzeitig die Input-Kosten senkt. Für die Studie führten wir Feldexperimente in unserem Biobetrieb durch, in denen Landwirte zwölf Nutzpflanzen (*baranaaja*), neun Nutzpflanzen (*navdanya*) oder sieben Nutzpflanzen (*saptarshi*) anbauten. Auf einem Hektar Ackerland produzierte Bio-Baranaaja 73,5 Prozent mehr Protein, 3.200 Prozent mehr Vitamine, 67 Prozent mehr Mineralien und 186 Prozent mehr Eisen als der konventionelle Monokulturanbau. Bio-Navdanya produzierte 355 Prozent mehr Protein, 5.174 Prozent mehr Vitamine, 57 Prozent mehr Mineralien und 160 Prozent mehr Eisen als der konventionelle Monokulturanbau pro Hektar Acker. Und schließlich produzierte die biologische

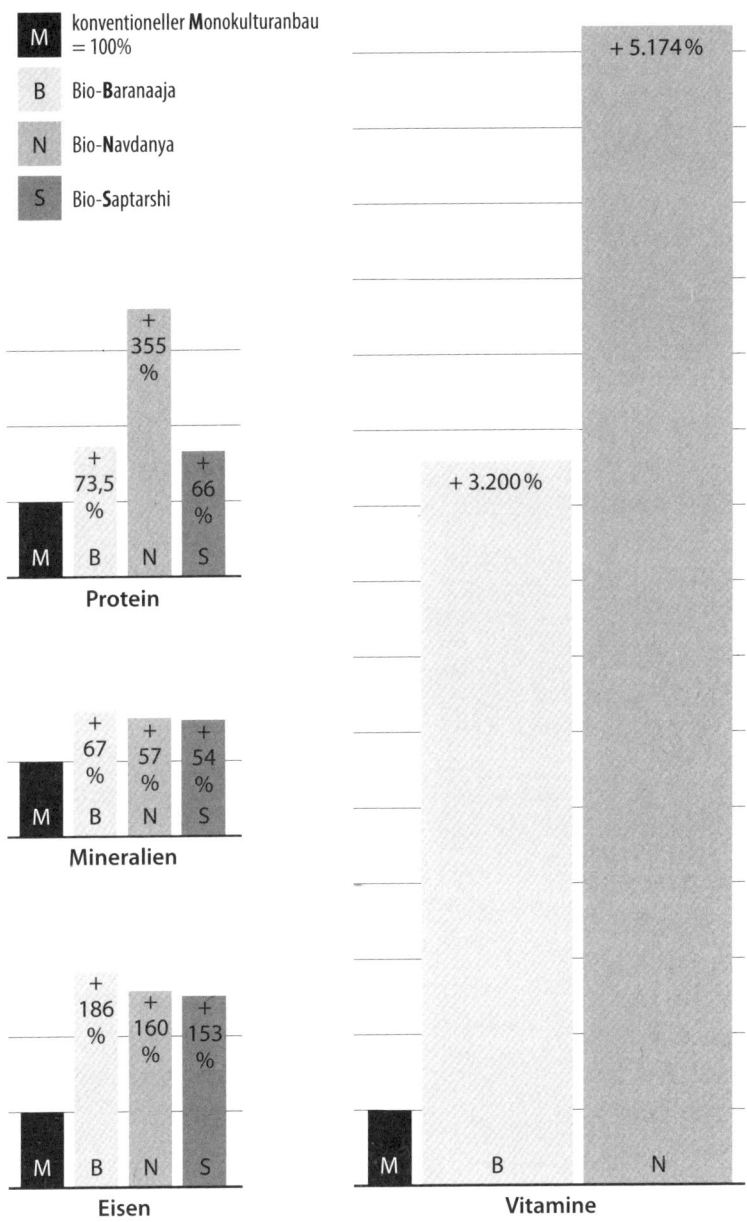

Abb. 5: Erhöhung des Nährstoffgehalts von Nahrungspflanzen durch biologische Landbaumethoden

Saptarshi 66 Prozent mehr Protein, 54 Prozent mehr Mineralien und 153 Prozent mehr Eisen als konventioneller Monokulturanbau.[9] Wenn die landwirtschaftliche Produktion in Form von »Gesundheit pro Hektar« und »Nährwert pro Hektar« statt »Ertrag pro Hektar« gemessen wird, haben ökologische Systeme eindeutig einen viel höheren Ertrag.

Angesichts der raschen Veränderungen und Krisen innerhalb unseres Ernährungssystems besteht die dringende Notwendigkeit, die ökologischen Kosten der Globalisierung der Landwirtschaft festzustellen: mit Hilfe eines auf der biologischen Vielfalt beruhenden Rahmens zur Produktivität, der die Gesundheit der Wirtschaft der Natur und der Wirtschaft der Menschen widerspiegelt. Wir bei Navdanya haben in den letzten drei Jahrzehnten einen solchen Rahmen entwickelt. Dieses Rahmenwerk

- bietet eine Dokumentation des Biodiversitätsstatus eines landwirtschaftlichen Betriebs, einschließlich der Biodiversität von Nutzpflanzen, Bäumen und Tieren,
- zeigt den Beitrag der Biodiversität zur Bereitstellung interner Inputs und zum Aufbau und Erhalt der Wirtschaft der Natur durch die Erhaltung von Boden, Wasser und Biodiversität,
- zeigt den Beitrag der biologischen Vielfalt zur Selbstversorgung mit Nahrungsmitteln für die in der Landwirtschaft tätigen Familien und Gemeinschaften sowie zum Aufbau und Erhalt der Wirtschaft der Menschen und
- spiegelt die Marktwirtschaft des Betriebs in Bezug auf das Einkommen aus dem Verkauf landwirtschaftlicher Produkte sowie die zusätzlichen Kosten für externe Inputs und den Lebensmitteleinzelhandel wider, wenn die biologische Vielfalt verlorengeht.

Der Paradigmenwechsel, den wir vorschlagen, ist ein Wechsel von Monokulturen zu Vielfalt; von chemieintensiver Landwirtschaft zu ökologisch intensiver Landwirtschaft; von externen zu internen Inputs; von kapitalintensiver Produktion zu kostengünstiger oder Null-Kosten-Produktion; von Ertrag pro Hektar zu Gesundheit und

Nährwert pro Hektar; und von Lebensmitteln als Ware zu Lebensmitteln als Nahrung und Nährwert. Mit dieser Verlagerung wird den
vielfältigen Krisen im Zusammenhang mit den Lebensmittelsystemen begegnet: sinkende Einkommen für die Landwirte, steigende
Kosten für die Verbraucher und die zunehmende Verunreinigung
unserer Lebensmittel.

Die biologische Vielfalt der biologischen Landwirtschaft führt
zu einer Steigerung der landwirtschaftlichen Produktivität und der
landwirtschaftlichen Einkommen, zu einer Senkung der Kosten für
die Verbraucher durch fairen Handel und zu sicheren und gesunden Lebensmitteln für Mensch und Tier durch pestizid- und che-
mikalienfreie Produktion und Verarbeitung. Sie zeigt, wie wir die
Umwelt und zugleich unsere Landwirte und unsere Gesundheit
schützen können. Indem wir die Gesundheit pro Hektar maximieren und die biologische Vielfalt fördern, können wir sicherstellen,
dass jeder Mensch Zugang zu gesunden, nahrhaften, sicheren und
guten Lebensmitteln hat.

5

Kleinbauern ernähren die Welt, nicht industrielle Großbetriebe

Im Zeitalter der Besessenheit durch Gigantismus leben wir in der Illusion, dass »je größer, desto besser« ist, dass Größe mehr produziert, dass Größe mächtiger ist. Wenn es um Nahrungsmittel geht, bedeutet dies, dass wir große Farmen und große Konzerne brauchen, um die Welt zu ernähren. Heute kontrollieren nur fünf Konzerne einen Großteil des Saatguts, des Wassers und des Landes auf der Welt, und sie wachsen.

Aber die Realität ist, dass »je kleiner, desto besser« ist: ökologisch, kulturell und wirtschaftlich.

Die Zukunft der Ernährungssicherheit liegt im Schutz und in der Förderung von Kleinbauern. Auf ökologischer Ebene steckt in einem kleinen Samenkorn das Potential für den größten Baum. In jedem Samen steckt das Potential zur Vermehrung in Tausende von Samen. Und in jedem der Tausenden dieser Samen stecken Tausende und Abertausende weiterer Samen. Das ist Überfluss im Kleinen, nicht im Großen. Deshalb beten die Bauern in Indien beim Säen der Samen: »Möge dieser Samen unerschöpflich sein.« In industriellen Großbetrieben, in denen Saatgut patentiert oder von riesigen Konzernen biologisch vernichtet wird, kann sich ein Saatgut nicht vermehren oder reproduziert werden. Es bringt kein neues Saatgut hervor. Das Motto scheint hier zu lauten: »Möge dieses Saatgut erschöpft werden, damit unsere Gewinne unerschöpflich sind.«

Trotz der Bedrohung durch die Großunternehmen produzieren die lokalen Bauerngemeinschaften immer noch 70 Prozent der weltweiten Nahrungsmittel. Diese bäuerlichen Einheiten, die es seit Jahrhunderten gibt, werden von Kleinbauern betrieben und sind von großer

Vielfalt geprägt. Einerseits spiegeln sie verschiedene agroklimatische Merkmale wider, andererseits haben sie sich in den jeweiligen Ernährungskulturen entwickelt. Wie wir gesehen haben, haben sich die Vielfalt der landwirtschaftlichen Systeme und die kulturelle Vielfalt der Ernährungssysteme in einem wechselseitigen Zusammenspiel von Natur und Kultur entwickelt. Biodiversität und kulturelle Vielfalt gehen Hand in Hand, und klein ist auch kulturell groß.

Wirtschaftlich gesehen wird oft fälschlicherweise angenommen, dass Kleinbetriebe und Kleinbauern niedrige Produktivitätsraten hätten. Aber wie wir gesehen haben, sind kleine, biodiversitätsreiche Betriebe ökologisch effizienter als große industrielle Monokulturen. Wenn man anerkennt, dass kleine Bauernhöfe auf der ganzen Welt größere und vielfältigere Erträge an nahrhaften Feldfrüchten produzieren, wird deutlich, dass die industrielle Züchtung die Ernährungssicherheit in Wirklichkeit verringert hat. Die industrielle Landwirtschaft hat Hunger und Armut geschaffen; trotzdem erzählt man uns, dass große industrielle Landwirtschaftsbetriebe notwendig seien, um mehr Nahrungsmittel zu produzieren.

Die Globalisierung der Landwirtschaft hat zur raschen Zerstörung der Vielfalt landwirtschaftlicher Systeme und zur weltweiten Verdrängung von Kleinbauern geführt. Dies wiederum hat zu einer Zerstörung der Umwelt und der ländlichen Lebensgrundlagen, insbesondere der Lebensgrundlagen der Bauern, geführt. Unser ernährungsphysiologisches, ökologisches und kulturelles Wohlergehen ist bedroht. Und um uns und allem Leben auf diesem Planeten eine Zukunft zu sichern, müssen wir zum Kern der Wahrheit zurückkehren, mit der wir begonnen haben: Klein ist groß, und klein ist schön.

* * *

Nach dem vorherrschenden Paradigma der industriellen Landwirtschaft ist die Intensivierung des chemischen Inputs und des Energieverbrauchs für die Ernährung einer wachsenden Bevölkerung notwendig, weil die Intensivierung der Inputs und der Großbetriebe zu höherer Produktivität und damit zu mehr Nahrung führt. Doch das stimmt nicht. Die Produktivität ist das Maß für den Output pro Input-Einheit. In Bezug auf Ressourcen und Energie gilt: je höher der Input, desto geringer die Produktivität. Da die industrielle Landwirtschaft ressourcen- und energieintensiv ist, hat sie in Bezug auf ökologische Effizienz und Ressourceneffizienz zu einem Produktivitätsrückgang geführt. In einem ökologischen und kleinbäuerlichen System umfasst der Output die Erneuerung ökologischer Prozesse, die vielfältigen Erträge von Nutzpflanzen, Vieh und Bäumen sowie die durch Ko-Kreation und Koproduktion geschaffenen Lebensgrundlagen. In einem großindustriellen Landwirtschaftssystem wird der Output auf ein einziges Gut (den Teil eines Pflanzenteils) und der Input auf Arbeit reduziert. Der zunehmende Einsatz von Chemikalien und fossilen Brennstoffen zielt in erster Linie darauf ab, die Arbeit von Kleinbauern zu ersetzen und den Landbesitz auf Großbetriebe, die im Besitz von Konzernen sind, zu konzentrieren. Wenn Arbeit willkürlich als der einzige Input genannt wird, der »zählt«, und die Produktivität in Bezug auf Arbeit als die einzige »wirkliche« Produktivität angesehen wird, entsteht eine Illusion. Diese Illusion nährt das falsche Gefühl einer höheren Gesamtproduktivität und einer größeren Verfügbarkeit von Nahrungsmitteln. In Wirklichkeit werden mehr Ressourcen verschwendet, mehr Lebensgrundlagen zerstört und mehr Hunger geschaffen.

Wenn wir den Begriff »Lebensunterhalt« verwenden, sprechen wir über selbstorganisierte Arbeit in lebendigen Ökonomien, basierend auf Ko-Kreation und Koproduktion. Lebensunterhalt ist keine »Arbeit«: Das Wort »Arbeit« wurde während des Aufkommens der Industriellen Revolution geprägt, um Akkordarbeit zu beschreiben: eine Art von Arbeit, die an der Anzahl der produzierten Gegenstände – oder »Stücke« – gemessen wurde, wie zum Beispiel Kleidungsstücke oder Werkzeuge. Die Etymologie ist bezeichnend, wenn wir daran denken, wie das Wort »Arbeit« heute verwendet wird. Eine »Arbeit« bedeutet die Reduktion eines schöpferischen, eigenständigen Menschen auf seine »Arbeit« und der weiteren Reduktion von Arbeit auf eine Ware. Bauern und Kleinbauern haben keine Arbeit; sie haben einen Lebensunterhalt. Frauen, die ihre Familien und Gemeinschaften ernähren, haben keine »Arbeit«, dennoch arbeiten sie mehr und härter als alle anderen.

Die Schaffung sinnvoller und produktiver Betätigungen und die Schaffung von Arbeitsplätzen, einschließlich der selbständigen Erwerbstätigkeit, sind alles Leistungen in einem ökologischen Produktionssystem. Wenn menschliche Aktivität auf Arbeit reduziert und sie von einem Output in einen Input umgedeutet wird, ist das ein Rezept für Arbeitslosigkeit, Vertreibung und Zerstörung der Lebensgrundlagen von Kleinbauern und ihren Gemeinschaften auf der ganzen Welt.

Die Entwertung von Lebensunterhalt ist auch ein Rezept für eine weitere Intensivierung der externen Inputs von Chemikalien und fossilen Brennstoffen, die – anstatt die Menschen zu ernähren und die landwirtschaftlichen Systeme zu erhalten – zu Hunger führen und die Umwelt zerstören. Dies ist als »Mythos des Mehr« bekannt, in dem ein landwirtschaftliches System, in welchem ein Landwirt mehr für die Kosten der Inputs ausgibt, als er durch den Verkauf einer Monokultur-Ware einnimmt, als »produktiv« dargestellt wird, als ein Weg zu höherem Einkommen und höherer Produktion. Die Realität, die diesen Mythos widerlegt, ist jedoch, dass durch den globalisierten Handel, gentechnisch verändertes Saatgut und von Konzernen abhängige Betriebe das Einkommen der Bauern in Wirklichkeit sinkt, was zur Verschuldung und Vertreibung und bis hin zum Selbstmord der Bauern führt.

So schreibt das indische Landwirtschaftsministerium, das Interesse an einer großflächigen Landwirtschaft durch Konzerne hat:

Der begrenzte Landbesitz pro Kopf in Indien ist ein großes Hindernis, das eine groß angelegte Mechanisierung und die Durchführung anderer Maßnahmen zur Steigerung der Produktivität und zur Senkung der Produktionsstückkosten verhindert. Es ist eine bekannte Tatsache, dass in den großen Exportländern wie den USA, Kanada und Australien die Produktionskosten niedrig sind,

da die Betriebe vollständig mechanisiert sind, wenig menschliche
Arbeitskraft eingesetzt wird und die natürlichen Ressourcen wie
Bodenfruchtbarkeit und Niederschlagsverteilung besser sind.[1]

Aber in den entwickelten Ländern gehen nur 15 Prozent des Preises
eines Brotlaibs an den Landwirt – der Rest ist für das Mahlen, Backen,
Verpacken, Transportieren und Vermarkten. Für das Agrobusiness
bedeuten hohe Kosten in der Weiterverarbeitung und niedrige Ein-
standspreise einen doppelten Gewinn. Für den Landwirt führen sie
in eine Verlustwirtschaft und in eine Schuldenspirale. Auch wenn
die US-Agrarexporte aus großen Monokulturen boomen, können die
Farmer nicht überleben. Mehr US-Landwirte sterben durch Selbstmord als durch irgendeine andere unnatürliche Ursache. Auf die
Gesamtheit bezogen, ist die Wahrscheinlichkeit, dass Farmer sich
umbringen, dreimal so hoch wie in der Allgemeinbevölkerung.[2]

Im Jahr 2000 legte die Canadian National Farmers Union dem Senat
einen Bericht mit dem Titel »The Farm Crisis« vor. Dort heißt es:

Während die Bauern, die Getreide – Weizen, Hafer, Mais –
anbauen, negative Renditen erwirtschaften und kurz vor dem
Bankrott stehen, erwirtschaften die Unternehmen, die Frühstücks-
zerealien herstellen, riesige Gewinne. Im Jahr 1998 erzielten die
Getreidefirmen Kellogg's, Quaker Oats und General Mills Eigen-
kapitalrenditen von 56 %, 165 % bzw. 222 %. Während ein Scheffel
Mais für weniger als vier Dollar verkauft wurde, wurde ein Scheffel Maisflocken für 133 Dollar verkauft. 1998 waren die Getreidefirmen 186 bis 740 Mal so profitabel wie die landwirtschaftlichen
Betriebe. Vielleicht verdienen die Landwirte zu wenig, weil andere
zu viel nehmen.[3]

Durch den »Mythos des Mehr« wird eine falsche Logik etabliert,
nach der industrielle Monokulturen mehr produzieren und ein
Mehr an Nahrungsmitteln zu niedrigeren Preisen führt. Betrachtet
man jedoch die gesamte Nahrungsmittelproduktion – und nicht nur

die vermarktbare Warenproduktion – so produziert die großflächige Landwirtschaft nicht mehr. Wie wir in Kapitel 7 sehen werden, haben niedrige Preise, wie im Fall von Weizen, eher mit Monopolkontrolle als mit mehr Nahrungsmittelproduktion zu tun. Die Senkung der Agrarpreise ist nicht auf eine Produktivitäts- oder Effizienzsteigerung zurückzuführen, sondern auf das Agrobusiness, das dem Land ein Mehrfaches an Ertrag entzieht, als es dem Landwirt oder der Erde zurückgibt.

Das indische Landwirtschaftsministerium täte gut daran, von den Erfolgen seiner eigenen Nahrungsmittelproduktion zu lernen, bevor es die Grüne Revolution – groß angelegte Monokulturen – einführt. Wie der frühere indische Premierminister Charan Singh einmal erklärte:

Da es sich bei der Landwirtschaft um einen lebenslangen Prozess handelt, sinken in der Praxis unter den gegebenen Bedingungen die Erträge pro Hekar mit zunehmender Betriebsgröße (das heißt mit abnehmendem Einsatz von menschlicher Arbeit und Pflege pro Hektar). Diese Feststellung ist nahezu universell: Der Ertrag pro Hektar Investition ist in kleinen Betrieben höher als in großen Betrieben. Wenn also ein dicht bevölkertes, kapitalarmes Land wie Indien die Wahl zwischen einem einzigen 60-Hektar-Betrieb und vierzig 1,5-Hektar-Betrieben hat, sind die Kapitalkosten für die Volkswirtschaft geringer, wenn sich das Land für die kleinen Betriebe entscheidet.[4]

Kleine Betriebe produzieren mehr Nahrungsmittel als große Industriebetriebe, weil Kleinbauern den Boden, die Pflanzen und Tiere sorgfältiger pflegen und die biologische Vielfalt intensivieren, nicht den externen, chemischen Input. Mit zunehmender Größe der Betriebe wird immer mehr Arbeit durch fossile Brennstoffe für die Landmaschinen ersetzt, die fürsorgliche Arbeit der Bauern durch giftige Chemikalien und die Intelligenz der Natur und der Bauern durch achtlose Technologien.

Wenn Profit das (Nahrungsmittel-)Spiel ist, dann sind es die kleinen Bauernhöfe und Kleinbauern, die durch die Globalisierung und
die vom Handel vorangetriebenen Wirtschaftsreformen zerstört werden. Seit Einführung der Agrar-»Reformen« haben in Indien fünf Millionen Bauern ihre Lebensgrundlage verloren. Und in fünfzehn Jahren haben 284.000 Bauern Selbstmord begangen, weil sie wegen der
kapital- und chemieintensiven Landwirtschaft auf Grundlage nicht
erneuerbaren Saatguts wirtschaftlich nicht mehr überleben konnten.[5]

Heute ist es an der Zeit, mit dem »Mythos des Mehr« zu brechen
und denen Anerkennung zu zollen, denen sie gebührt: nicht dem globalen Agrobusiness, sondern den Kleinbauern auf der ganzen Welt,
die uns trotz aller Bedrohungen, denen sie ausgesetzt sind, etwas zu
essen auf den Tisch bringen.

* * *

Klein ist groß, wenn es um Lebensmittel geht. Trotz aller Subventionen, die an große Landwirtschaftsbetriebe gehen, und trotz der ganzen Regierungspolitik, die die industrielle Landwirtschaft fördert,
stammen nach Angaben der Ernährungs- und Landwirtschaftsorganisation der Vereinten Nationen (FAO) heute 70 Prozent der Nahrungsmittel weltweit von kleinen Landwirtschaftsbetrieben. Wenn
wir Küchengärten und städtische Gärten hinzunehmen, wird deutlich, dass die meisten Lebensmittel, die die Menschen essen, in kleinem Maßstab angebaut werden. Was auf großen Bauernhöfen angebaut wird, sind keine Lebensmittel, sondern Rohstoffe. So werden
zum Beispiel nur 10 Prozent des Mais und der Soja, die die weltweite
Landwirtschaft erzeugt, von Menschen gegessen. 90 Prozent werden
als Biotreibstoff zum Autofahren oder als Futtermittel für Tiere in
Massentierhaltungen verwendet.

Nach dem Gesetz der Ausbeutung, das durch ein reduktives, mili-
taristisches Wissens- und Wissenschaftsparadigma begünstigt wird,
werden Lebensmittel in linearen Ketten produziert, die ihre ökologische Nichtnachhaltigkeit und soziale Ungerechtigkeit verbergen.

In der üblichen Konzernsprache heißen die dann Wertschöpfungsketten. Das Nahrungsnetz wird in eine Nahrungskette verwandelt, und Zyklen, die sich erneuern und verjüngen, werden nun in lineare Flüsse der Ausbeutung verwandelt. Wenn der dem Landwirt zugutekommende Anteil reduziert wird, um die Unternehmensgewinne zu steigern, spricht man von Wertschöpfung. Wenn die industrielle Verarbeitung den Nahrungsmitteln Nährstoffe und Qualität entzieht, spricht man von Wertschöpfung. In der Nahrungsmittelkette wird der entzogene Wert als Mehrwert dargestellt.

Das Gesetz der Rückführung hingegen beruht auf Zyklen, die in einem Netz von Beziehungen zusammenwirken. Dieses Netz gibt der Erde, der Gesellschaft und den Bauern etwas zurück. Während Nahrungsketten benutzt werden, um Ausbeutung und Gewalt zu rechtfertigen, sind Nahrungsnetze die Grundlage von Nachhaltigkeit und Gerechtigkeit. Nahrungsketten werden von der Gier der Konzerne kontrolliert, während die Nahrungsnetze von Kleinbauern und Kleinbäuerinnen aufrechterhalten werden. Dies ist auf der ganzen Welt zu beobachten.

Bauern und Kleinbauern, vor allem Frauen, machen mehr als die Hälfte der russischen Agrarproduktion aus, nehmen aber nur ein Viertel der landwirtschaftlichen Nutzfläche in Anspruch. In der Ukraine produzieren Kleinbauern 55 Prozent der landwirtschaftlichen Erzeugnisse des Landes auf nur 16 Prozent der Fläche, während sie in Kasachstan, wo sie die Hälfte der Fläche besetzen, 73 Prozent der landwirtschaftlichen Erzeugnisse produzieren. Tatsache ist, dass diese Länder von ihren Bauern und Kleinbauern ernährt werden. Und das gilt für die ganze Welt. Überall dort, wo offizielle Daten zur Verfügung stehen, wie zum Beispiel für die Europäische Union, Kolumbien und Brasilien, oder wo Studien durchgeführt wurden, wie zum Beispiel in Ländern Asiens, Afrikas und Lateinamerikas, erweist sich die bäuerliche Landwirtschaft als effizienter als das Agrobusiness in großem Maßstab.[6]

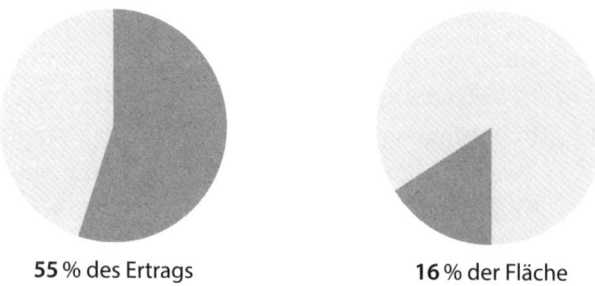

55 % des Ertrags   16 % der Fläche

Abb. 6: Die Kleinbauern der Ukraine: 55 % des Ertrags auf 16 % der Fläche

Nehmen Sie etwa diese wenigen Beispiele:

• In Papua-Neuguinea werden bis zu 5.000 Süßkartoffelsorten angebaut, wobei mehr als zwanzig Sorten in einem einzigen Garten angebaut werden.

• Auf Java bauen Kleinbauern in ihren Hausgärten 607 Arten an, wobei die Artenvielfalt insgesamt mit der eines tropischen Laubwaldes vergleichbar ist.

• Ein einziger Hausgarten in Thailand hat mehr als 230 Arten.

• In Ostnigeria machen Hausgärten, die nur 2 Prozent der landwirtschaftlichen Nutzfläche eines Haushaltes ausmachen, die Hälfte der Gesamtproduktion der Farmen aus.

• Hausgärten in Indonesien liefern schätzungsweise mehr als 20 Prozent des Haushaltseinkommens und 40 Prozent der häuslichen Lebensmittelversorgung.[7]

Das zentrale Argument für die Industrialisierung der Ernährung und die Konzentration der Landwirtschaft ist die geringe Produktivität der Kleinbauern. Sind diese Familien und Bauern auf ihren kleinen Parzellen nicht in der Lage, den Bedarf der Welt an Nahrungsmitteln zu decken?

Der Handels- und Umweltbericht der UNCTAD (Handels- und Entwicklungskonferenz der Vereinten Nationen) aus dem Jahr 2013 zeigt[8], dass Monokulturen und industrielle Anbaumethoden keine ausreichenden und erschwinglichen Nahrungsmittel dort liefern, wo

sie gebraucht werden, und gleichzeitig zunehmende und nicht trag-
fähige Umweltschäden verursachen. Weiter heißt es darin, dass sich
die Landwirtschaft in reichen wie armen Ländern von großflächigen,
chemischen, globalisierten Monokulturen hin zu einer größeren Vielfalt von Nutzpflanzen, einem geringeren Einsatz von Düngemitteln
und anderen Betriebsmitteln, einer stärkeren Unterstützung von Kleinbauern und einer stärker lokal ausgerichteten Produktion und einem
lokal ausgerichteten Verbrauch von Nahrungsmitteln verlagern
sollte. In ähnlicher Weise zeigt die Analyse der FAO, dass Kleinbetriebe tausendmal produktiver sein können als Großbetriebe.[9]

Ein Bericht der IAO (Internationale Arbeitsorganisation)[10] zeigt,
dass die kleinbäuerliche Landwirtschaft die Lösung für die ökologische Krise, die Nahrungsmittelkrise und die Krise bei Arbeit und
Beschäftigung ist. Der Bericht führt Beispiele dafür an, wie Kleinbetriebe in Afrika die Nahrungsmittelproduktion durch ökologische
Landwirtschaft gesteigert haben. Ein Projekt mit tausend Bauern in
Süd-Nyanza, Kenia, die im Durchschnitt je zwei Hektar bewirtschaften, zeigte, dass ihre Ernteerträge nach der Umstellung auf ökologische Landwirtschaft um zwei bis vier Tonnen pro Hektar gestiegen
sind. In einem weiteren Fall stieg das Einkommen von 30.000 Kleinbauern in Thika, Kenia, innerhalb von drei Jahren um 50 Prozent. Die
*International Assessment of Agricultural Knowledge, Science and Techno-
logy for Development* (Internationale Bewertung von landwirtschaft-
lichem Wissen, Wissenschaft und Technologie für Entwicklung) hat
ebenfalls bestätigt, dass kleine ökologische Bauernhöfe eine effekti-
vere Lösung für den Welthunger darstellen als die Grüne Revolution
oder die Gentechnik.

Navdanyas Studien in Indien weisen auch auf eine Erhöhung der
Einkommen der Bauern durch kleine, biodiverse Landwirtschaft hin.
Die vier Nutzpflanzen, die den indischen Landwirten heute extern
auferlegt werden, sind GVO-Bt-Baumwolle, Hybridreis, Hybridmais
und Soja. Bauern, die Bio-Baumwolle, einheimischen Reis, Hirse und
einheimische Hülsenfrüchte anbauen, verdienen in einem gerechten Handelssystem mehr als Bauern, die ihre Produkte über den

Rohstoffhandel verkaufen. Landwirte, die Hybridreis anbauen, verdienen 71.862 Rupien pro Hektar, während das Navdanya-Mitglied Mukundi Lal, das einheimischen Bio-Basmati-Reis anbaut, 113.031 Rupien pro Hektar verdient. Bauern, die Soja anbauen, verdienen 2.863 Rupien pro Hektar, während Bauern wie Mohan Singh von Chakrata, der einheimische Kidney-Bohnen anbaut, 267.399 Rupien pro Hektar verdienen. Landwirte, die Hybridmais anbauen, verdienen 30.657 Rupien pro Hektar, während Rajeshwari von Rudraprayag, der Fingerhirse (Ragi) anbaut, 219.400 Rupien pro Hektar verdient, und Susheela Devi, die Amaranth anbaut und konserviert, 367.000 Rupien pro Hektar. Die Erhaltung der Biodiversität und die Anwendung der Agrarökologie auf kleinen Bauernhöfen haben das Einkommen der Bauern unbestreitbar verbessert.

Kleinbauern sind nicht nur Produzenten von Nahrungsmitteln und Nährstoffen. Sie sind Hüter von Saatgut und Boden, Bewahrer von Wasser und Land und Beschützer und Erneuerer der biologischen und kulturellen Vielfalt. Sie produzieren mehr mit weniger Aufwand und sind daher produktiver und effizienter als die großen industriellen Monokulturen, durch die sie ersetzt werden. Auf weniger als 30 Prozent des weltweiten Ackerlandes produzieren Kleinbauern 70 Prozent der weltweit verzehrten Nahrungsmittel. Das Agrobusiness hingegen nutzt 70 Prozent des weltweiten Ackerlandes, um nur 30 Prozent der Nahrungsmittel zu produzieren.

Wer ernährt die Welt also wirklich? Die Zahlen sprechen laut und deutlich.

* * *

Heute befinden sich die Kleinbauern in einer Krise. Sie werden durch die Regeln der von Konzernen gesteuerten Globalisierung ausgemerzt, die darauf abzielt, die Profite der Konzerne auf Kosten der Kleinbauern zu maximieren. Die Konzerne verkaufen kostspielige Inputs in Form von Saatgut und Chemikalien an die Bauern und kaufen ihre Produkte zu billigen Preisen ein. Die Bauern verschulden sich, und die Landwirtschaft wird unrentabel gemacht, was zu einer massiven Abwanderung vom Land in die städtischen Slums führt. Seit der Einführung der Politik der Globalisierung der Landwirtschaft im Jahr 1991 ist die Zahl der Landwirte von 110 Millionen auf 95,8 Millionen geschrumpft. Das ist allein in Indien ein Verlust von fast 15 Millionen Bauern oder 2.000 Bauern pro Tag.

Durch aggressive Landraubzüge verlieren die Bauern ihr Land. Die landwirtschaftliche Nutzfläche schrumpft weltweit, konzentriert sich aber auch zunehmend auf einige wenige große Beteiligungen in den Händen einer noch kleineren Zahl von großen Privatunternehmen. In der Europäischen Union kontrollieren die obersten ein Prozent der Betriebe 20 Prozent der landwirtschaftlichen Nutzfläche der EU, und die obersten drei Prozent der Betriebe kontrollieren 50 Prozent der landwirtschaftlichen Nutzfläche der EU. 80 Prozent der Betriebe, die vermutlich aus Kleinbauern bestehen, kontrollieren nur 14,5 Prozent der gesamten landwirtschaftlichen Nutzfläche. Der Übergang zur Großlandwirtschaft hat die Landwirte rasch verdrängt, und zwischen 2007 und 2010 verloren Kleinbauern, die weniger als zehn Hektar besaßen, die Kontrolle über 17 Prozent des europäischen Ackerlandes – eine Fläche, die größer ist als die Schweiz –, während Landwirte und Unternehmen, die mehr als 50 Hektar besaßen, im gleichen Zeitraum fast sieben Millionen Hektar hinzugewannen – eine Fläche, die doppelt so groß ist wie Belgien.[11]

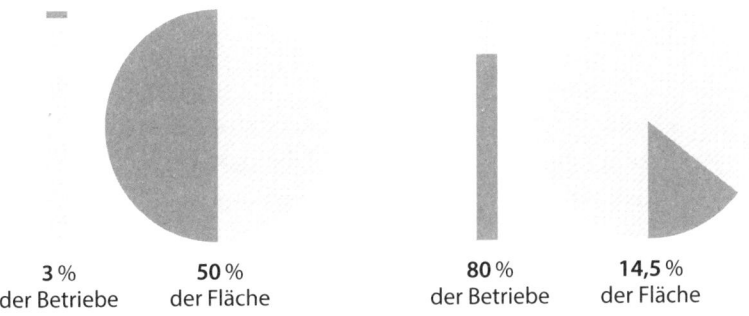

| 3 % | 50 % | 80 % | 14,5 % |
| der Betriebe | der Fläche | der Betriebe | der Fläche |

Abb. 7: Ungleichgewicht zwischen Groß- und Kleinbauern in der EU

In den Vereinigten Staaten wird das Ackerland den Landwirten aus den Händen genommen, entweder weil sie »zu alt« für die Landwirtschaft sind oder weil sie gezwungen waren, ihr Land zu verpfänden. Die Konzerne beginnen, Ackerland aufzukaufen, vor allem in Gebieten, die von großindustrieller Landwirtschaft geprägt sind. Einem Bericht der USDA zufolge, sind 40 Prozent des Ackerlandes in den Vereinigten Staaten von Landwirten nur gepachtet – von Banken und Investoren. In Bundesstaaten, die wichtige Zentren der industriellen Landwirtschaft sind, darunter Iowa, Illinois und Kalifornien, liegt dieser Anteil sogar bei 50 Prozent.[12]

In Indien haben Landenteignungen für Minen, Autobahnen und ausufernde Städte Bauern und Stammesangehörige ihren Höfen und Häusern entrissen. Nach Angaben des indischen Landwirtschaftsministeriums verlor Indien 16.000 Quadratkilometer (0,8 Prozent) seines Ackerlandes in den zehn Jahren von 2000 bis 2010. Ein Großteil dieses Verlustes ging zu Lasten ländlicher Gebiete und wurde den Städten zugeschlagen, und der indische Volkszählungsbeauftragte errechnet, dass im gleichen Zeitraum die städtisch genutzte Fläche um 24.000 Quadratkilometer sprunghaft angestiegen ist.[13] Da die Städte wachsen, schrumpfen die angrenzenden landwirtschaftlichen Gebiete. Die 284.000 Bauernselbstmorde in Indien stehen im Zusammenhang mit schuldenbedingten Landenteignungen. Die Bauern sind in der Schuldenfalle gefangen, weil die Konzerne teures Saatgut und Chemikalien mit dem illusorischen Versprechen anpreisen, dass die Bauern mehr verdienen werden. Wenn Gläubiger das Land an sich reißen, weil die Bauern, anstatt reicher geworden zu sein, sich verschuldet haben – trinken die Bauern Pestizide, um ihr Leben zu beenden.

Die Annahme, dass das Große die Welt ernährt und nicht das Kleine, führt zur Zerstörung der Grundlagen der Landwirtschaft und der Gemeinschaften, die uns ernähren, und damit zur Zerstörung der Basis unserer Ernährungssicherheit.

Es ist an der Zeit, dass sich die lebendigen Volkswirtschaften der kleinen Länder mit den lebendigen Demokratien der kleinen Länder verbinden, um Frieden, Harmonie, Überfluss und Wohlstand für alle zu schaffen. Gandhi reagierte auf die Größe des British Empire, indem er das Spinnrad hervorholte, seine eigenen Kleider von Hand spann und damit die aus England importierten maschinengesponnenen Textilien zurückwies, die ihrerseits auf Baumwollexporte aus Indien angewiesen waren. Damit löste er die Swadeshi-Bewegung aus und ermutigte zahllose Inder, seinem Beispiel zu folgen und die Textilproduktion in kleinem Maßstab wieder aufzunehmen. Dieser kleine Maßstab hatte große, sich fortpflanzende Auswirkungen. Wie Gandhi sagte: »Alles, was Millionen von Menschen gemeinsam tun können, wird mit einzigartiger Kraft aufgeladen. ... Das Rad als solches ist leblos, aber wenn ich es mit Sinnhaftigkeit auflade, wird es für mich lebendig.«[14]

Inspiriert von Gandhis Spinnrad habe ich Navdanya gegründet für die Rettung des Saatguts und die Förderung der ökologischen Landwirtschaft in einer Zeit, in der die riesigen Konzerne zunehmend Kontrolle über das Saatgut und unsere Nahrung gewinnen. In Zusammenarbeit mit Kleinbauern schaffen wir Ernährungssicherheit, Existenzsicherung und ökologische Sicherheit. Indem wir das kleine Saatgut und die Kleinbauern in immer größer werdenden Kreisen der Zusammenarbeit miteinander verbinden, schaffen wir einen Paradigmenwechsel hin zu einem alten Verständnis, das wieder neu gedacht werden muss: Klein ist groß. Das Saatgut ist klein, aber es ist auch das Kraftwerk des Lebens und der Freiheit. Jeder von uns kann Retter des Saatguts und Erzeuger lebender Nahrung sein, und wir können die Millionen von Kleinbauern und Landwirten auf der ganzen Welt unterstützen, die uns unser Essen auf den Teller bringen und der Erde Leben einhauchen. Kürzlich und trotz der Erkenntnisse der FAO hat ihr Generaldirektor, José Graziano da Silva, zusammen mit Suma Chakrabarti, dem Präsidenten der Europäischen Bank für Wiederaufbau und Entwicklung (EBWE), einen Artikel verfasst, in dem sie die Menschen dazu aufriefen, »das Land mit Geld zu düngen.«[15] Aber es sind die organische Substanz, die lebenden Organismen und die Liebe, Sorgfalt und Intelligenz der Kleinbauern, die den Boden düngen, nicht Geld.

Mit Rumi's Worten:

In diese Erde
In diese Erde
In diese Erde
In dieses makellose Feld
Werden wir keine Samen pflanzen
Außer Mitgefühl
Außer Liebe.

6
Saatgutfreiheit ernährt die Welt, nicht Saatgutdiktatur

Wir verkaufen kein Saatgut; wir verkaufen Profit.

Shriram Bioseed Genetics in einem Unternehmensprospekt

Saatgut ist das erste Glied in der Nahrungskette und der Quell für die zukünftige Entwicklung des Lebens: Es ist die Grundlage unseres Seins. Saatgut hat sich über Jahrtausende frei entwickelt und uns die Vielfalt und den Reichtum des Lebens auf dem Planeten beschert. Seit Tausenden von Jahren haben sich Bauern und vor allem Frauen in Partnerschaft miteinander und mit der Natur frei entwickelt und Saatgut gezüchtet. Das Saatgut der Bauern trägt in sich das Wissen um ein agroökologisches, zusammenhängendes Netz von Nahrung und Leben.

Im letzten halben Jahrhundert hat ein reduktionistisches, mechanistisches Paradigma den rechtlichen und wirtschaftlichen Rahmen für die Privatisierung von Saatgut und Saatgutwissen geschaffen. Dies hat die Vielfalt zerstört, den Bauern die Innovations- und Züchtungsrechte verweigert, die biologischen und intellektuellen Gemeingüter durch Patente eingehegt und Saatgutmonopole geschaffen.

Diese Zerstörung wurde durch eine systematische Diskreditierung der einheimischen Saatgutsorten der Bauern ermöglicht. Dieses Saatgut wurde von den Bauern über Jahrhunderte hinweg entwickelt, damit es ihrem ökologischen, ernährungsphysiologischen, geschmacklichen und medizinischen Bedarf und ihren Anforderungen an Futter und Treibstoffen und anderen Bedürfnissen entspricht. Aber weil die Konzerne das Saatgut zu ihrem eigenen Profit kontrollieren, anpassen

und genetisch verändern wollen, werden die Sorten der Bauern als
»primitive Sorten« bezeichnet und den »Elite-Sorten« – dem von Wissenschaftlern, der »Elite«, entwickelten Saatgut – gegenübergestellt.

Dieses »Elite«-Wissen reduziert die Sorten der Bauern auf ein genetisches Mem, das dann von großen Unternehmen gestohlen, extra-
hiert und patentiert werden kann. Die Negation der bäuerlichen
Züchtung ist nicht nur unfair und ungerecht gegenüber den Bauern,
sondern auch unfair und ungerecht gegenüber der Gesellschaft als
Ganzes, weil die Sorten der Bauern Geschmack, Nährwert und Qualität haben. Deshalb ziehen die Menschen überall dort, wo Erbstücke
oder traditionelle Sorten gerettet und angebaut wurden, diese den
Hybriden und GVO vor.

Diese einheimischen Sorten der Bauern können vermehrt und Jahr
für Jahr neu ausgesät werden. Weltweit sind mehr als 1,4 Milliarden
Menschen auf solches Bauersaatgut angewiesen.[1] Damit die Agrarunternehmen Gewinne erzielen können, müssen sie dieses sich selbst
erhaltende, fruchtbare System der Nahrungsmittelproduktion brechen. Die Sorten der Landwirte werden daher durch drei neue Saat-
gutarten ersetzt: Hochertragssorten (HYV), Hybridsaatgut und GVO.

Wie wir gesehen haben, handelt es sich bei HYVs in Wirklichkeit
um Sorten mit hoher Reaktionsfähigkeit, die stark von Chemikalien und Düngemitteln abhängig sind. HYVs sind auch anfällig für
Krankheiten und Schädlinge, so dass die Landwirte sie zwar anfangs
vielleicht weitervermehren können, sie aber nach ein oder zwei Ernten ersetzt werden müssen. Um dies zu tun, müssen die Bauern neues
Saatgut kaufen.

Hybridsaatgut ist Saatgut der ersten Generation, das aus der Kreu-
zung zweier genetisch unähnlicher Elternsorten entsteht. Die Nach-
kommenschaft dieses Saatguts kann nicht weitervermehrt oder wieder ausgesät werden, da die nächsten Generationen viel geringere
Erträge liefern. Hybridsaatgut zwingt die Bauern, jede Saison auf
den Markt zu gehen und neues Saatgut zu kaufen. Hybridsaatgut
legt den Grundstein für die biologische Patentierung des Saatguts.
Niemand sonst, weder Landwirt noch Konkurrenzfirma, kann genau

dasselbe Saatgut produzieren, wenn er nicht die Elternlinien kennt, die Firmengeheimnis sind. In Verbindung mit der Einführung neuer Gesetze verhindert diese biologische Patentierung effektiv, dass der Landwirt Saatgut vermehrt, einlagert und verkauft.[2]

GVO oder gentechnisch veränderte Organismen werden mit Hilfe der Technik des Gen-Spleißens oder Rekombinanter DNA hergestellt, um Gene von einem nicht verwandten Organismus in die Zellen einer Pflanze einzuführen. Dies geschieht durch eine von zwei Methoden: mit einer Genpistole auf das Gen zu schießen oder einen Pflanzenkrebs namens Agrobakterium einzuführen, um die Pflanze zu infizieren. Da beide Techniken unzuverlässig sind, wird ein Antibiotikaresistenzgen hinzugefügt, um die Zellen, die das neue Gen absorbiert haben, von denen zu trennen, die es nicht absorbiert haben. Da das Gen nicht Teil des Pflanzengenoms ist, besteht zudem die Tendenz, dass die Pflanze die Merkmale gar nicht hat, für die das Gen eingeführt wurde. Daher werden Gene virulenter Viren als Promotoren hinzugefügt, so dass die Pflanze die Merkmale mit größerer Wahrscheinlichkeit ausprägt. Auf diese Weise hat jeder GVO vier Merkmale: Gene, die nicht zur Pflanze gehören, Gene für Pflanzenkrebs, Gene für Antibiotikaresistenzmarker und die Gene von Viren, die als Promotoren fungieren. Dieses Bündel von Genen schadet der Pflanze, der biologischen Vielfalt und denjenigen, die sie essen. Eine neuere Art von GVO ist das Terminator-Saatgut. Terminator-Saatgut ist gentechnisch verändertes Saatgut, das ein tödliches Gift freisetzt, das den Embryo des Saatguts tötet und es unfruchtbar macht. Monsanto besitzt zusammen mit dem US-Landwirtschaftsministerium das Patent auf diese Terminator-Technologie. Vor einigen Jahren gab es einen Versuch, die Terminator-Technologie zu kommerzialisieren, aber eine weltweite Kampagne, an der ich beteiligt war, ließ durch die UN-Konvention über die biologische Vielfalt ein Moratorium für diese Samen verhängen. Die Konzerne sagen, dass GVO im wesentlichen gleichwertig zu nicht gentechnisch veränderten Kulturen und Lebensmitteln sind, aber dieselben Konzerne behaupten gleichzeitig auch, dass GVO neu und anders, dass sie Erfindungen seien. Nach dieser Logik ist derselbe GVO natürlich, wenn es darum geht, sich der Verantwortung für die Sicherheit zu entziehen, aber er unterscheidet sich vom natürlichen – oder unnatürlichen – GVO, wenn es darum geht, ihn zu besitzen. Dies ist eine ontologische Schizophrenie. GVO wurden mit nur einem Ziel eingeführt: Saatgut und Lebensformen durch Patente zu Eigentum zu machen. Auf diese Weise werden GVO sowohl zu einer Quelle der Kontrolle als auch zu einer Quelle von Profiten durch Erhebung von Lizenzgebühren.

Die Vielfalt des bäuerlichen Saatguts wurde in einem Prozess, der mit der Grünen Revolution begann, zum Verschwinden gebracht. Mit der Unterstellung, dass die Saatgutsorten der Bauern »leer« seien, wird die Grüne Revolution heute in Form industrieller Züchtungen fortgesetzt, die uns Saatgut und Pflanzen liefern, die nicht nur ernährungsphysiologisch leer, sondern auch mit Giftstoffen belastet sind.

Die Umstellung auf HYV, Hybridsaatgut und GVO hat dazu geführt, dass Saatgut, das früher eine kostenlose Ressource war, die in den landwirtschaftlichen Betrieben selbst vermehrt wurde, in ein kostspieliges Betriebsmittel verwandelt wurde, das die Landwirte nun kaufen müssen. Länder waren gezwungen, internationale Kredite aufzunehmen, um bei der Verbreitung des neuen Saatguts zu helfen, und die Bauern mussten Kredite von Banken aufnehmen, um sie zu verwenden. Internationale Landwirtschaftszentren – wie das CIMMYT (International Maize and Wheat Improvement Center) in Mexiko und das IRRI (International Rice Research Institute) auf den Philippinen, das später Teil der von der Weltbank betriebenen Agrarforschungszentren wurde – sind Ausgangspunkte für dieses neue Saatgut.[3]

Vor zwanzig Jahren gab es Tausende von Saatgutunternehmen, von denen die meisten klein und in Familienbesitz waren. Heute kontrollieren die zehn größten globalen Saatgutunternehmen ein Drittel der 23 Milliarden Dollar im kommerziellen Saatguthandel.[4] Multinationale Saatgutunternehmen streben die absolute Kontrolle über das Saatgut an und durch die Kontrolle über das Saatgut auch die Kontrolle über das Ernährungssystem. Wenn alle Landwirte, die die ursprünglichen Züchter sind, jedes Jahr auf den Markt gezwungen werden könnten, hätte die Saatgutindustrie einen Markt im Wert von Billionen von Dollar.

* * *

Jedes Samenkorn verkörpert Jahrtausende der Evolution der Natur und Jahrhunderte der Züchtung durch die Bauern. Es ist der destillierte Ausdruck der Intelligenz der Erde und der Intelligenz der bäuerlichen Gemeinschaften. Auf der einen Seite haben Landwirte die Sorten auf Vielfalt, Widerstandsfähigkeit, Geschmack, Nährwert, Gesundheit und Anpassung an lokale Agrarökosysteme gezüchtet.

Auf der anderen Seite betrachtet die industrielle Züchtung die Beiträge der Natur und die Beiträge der Bauern als nichts. So wie die Rechtsprechung von *terra nullius* das Land als leer definiert und die Massenkolonialisierung durch imperiale europäische Länder zugelassen hat, so ist die Rechtsprechung der geistigen Eigentumsrechte in Bezug auf Lebensformen *bio nullius*: Das Leben gilt als leer von Intelligenz. Die Erde wird als tote Materie definiert, sie kann also nicht erschaffen. Und Bauern haben leere Köpfe, können also keine Pflanzen züchten.

Der peruanische Anthropologe und Dichter José María Arguedas schreibt in »Ein Aufruf an bestimmte Akademiker«:

Sie sagen, dass wir nichts wissen. Dass wir rückständig sind. Dass unser Kopf verändert werden, verbessert werden muss. Sie sagen, dass einige gelehrte Männer dies über uns sagen. Diese Akademiker, die sich in unser Leben einmischen. Was gibt es an den Ufern dieser Flüsse, Herr Doktor? Nehmen Sie Ihr Fernglas und Ihre Brille heraus. Schauen Sie, ob Sie es können. 500 Blüten von 500 verschiedenen Kartoffelsorten wachsen auf den Terrassen über Abgründen, die Ihre Augen nicht erreichen. Diese 500 Blüten sind mein Gehirn, mein Fleisch.[5]

In dem Bestreben, durch das Gesetz der Dominanz und das Gesetz der Ausbeutung die Grundlage für *bio nullius* zu legen, erklären sich die Konzerne zu den »Schöpfern« des Saatguts. Damit beanspruchen sie Saatgut als ihre »Erfindung« und damit als etwas, das sie nunmehr patentieren können. Ein Patent ist das ausschließliche Recht, das für eine Erfindung gewährt wird und es dem Patentinhaber erlaubt, alle anderen von der Herstellung, dem Verkauf, dem Vertrieb und der Verwendung des patentierten Produkts auszuschließen. Bei Patenten auf Saatgut wird das Recht der Bauern, Saatgut zu vermehren und zu teilen, nunmehr als »Diebstahl« oder »Verbrechen an geistigem Eigentum« definiert.

Die Tür zu Patenten auf Saatgut und Patenten auf Leben wurde durch die Gentechnik geöffnet. Indem sie der Zelle einer Pflanze ein neues Gen hinzufügten, behaupteten die Konzerne, sie hätten das Saatgut und die Pflanze erfunden und geschaffen, und alle künftigen Samen seien ihr Eigentum. Nach dieser Logik wurde GVO zu »Gott tritt beiseite«. [Im Englischen heißen die GVO GMO, daher dieses Wortspiel mit **G**od **M**ove **O**ver. *Anm. d. Übers.*] Während GVO nur als eine weitere Technologie dargestellt werden, sind sie doch das Werkzeug zur Schaffung eines globalen Systems der Kontrolle über unser Saatgut und unsere Nahrung.

Große Konzerne definierten die Handlungen der Bauern, Saatgut zu vermehren, als ein Problem, das »behoben« werden müsse, indem die Bauern daran gehindert werden, Saatgut zu vermehren und zu teilen. Um dies zu erreichen, begannen die Konzerne nach dem »Erfolg« der Grünen Revolution für globale geistige Eigentumsrechte einzutreten. So entstand 1994 das Übereinkommen über handelsbezogene Aspekte der Rechte an geistigem Eigentum (TRIPS) der Welthandelsorganisation.

In Artikel 27.3(b) des TRIPS-Abkommens heißt es:

Die Vertragsparteien können Pflanzen und Tiere, die keine Mikroorganismen sind, und im Wesentlichen biologische Verfahren zur Herstellung von Pflanzen oder Tieren, die keine nichtbiologischen und mikrobiologischen Verfahren sind, von der Patentierbarkeit

ausschließen. Die Parteien müssen jedoch den Schutz von Pflanzensorten entweder durch Patente oder durch ein wirksames
System sui generis oder durch eine Kombination davon vorsehen.[6]

Dieser Sortenschutz ist genau das, was den freien Austausch von
Saatgut zwischen Bauern verbietet. Monsanto – einer der fünf großen
Saatgutgiganten und das einzige Unternehmen, das GVO kommerzialisiert hat – bekennt sich zu seiner Rolle bei der Ausarbeitung des
TRIPS-Abkommens. Tatsächlich erklärte ein Monsanto-Vertreter einmal berüchtigterweise, sie seien »Patient, Diagnostiker, [und] Arzt«
in einem. Die »Krankheit«, die sie diagnostizierten und zu heilen
suchten, bestand darin, dass die Bauern ihr Saatgut selbst erzeugten. Die »Heilung« bestand darin, dass die Bauern daran gehindert
werden sollten, Saatgut zu vermehren und zu tauschen, indem diese
Grundfreiheiten als Verbrechen definiert wurden. Einfach ausge-
drückt: TRIPS sieht Patente auf Saatgut vor, und Patente erlauben es
Unternehmen wie Monsanto, Bauern daran zu hindern, Saatgut zu
vermehren. Heute hat Monsanto weltweit 1.676 Saaten, Pflanzen und
andere anwendbare Verfahren patentiert.[7]

Im Jahr 2007 verklagte Monsanto Vernon Hugh Bowman, einen
amerikanischen Landwirt aus Indiana, wegen der Vermehrung von
patentiertem Saatgut. Aber Bowman hatte nie Monsanto-Saatgut
gekauft; er kaufte sein Saatgut von anderen Bauern in sogenannten
Kornspeichern. Wie sich herausstellte, waren einige dieser Samen
transgen: Sie enthielten ein Monsanto-Gen. Bowman durchfocht den
Fall bis 2013 bis hin zum Obersten Gerichtshof, der schließlich zugunsten von Monsanto entschied. Dieses Urteil hat das Getreide, das aus
dem Saatgut wächst, zum Eigentum von Monsanto erklärt, was in
der Tat bedeutet, dass die Bauern kein Getreide vom Markt kaufen
und es anbauen können, ohne Monsanto zu bezahlen.

Noch schlimmer ist der Fall von Percy Schmeiser, einem kanadi-
schen Landwirt, dessen Rapsernte durch Monsantos Roundup Ready-
Raps genetisch verunreinigt wurde. Dies wurde entdeckt, nachdem

Monsanto Privatdetektive auf seine Felder geschickt hatte, und anstatt den Bauern für die biologische Verunreinigung zu bezahlen, verklagte Monsanto Schmeiser auf 200.000 Dollar und beschuldigte ihn des »Diebstahls« ihres Eigentums. Schmeiser kämpfte gegen Monsanto mit der Begründung, dass es die Gene von Monsanto waren, die *seine* Ernten korrumpiert hatten. Im Jahr 2004 entschied das Gericht zugunsten von Monsanto, obwohl es Schmeiser einen Teilsieg bescherte, indem es erklärte, dass er den Saatgutgiganten nicht bezahlen müsse, weil es keine Beweise dafür gebe, dass er von der Verunreinigung seiner Ernten profitiert habe.

Diese beiden Urteile haben schwerwiegende Folgen. Im Fall Bowman schafft das Gerichtsurteil einen Präzedenzfall dafür, dass Monsanto und andere *alle zukünftigen Generationen von Saatgut besitzen* (weil es natürlich in der Natur des Saatguts liegt, sich zu vermehren). Im Fall von Schmeiser bedeutet das Urteil, dass Unternehmen wie Monsanto Patente nutzen können, um Landwirte zu verklagen, deren Ernten kontaminiert wurden. Mit anderen Worten, *die Kontamination macht sie zu Eigentümern*. Alarmierenderweise sponsert Monsanto auch eine gebührenfreie »Tip-Line« in Nordamerika, um Landwirten zu ermöglichen, andere Landwirte zu verpfeifen, deren Ernten möglicherweise kontaminiert sind oder die möglicherweise Saatgut von einer anderen Quelle als Monsanto gekauft haben.[8] Wie Hope Shand von der *Rural Advancement Foundation International* sagt: »Unsere ländlichen Gemeinden werden in konzerneigene Polizeistaaten verwandelt, und Landwirte werden kriminalisiert.«[9]

Jetzt drängen die Vereinigten Staaten anderen entwickelten Ländern im Namen von Monsanto TRIPS auf, und die genetische Kontamination breitet sich aus. Indien hat seine einheimische Baumwolle aufgrund der Kontamination durch Monsantos Bt-Baumwolle verloren. Mexiko, die historische Wiege des Mais, hat 80 Prozent seiner Maissorten verloren. Dies sind nur zwei Beispiele für den Verlust des lokalen und nationalen Saatguterbes. Nach der Kontamination, wie im Fall von Schmeiser, verklagen Biotech-Saatgutkonzerne Landwirte wegen Patentverletzung. Kürzlich kamen mehr als 80 Gruppen zusammen, um in den Vereinigten Staaten eine Klage einzureichen, um zu verhindern, dass Monsanto Bauern verklagt, deren Saatgut kontaminiert worden war.

Die TRIPS-Klausel über Patente auf Leben sollte 1999 einer obligatorischen Überprüfung unterzogen werden. In seinem Antrag erklärte Indien:»Es gibt eindeutig Gründe, die Notwendigkeit der Erteilung von Patenten auf Lebensformen überall auf der Welt erneut zu prüfen. Bis solche Systeme in Kraft sind, könnte es ratsam sein, … Patente auf alle Lebensformen auszuschließen.«[10]

Auf ähnliche Weise erklärte die Afrikanische Gruppe Folgendes:

Damit Pflanzensorten im Rahmen des TRIPS-Abkommens geschützt werden können, muss der Schutz eindeutig und nicht nur implizit oder ausnahmsweise einen gerechten Ausgleich mit den Interessen der Gemeinschaft als Ganzes schaffen, die Rechte der Bauern und die traditionellen Kenntnisse schützen und die Erhaltung der biologischen Vielfalt sicherstellen.[11]

Aber diese obligatorische Überprüfung wurde von den Vereinigten Staaten untergraben, so dass keine Überprüfungsgespräche stattfinden konnten. Gleichzeitig hat die US-Regierung anderen Ländern, auch Indien, gedroht, sie müssten ihre Gesetze ändern, um durchzusetzen, dass Monsanto Saatgut erzeugt. Aber Saatgut erzeugt sich selbst; alles, was Monsanto tut, ist, ein toxisches Gen hinzuzufügen. Monsanto sollte als Umweltverschmutzer benannt werden, jedoch ist, wie Beispiele aus der ganzen Welt gezeigt haben, diese Logik grob pervertiert worden.

Bisher ist es den USA nicht gelungen, bestehende Gesetze in Indien zu revidieren. Am 5. Juli 2013 lehnten die indischen Gerichte Monsantos Versuch ab, die klimaresistenten Eigenschaften von Pflanzen zu patentieren. Die Gerichte wandten Artikel 3(j) des indischen Patentgesetzes an, der von der Patentierbarkeit ausschließt…

Pflanzen und Tiere, ganz oder teilweise, ausgenommen Mikroorganismen, jedoch einschließlich Saatgut, Sorten und Arten und im wesentlichen biologische Verfahren zur Erzeugung oder Vermehrung von Pflanzen und Tieren.

Mit anderen Worten: Das Urteil hat gezeigt, dass Leben und seine biologischen Prozesse sich selbst (re)produzieren und nicht als etwas betrachtet werden können, das von einer äußeren Kraft hergestellt oder zusammengesetzt wird.

* * *

Heute werden zusätzlich zu den Patenten weltweit neue Saatgutgesetze durchgesetzt, damit die Konzerne das Saatgut der Bauern und die lokale Sortenvielfalt illegal machen können. Dies sind Gesetze zur Uniformität, die entweder durch den UPOV – die Internationale Organisation zum Schutz von Pflanzenzüchtungen, die geistiges Eigentum an Pflanzen in 71 Mitgliedsländern zulässt – oder durch Saatgutgesetze durchgesetzt werden, die eine Saatgutregistrierung erfordern.

Im Jahr 2004 wurde der Versuch unternommen, in Indien ein Saatgutgesetz einzuführen, das die obligatorische Registrierung von Bauernsorten verlangt hätte. Als Reaktion darauf starteten wir ein Saatgut-Satyagraha, und das Gesetz ist bislang nicht verabschiedet worden. Satyagraha bedeutet »Kraft der Wahrheit«, ein Wort, das Gandhi verwendete, um zur Nichtbefolgung von ungerechten Gesetzen aufzurufen. In Gandhis Worten: »Solange der Aberglaube herrscht, dass ungerechten Gesetzen gehorcht werden muss, solange wird es Sklaverei geben.«

Es gibt jedoch viele Beispiele dafür, wie Saatgutgesetze und geistige Eigentumsrechte Landwirte auf der ganzen Welt daran hindern, selbst Saatgut zu produzieren. Nehmen Sie Josef Albrecht, einen Biobauern in Deutschland, der sich nicht mit kommerziell verfügbarem Saatgut zufriedengab. Er entwickelte seine eigenen ökologischen Weizensorten, und zehn andere Biobauern aus den umliegenden

Dörfern übernahmen sein Weizensaatgut. Für das Verwenden, Teilen und Anpflanzen seines eigenen Saatguts verhängte die Regierung gegen Albrecht eine Geldstrafe, weil er mit nicht zertifiziertem Saatgut gehandelt hatte.

In Schottland gibt es viele Kartoffelbauern. Sie konnten bis Anfang der 1990er Jahre Saatgut frei an andere Kartoffelbauern, Händler oder Landwirte verkaufen. In den 1990er Jahren begannen die Inhaber von Züchterrechten damit, über die British Society of Plant Breeders Mitteilungen an die Kartoffelbauern herauszugeben, und machten den Verkauf von Pflanzkartoffeln an andere Bauern illegal. Im Februar 1995 beschloss die Gesellschaft, ein öffentlichkeitswirksames Gerichtsverfahren gegen einen Landwirt aus Aberdeenshire einzuleiten. Der Bauer wurde gezwungen, 30.000 Pfund als Entschädigung für die Lizenzgebühren zu zahlen, die der Saatgutindustrie durch den direkten Austausch von Landwirt zu Landwirt entgangen waren. Gegenwärtig verbieten Gesetze im Vereinigten Königreich und in der Europäischen Union den Austausch von Saatgut jeglicher Art.[12]

Saatgutgesetze für die Zwangsregistrierung, die überall vorangetrieben werden, basieren auf der unrechtmäßigen Einschränkung der Freiheit der Menschen, um die Unternehmensfreiheit zu stärken und Saatgut-Monopole zu etablieren. Unternehmen manipulieren auch Regierungen auf der ganzen Welt, um Pseudosicherheits- und Pseudohygienegesetze einzuführen, die sichere Lebensmittel illegal machen und gefährliche Lebensmittel als sicher deklarieren. Das indische Gesetz zur Verhinderung von Lebensmittelverfälschungen wurde durch ein Gesetz zu Lebensmittelsicherheit und -standards ersetzt, das nun Straßenverkäufer, kleine Essensstände in der Nachbarschaft und Bauern kriminalisiert und gleichzeitig die Biotechnologie und die industrielle Lebensmittelindustrie dereguliert. Ich habe es den »Food Fascism Act« genannt. In den Vereinigten Staaten tut der »Food Safety Modernization Act« dasselbe. Der Biobauer Joel Salatin schrieb ein Buch mit dem treffenden Titel »Alles, was ich tun will, ist illegal: Kriegsberichte von der lokalen Lebensmittelfront«, in

dem er diese Verschiebung der Prioritäten von echten Lebensmitteln
hin zu Waren beschreibt.

* * *

Die Kontrolle der Konzerne über das Saatgut ist in erster Linie eine
Form von Gewalt gegen Bauern. Während Bauern auf Vielfalt züchten, züchten Konzerne auf Uniformität. Während Landwirte auf
Widerstandsfähigkeit züchten, züchten Konzerne auf Anfälligkeit.
Während Landwirte auf Geschmack, Qualität und Nährwert züchten, züchten Industrien auf industrielle Verarbeitung und Langstreckentransport in einem globalisierten Nahrungsmittelsystem.
Monokulturen industrieller Nutzpflanzen und Monokulturen von
industriellem Junkfood verstärken sich gegenseitig, vergeuden Land,
vergeuden Nahrung und vergeuden unsere Gesundheit.

Die Bevorzugung von Einheitlichkeit gegenüber Vielfalt und
Quantität gegenüber Qualität der Nahrung hat unsere Ernährung
verschlechtert und die reiche biologische Vielfalt unserer Lebensmittel und Nutzpflanzen verdrängt. Sie basiert auf einer falschen
»Schöpfungsgrenze«, die die Intelligenz und Kreativität der Natur
und die Intelligenz und Kreativität der Bauern ausschließt. Sie hat
eine rechtliche Grenze geschaffen, um den Bauern ihre Saatgutfreiheit und Saatgutsouveränität zu entziehen und ungerechte Saatgutgesetze durchzusetzen, welche die Monopole der Konzerne auf
Saatgut begründen. Es wird ein Arsenal von Rechtsinstrumenten
erfunden und undemokratisch durchgesetzt, um die Saatgutzüch-
tung, Saatgutbewahrung und die gemeinsame Saatgutnutzung durch
Landwirte zu kriminalisieren. Das ist Gewalt gegen Bauern, die sich
vor allem auf drei Arten manifestiert hat.

Erstens wird ihr Beitrag zur Züchtung getilgt, und das, was die Bauern mit der Natur mitentwickelt haben, wird als Innovation patentiert.
Wir nennen das Biopiraterie. Patente auf Leben sind eine Kaperung
der biologischen Vielfalt und des indigenen Wissens; sie sind Instrumente der Monopolkontrolle über das Leben selbst. Patente auf lebende Ressourcen und indigenes Wissen sind die Einhegung biologi-

scher und intellektueller Gemeingüter. Lebensformen sind neu definiert worden als »hergestellt« und wurden zu »Maschinen«, die das Leben seiner Integrität und Selbstorganisation berauben. Traditionelles Wissen wird raubkopiert und patentiert, und durch Biopiraterie beanspruchen westliche Konzerne die indigene biologische Vielfalt und die Sorten der Bauern als ihre »Erfindung«. Beispiele dafür aus Indien sind die Patente auf Neem-, Kurkuma- und Basmatireis. Um die Souveränität und die Rechte der Bauern zu bewahren, müssen unsere Rechtssysteme die Rechte der Gemeinschaften und ihre kollektive und kumulative Innovation bei der Züchtung von Vielfalt anerkennen, und nicht nur die Rechte der Konzerne.

Zweitens führen Patente zur Erhebung von Lizenzgebühren, und dies ist Erpressung im Namen von Technologie und Fortschritt. In Brasilien haben sich Landwirte gegen den Saatgutgiganten Monsanto gewehrt und kürzlich eine Klage eingereicht, in der sie das Unternehmen auf mehr als sechs Millionen Dollar verklagten mit der Begründung, dass das Unternehmen ungerechtfertigterweise Lizenzgebühren von Landwirten gefordert habe. Das Saatgut, für das Monsanto Lizenzgebühren erhebt, stammt aus sogenannten »Erneuerungs«-Saatguternten, was bedeutet, dass dieses Saatgut aus der vorhergehenden Ernte stammt: eine seit Jahrhunderten angewandte Praxis. Da dieses Saatgut jedoch von Pflanzen stammt, die Monsanto genetisch verändert hatte, verlangt Monsanto von den Landwirten eine Zahlung. Diese Lizenzgebühren werden nicht nur ungerechtfertigterweise durchgesetzt, sondern treiben die Landwirte auch noch tiefer in die Schulden, die sie nicht zurückzahlen können, so dass sie auf ihren Feldern mit verfehlten gentechnisch veränderten Pflanzen in Existenznot geraten.

Drittens wird das Prinzip, dass der Verschmutzer zahlt, auf den Kopf gestellt, wenn gentechnisch veränderte Nutzpflanzen die Felder benachbarter Bauern verunreinigen. Konzerne nutzen Patente, um das Prinzip »der Verschmutze wird bezahlt« zu etablieren. So geschehen im Fall von Percy Schmeiser in Kanada, aber auch bei Tausenden von Bauern in den Vereinigten Staaten.

Während die erste Kolonialisierung auf der Grundlage von *terra nullius* uns Grundherren brachte, die während der Großen Bengalischen Hungersnot von 1943 zwei Millionen Menschen in den Tod trieben, bringt uns der neue Bioimperialismus auf der Grundlage von *bio nullius* Lebensherren: die Biotechnologie-, Saatgut- und chemische Industrie, die Tausende von Bauern auf der ganzen Welt in den Selbstmord getrieben hat.

2003 nahm sich der koreanische Bauer Lee Kyung Hae das Leben: auf den Barrikaden des Protests des Volkes gegen die Welthandelsorganisation (WTO), einer Organisation, die maßgeblich an der Liberalisierung und Privatisierung von Saatgut beteiligt war. Als er sich selbst erstach, trug er ein Transparent mit der Aufschrift »WTO tötet Bauern«. Der Selbstmord von Herrn Lee war symbolisch für die Selbstmorde von Tausenden von Bauern auf der ganzen Welt als Folge der Saatgutkontrolle durch die Konzerne.

Das Unvermögen, frühere Schulden zurückzuzahlen – und damit Zugang zu neuen Krediten zu erhalten – wurde weithin als die bedeutendste unmittelbare Ursache für die Selbstmorde der Bauern akzeptiert, die in verschiedenen Gebieten Indiens weit verbreitet sind. Seit 1995 haben sich in Indien 284.000 Bauern aufgrund steigender Einkaufs- und volatiler Verkaufspreise umgebracht.[13] Als die staatliche Unterstützung für die Bauern wegen der Liberalisierung zurückging und die Landwirte keinen Zugang mehr zu Krediten von öffentlichen oder genossenschaftlichen Banken hatten, wurden sie in die Hände von ausbeuterischen, wucherischen Gelverleihern getrieben. Während institutionelle Kredite das Land der Bauern intakt gelassen hätten, waren die Bauern nunmehr gezwungen, Kredite entweder von traditionellen Geldverleihern oder, schlimmer noch, von Agenten der Saatgut- und Chemieunternehmen aufzunehmen, die die Kredite über das Land der Bauern absicherten. Und der Tag, an dem der Bauer sein Land verliert, ist der Tag, an dem der Bauer Selbstmord begeht.

Landwirtschaftliche Gemeinschaften verlieren zunehmend ihre Mitglieder, die durch gestiegene Kosten für Saatgut, höhere Schulden und Ernteausfälle in den Tod getrieben wurden. Es gab mehrere

Fälle, in denen Bauern ihr Land und sogar ihre Nieren verkaufen mussten, um ihre Kredite zurückzuzahlen. In anderen Fällen wurden ihre Häuser oder Traktoren an die Kreditgeber verpfändet, oder sie wurden verhaftet, als sie die Kredite nicht zurückzahlten.

Navdanya aktualisiert seit 1997 einen Bericht mit dem Titel *Seeds of Suicide* (Samen des Sebstmords), der zeigt, wie die Selbstmorde von Bauern in Indien – und auf der ganzen Welt – das Ergebnis einer Politik der Marktfreiheit sind. Liberalisierungs-, Privatisierungs- und Globalisierungstrends in der Landwirtschaft haben zur Entstehung einer unregulierten Saatgutindustrie geführt. Gleichzeitig wurden bestehende Regeln und Vorschriften entweder aufgegeben oder modifiziert, um multinationalen und transnationalen Unternehmen entgegenzukommen. Die Saatgutversorgung der Landwirte und die Netzwerke des direkten Austauschs wurden durch die Ausbreitung unregulierter Saatgutmärkte beeinträchtigt.[14]

Für mich ist jedes Leben gleichviel wert, ob es das Leben eines US-Bürgers oder eines indischen Bauern ist. Diejenigen jedoch, die den Tod von Landwirten auf der ganzen Welt als Kollateralschaden bei der Verbesserung der Wirtschaft rechtfertigen, sollten den Trugschluss ihrer Argumentation bedenken. Wendet man den Unfall- und Krankenversicherungsmaßstab der Vereinigten Staaten für den Wert eines Menschenlebens auf die Kosten der Selbstmorde von Bauern für die indische Wirtschaft an, so würde die Zahl fünf Prozent des BIP betragen. Bei den 284 000 Bauernselbstmorden seit 1995 entspricht dies 1,99 Billionen Dollar.

Die Landwirte sind die ursprünglichen Züchter, und das Recht der Bauern auf ihr Saatgut ist ein Grundrecht wie das auf Nahrung und Lebensunterhalt. Dennoch haben Monsanto und andere Unternehmen ein System geschaffen, in dem diejenigen, die Bewahrer der Samen und ihre Erzeuger waren, nunmehr kriminalisiert werden. In extremen Fällen, wie zum Beispiel in Indien, werden sie dazu getrieben, ihr Leben zu beenden. Saatgut, das die Quelle des Lebens ist, wurde angeeignet und privatisiert, um das Ende des Lebens der Bauern herbeizuführen. Das ist Völkermord.

* * *

Heute ist die Freiheit von Natur und Kultur, sich zu entwickeln, gewaltsam und unmittelbar bedroht. Das Weltbild von *bio nullius* entfesselt Gewalt und Ungerechtigkeit auf der Erde, bei den Bauern und allen Bürgern. Wir verlieren an biologischer und kultureller Vielfalt, und wir verlieren Nährwert, Geschmack und Qualität unserer Lebensmittel. Vor allem verlieren wir unsere grundlegende Freiheit zu entscheiden, welche Samen wir säen, wie wir unsere Nahrung anbauen und was wir essen. Das Saatgut ist der erste Angriffspunkt, aber umgekehrt ist es auch unsere erste Verteidigungslinie. Hier beginnen wir den Kampf für die Freiheit des Saatguts.

Wir verwenden den Begriff »Saatgutfreiheit«, weil wir vom Recht des Saatguts als einem lebendigen, selbstorganisierten System sprechen, das sich frei entwickeln soll, ohne vom Aussterben, genetischer Verunreinigung oder durch Technologien bedroht zu werden, mit denen Saatgut sterilisiert werden kann. Saatgutfreiheit ist die Freiheit der Bienen, frei zu bestäuben, ohne durch Gifte vom Aussterben bedroht zu sein. Saatgutfreiheit ist die Freiheit des Lebensnetzes, sich selbst in Integrität und Widerstandsfähigkeit zu weben und so die Verbundenheit und das Wohlergehen aller zu fördern. Saatgutfreiheit ist das Recht der Landwirte, das über Jahrtausende entwickelte Saatgut von Bauernsorten zu bewahren, auszutauschen, zu züchten und zu verkaufen – ohne Einmischung des Staates oder von Unternehmen. Saatgutfreiheit ist die Freiheit der Esser, Zugang zu Nahrungsmitteln zu haben, die aus Saatgut hergestellt wurden, das auf Vielfalt, Geschmack, Aroma, Qualität und Nährwert gezüchtet wurde.

Saatgutfreiheit ist die Pflicht, einheimisches, von Bauern gezüchtetes Saatgut zu vermehren und auszutauschen. Dies ist auch Saatgutsouveränität. Damit die Sorten der Bauern als Gemeingut erhalten, genutzt und gezüchtet werden können, setzt dies Selbstorganisation und Selbstbestimmung auf der Ebene der lokalen Gemeinschaften voraus, frei von Einmischung durch den Staat oder Unternehmen. Auf nationaler und internationaler Ebene umfasst die Saatgutfreiheit die Verpflichtung der Regierungen, die Freiheiten der biologischen Vielfalt und der Menschen zu schützen, indem sie die Unternehmen regulieren, um zu verhindern, dass sie einerseits die Souveränität der Menschen durch Biopiraterie untergraben und andererseits die biologische Sicherheit durch gentechnisch verändertes Saat- und Pflanzgut bedrohen. Saatgutfreiheit und Saatgutsouveränität bedeuten, die Freiheit zu haben, sich auf der Ebene der Gemeinschaft selbst zu regieren, sich um das Gemeingut zu kümmern und nachhaltig und gerecht an seinen Früchten teilzuhaben. Dazu gehört auch die Bewahrung vor Schaden durch nationale und internationale Regelungen.

Saatgutfreiheit bedeutet, dass der Staat all jene überwacht, die anderen Schaden zufügen, um so einen sicheren Rahmen für die Freiheiten der Menschen zu schaffen. So haben Vergewaltiger nicht die Freiheit zu vergewaltigen, Mörder nicht die Freiheit zu morden und Umweltverschmutzer nicht die Freiheit zu verschmutzen. Unternehmen hingegen haben beispiellose Möglichkeiten, der Erde und ihren Menschen mit neuen Technologien wie der Gentechnik zu schaden. Dem muss jetzt Einhalt geboten werden.

Für mich sind die Bewahrung und der Schutz des Lebens auf der Erde, insbesondere der Artenvielfalt und des Saatguts, das höchste *Dharma* oder die höchste Pflicht. Als ich 1987 hörte, wie die Konzerne ihre Vision der totalen Kontrolle über das Leben formulierten – durch Gentechnik und Patente auf Leben und Saatgut – habe ich Navdanya gegründet, um unsere Saatgutvielfalt und die Rechte der Bauern zu schützen, Saatgut zu vermehren, zu züchten und frei auszutauschen. Für mich sind Lebensformen wie Pflanzen und Saatgut sich entwickelnde, sich selbst organisierende, souveräne Wesen. Sie haben einen intrinsischen Wert, eine Relevanz und einen Rang. Leben in Besitz zu nehmen, indem man behauptet, es sei eine Unternehmenserfindung, ist ethisch und juristisch falsch. Patente auf Saatgut sind juristisch falsch, weil Saatgut keine Erfindung ist. Patente auf Saatgut sind ethisch falsch, denn Saatgut ist eine Lebensform – es sind mit uns verwandte Mitglieder unserer Erdenfamilie.

Im Jahre 2001 lud mich der damalige Landwirtschaftsminister Shri
Chaturanan Mishra ein, der Expertengruppe für die Ausarbeitung
eines Gesetzes mit dem Titel »Gesetz über Sortenschutz und Bauern-
rechte« anzugehören. In dieses Gesetz konnten wir eine Klausel für
die Rechte der Bauern aufnehmen, die besagt:

> Ein Landwirt ist berechtigt, seine landwirtschaftlichen Erzeugnisse
> einschließlich Saatgut der von diesem Gesetz geschützten Sorten
> in derselben Weise zu lagern, zu verwenden, auszusäen, zu ver-
> mehren, zu tauschen, zu teilen oder zu verkaufen, wie er es vor
> Inkrafttreten dieses Gesetzes berechtigt war.

Der Widerstand gegen ungerechte Saatgutgesetze durch den Saatgut-Satyagraha ist ein Aspekt der Saatgutfreiheit. Das Bewahren
und Teilen von Samen ist ein anderer Aspekt. Aus diesem Grund hat
Navdanya mit lokalen Gemeinschaften zusammengearbeitet, um die
Saatgutvielfalt und das Saatgut als Gemeingut zurückzugewinnen,
indem mehr als hundert gemeinschaftliche Saatgutbanken eingerich-
tet wurden. Überall auf der Welt retten und tauschen Gemeinschaften Saatgut auf unterschiedliche, ihrem Kontext angemessene Weise.
Sie schaffen Freiheit oder gewinnen sie zurück: für das Saatgut, für
die Saatgutbewahrer und für alles Leben.

Im Jahr 2012 verfassten Klimabewegungen und Wissenschaftler
auf der ganzen Welt einen gemeinsamen Bericht, der eine globale
Bewegung für Saatgutfreiheit auslöste. Zu den Organisationen und
Bewegungen, die sich zu dieser Initiative zusammenschließen, gehö-
ren Shumei International, Kokopelli (Frankreich), Slow Food Interna-
tional, ETC Group, GRAIN (International), Nayakrishi (Bangladesch),
African Centre for Biosafety, African Biodiversity Network, IFOAM
(International Federation of Organic Agriculture Movements), Grupo
de Reflexión Rural (Argentinien), Center for Food Safety (Vereinigte
Staaten), OSGATA (Organic Seed Growers and Trade Association,
Vereinigte Staaten), Perennia (Kanada), No Patents on Seeds, Arche

Noah (Österreich), Associazione Donne in Campo (Italien), Fondation Danielle Mitterrand (Frankreich) und Red Semillas Libres (Chile).

Die Bewegung bringt Aktivisten, Wissenschaftler und Bürger zusammen, um auf den Saatgutnotstand zu reagieren, indem sie Menschen und Regierungen darauf aufmerksam macht, wie prekär unsere Saatgutversorgung geworden ist. Seit ihrer Gründung hat die Bewegung bereits mehr als fünf Millionen Menschen in verschiedenen Ländern erreicht, um Saatgut als Gemeingut zurückzugewinnen und die biologische Vielfalt unseres Planeten zu schützen. Die Saatgut-Freiheitsbewegung ist ein kleines Samenkorn, von dem wir hoffen, dass es sich vermehren und reproduzieren wird, bis kein Saatgut, kein Bauer und kein Bürger mehr gebunden, kolonisiert oder versklavt wird. Die Geschichten der Saatgutfreiheit sind Geschichten von mutigen und kreativen Einzelpersonen und Organisationen, die ungerechte Gesetze hinterfragen.

Überall auf der Welt verteidigen verschiedene Saatgutbewegungen die Freiheit von Saatgut, Bauern und Bürgern. In Indien stoppte eine Bija Satyagraha im Jahr 2004 die Einführung eines Saatgutgesetzes, das das Saatgut von Bauern illegal gemacht hätte. Als in Europa die Europäische Kommission versuchte, ein Saatgutgesetz einzuführen, das die biologische Vielfalt und lokale Saatgutsorten kriminalisiert hätte, arbeitete die Saatgut-Freiheitsbewegung mit dem Europäischen Parlament zusammen, und das Gesetz wurde an die Europäische Kommission zurückverwiesen. In Kolumbien gingen die Bauern auf die Straße, um ein Saatgutgesetz zu verhindern, das ihr Saatgut illegal gemacht hätte. Im Jahr 2014 reiste ich durch Afrika, um die einheimischen Bewegungen für Saatgutsouveränität und Ernährungssouveränität zu unterstützen.

In jedem Land gibt es eine Auseinandersetzung zwischen den Volksbewegungen für Saatgutfreiheit und dem Drängen der Konzerne auf eine Saatgutdiktatur. Die Ernährungsdemokratie beruht auf der Freiheit des Saatguts. Die Saatgutdiktatur ist die Grundlage für eine Ernährungsdiktatur. Während des Vietnamkrieges sagte Henry

Kissinger: »Nahrung ist eine Waffe.« Heute ist Saatgut zur ultimativen Waffe in einem Krieg gegen die Erde und ihre Bevölkerung geworden. Wenn die Konzerne diesen Krieg gewinnen, werden wir alle unsere Nahrung und unsere Zukunft verlieren. Die Freiheit des Saatguts ist zu einem ökologischen, politischen, wirtschaftlichen und kulturellen Imperativ geworden. Wenn wir nicht reagieren oder nur eine fragmentierte und schwache Reaktion zeigen, werden Arten unwiderruflich verschwinden. Die Landwirtschaft, einschließlich der Aspekte der Ernährung und der Kultur, die von der biologischen Vielfalt abhängt, wird verschwinden. Kleinbauern werden verschwinden, die gesunde Nahrungsvielfalt wird verschwinden, die Saatgutsouveränität wird verschwinden und die Ernährungssouveränität wird verschwinden.

Wenn wir jedoch bei der Verteidigung der Saatgutfreiheit mit einer Stimme sprechen und entschieden handeln, können wir die Obszönität, Gewalt, Ungerechtigkeit und Unmoral von Patenten auf Saatgut und Leben überwinden. In einer früheren Zeit wurde Sklaverei Geschichte. So wie Unternehmen heute nichts Falsches daran sehen, Leben zu besitzen, so sahen Sklavenbesitzer damals nichts Falsches daran, andere Menschen zu besitzen. So wie damals die Menschen die Sklaverei in Frage stellten, ist es unsere ethische und ökologische Pflicht und unser Recht, Patente auf Saatgut anzufechten. Wir haben die Pflicht, das Saatgut und unsere Bauern zu befreien. Wir haben die Pflicht, unsere Freiheit zu verteidigen und Open-Source-Saatgut als Gemeingut zu schützen. Wir haben die Pflicht und das Recht, das Leben auf der Erde zu verteidigen.

7
Lokalisierung ernährt die Welt, nicht Globalisierung

Zwei Prinzipien haben die Entwicklung der Ernährungssysteme auf der ganzen Welt geprägt. Das erste ist, dass alle Menschen essen müssen. Das zweite ist, dass jeder Ort, an dem Menschen leben, Nahrung hervorbringt. Von der Arktis über den Regenwald bis zur Wüste hat jede Gegend ein anderes Ökosystem und damit auch ein anderes Ernährungssystem, aber es wird überall, wo Menschen leben, Nahrung geben. Auf der Grundlage dieser Prinzipien sind die Nahrungsmittelsysteme, die sich entwickelt haben, um die Menschen zu ernähren, von Natur aus regional. Diese Systeme der Nahrungsmittelerzeugung nähren sowohl die biologische als auch die kulturelle Vielfalt. Die Lokalisierung von Nahrungsmitteln ist nicht nur natürlich, sondern auch lebenswichtig, denn sie ermöglicht es den Bauern, das Gesetz der Rückführung zu praktizieren, durch biologische Vielfalt mehr Nahrungsmittel zu erzeugen, Ernährungssysteme zu schaffen, die an die lokale Kultur und Ökologie angepasst sind, und sich selbst, ihre Gemeinschaften und den Boden zu versorgen, dem sie etwas zurückgeben.

In den letzten zwanzig Jahren wurde die Globalisierung der Nahrungsmittel- und Agrarsysteme als ein natürliches und unvermeidliches Phänomen dargestellt. Die Globalisierung, insbesondere die Globalisierung von Lebensmitteln, ist jedoch nichts Natürliches.

Die erste Welle der Globalisierung begann im 17. Jahrhundert und wurde von Europa vorangetrieben, das den Gewürzhandel von Indien kontrollieren wollte. Dies führte zur Gründung der Ostindien-Kompanie und zur Unterzeichnung des ersten »Freihandelsabkommens«

zwischen der Ostindien-Kompanie und dem zusammenbrechenden Mogulreich. Aber die Ostindien-Kompanie handelte mit Gewürzen, nicht mit Grundnahrungsmitteln. Tatsächlich waren Lebensmittel bis zur Gründung der Welthandelsorganisation im Jahr 1995 Gegenstand der regionalen und nationalen Souveränität und nicht des Welthandels.

Die Regeln des Welthandels wurden von Konzernen geschrieben, um ihre Kontrolle über Lebensmittel und Landwirtschaft auszuweiten und so ihre Gewinne zu steigern. Die Vorstellung, dass Freihandel auf Wettbewerb beruht, ist ein Mythos. Er hat zu Monopolen geführt, mit nur fünf Gen-Riesen, die das Saatgut kontrollieren – Monsanto, Bayer,* Syngenta, DuPont, und Dow[1] – und fünf Getreide-Riesen, die das Getreideangebot kontrollieren – Cargill, ADM (Archer Daniels Midland), Bunge, Glencore International und Louis Dreyfus[2] – fünf Verarbeitungsgiganten, die die Lebensmittel- und Getränkeverarbeitung kontrollieren – PepsiCo, JBS, Tyson Foods, Danone und Nestlé[3] – und fünf Einzelhandelsgiganten, die den Lebensmitteleinzelhandel kontrollieren – Walmart, Carrefour, Metro Group, Aeon und Tesco.[4]

So wie über die Ernährung der Welt durch industrielle Landwirtschaft als Produktionsmodell falsche Behauptungen aufgestellt wurden, so wurden falsche Behauptungen über die Ernährung der Welt durch Globalisierung und Freihandel als Modell der Verteilung aufgestellt. Die Realität ist das Gegenteil: Die Globalisierung hat zu Vertreibung, Arbeitslosigkeit, Hunger und Ernährungsunsicherheit in einem noch nie da gewesenen Ausmaß geführt. Während die Sprachregelung »Freihandel« und Wettbewerb ist, führt die Globalisierung der Unternehmen zu unfairem und unfreiem Handel.

Die Globalisierung wurde mit dem Argument durchgesetzt, dass sie zwei Dinge für die Ernährung tun würde:

• Erstens, dass sie die Nahrungsmittelproduktion steigern würde, nach der Theorie, dass Konzerne besser in der Lage sind, große Mengen von Dingen zu produzieren als kleine Gruppen von Menschen.

---

* 2018 übernahm Bayer Monsanto: Da waren es nur noch vier.

• Und zweitens, dass sie Nahrungsmittel billiger und damit für die Armen leichter zugänglich machen würde.

Beide Behauptungen sind Lügen. Was die Nahrungsmittelproduktion betrifft, so haben wir bereits gesehen, dass der »Mythos vom Mehr« nicht stimmt und durch Monokulturen, große Farmen und Gifte weniger produziert wird. Tatsächlich produziert die Globalisierung keine Nahrungsmittel, sondern Waren. 90 Prozent des Mais- und Sojaanbaus in der Welt wird für Biotreibstoff oder Tierfutter verwendet, denn dort gibt es die größten Gewinne. Rohstoffe ernähren die Menschen nicht; sie schaffen Hunger.

Was »billige Lebensmittel« betrifft, so werden globalisierte Lebensmittel in Wirklichkeit zu sehr hohen Kosten produziert, und wenn die Agrarunternehmen in den reichen Ländern nicht mehr als 400 Milliarden Dollar an Subventionen erhalten würden, würde das gesamte System zusammenbrechen. Die Inputkosten – einschließlich Düngemittel, Pestizide und Maschinen – sind immer höher als der Wert dessen, was gehandelt wird, und ohne diese Subventionen würde das System der globalisierten, mechanisierten Nahrungsmittelproduktion nicht funktionieren. Diese subventionierten Waren werden dann wiederum an arme Länder verkauft, die gezwungen sind, ihre Zölle abzubauen, damit reiche Nationen künstlich billige Waren in die Entwicklungsländer »dumpen« können. Hinzu kommt, dass die durch Finanzspekulation verursachten schwankenden Weltmarktpreise ein System weiter festigen, das Bauern und Menschen etwas wegnimmt und es Unternehmen und Regierungen gibt.

Die Globalisierung wird durch eine neoliberale Wirtschafts-»Reform«-Politik umgesetzt, die sowohl den inländischen als auch den internationalen Handel dereguliert, öffentliche Güter privatisiert und einen Rahmen schafft, der die Herrschaft von Konzernen hinnimmt.

Heute befindet sich die Welternährung in einer Krise. Diese Krise hat viele Facetten:

• Erstens sind die ökologischen Kosten der chemieintensiven, mit fossilen Brennstoffen betriebenen industriellen Landwirtschaft massiv und führen zu Klimazerrüttung, Erosion der Artenvielfalt, Wasserknappheit und Bodenerosion.

- Zweitens führt die globalisierte industrielle Landwirtschaft zur Massenvertreibung von Kleinbauern, wobei einerseits die wachsende Verschuldung Hunderttausende von Bauern in den Selbstmord getrieben hat und andererseits die Massenarbeitslosigkeit verschiedene Formen des Extremismus nährt.
- Drittens liegt es in der Art der industriellen Nahrungsmittelproduktion, Hunger, Unterernährung und Krankheiten zu schaffen. Hunger entsteht durch Verschuldung in Situationen, in denen Landwirte gezwungen sind, das zu verkaufen, was sie anbauen; er entsteht durch Dumping, das Lebensgrundlagen zerstört; und er entsteht durch die Umwandlung von Nahrungsmitteln in eine Ware für den Fernhandel, wodurch große Mengen an Nahrungsmitteln verschwendet werden.

Jede Facette der Nahrungsmittelkrise – Nicht-Nachhaltigkeit, Ungerechtigkeit, Arbeitslosigkeit, Hunger und Krankheit hängen mit dem globalisierten, industrialisierten Ernährungssystem zusammen, und jede Facette der Krise kann durch ökologische Landwirtschaft und regionale Ernährungssysteme behoben werden. Um Nachhaltigkeit, Ernährung und Ernährungsdemokratie zu fördern, müssen wir klein denken, nicht groß; regional, nicht global.

* * *

Die Globalisierung kommt den Reichen zugute (und den wohlhabenden Ländern) und beutet die Armen aus. Dies geschieht im Namen des »Freihandels«, der durch die Handelsliberalisierung oder den Abbau staatlicher Beschränkungen dessen, was und wie viel in ein Land importiert werden darf, umgesetzt wird. Er ist eng mit der Privatisierung verbunden, denn wenn Regierungen durch eine von Organisationen wie der WTO durchgesetzte Politik in den Hintergrund treten (müssen), springen private Unternehmen ein und füllen die Lücke. Die Handelsliberalisierung wird als eine »Öffnung« der Grenzen eines Landes angepriesen, um den einfachen Fluss von

Waren und Dienstleistungen zu ermöglichen. In Wirklichkeit sind die einzigen Akteure, die von diesen Abkommen profitieren, große Privatunternehmen und reiche Nationen. In den letzten zwei Jahrzehnten hat die neoliberale Politik weltweit die Lebensgrundlagen und die Ernährungssicherheit zerstört.

Die Handelsliberalisierung zwingt arme Länder, ihre Importhindernisse zu beseitigen, was sie anfällig für »Dumping« macht, das heißt für den Prozess, bei dem Rohstoffe, die im Globalen Norden subventioniert werden, in großen Mengen in Länder des Globalen Südens »gedumpt« werden. Dadurch entsteht der künstliche Eindruck, dass in ärmeren Ländern jetzt billigere Waren verfügbar seien. Was dies jedoch tatsächlich bewirkt, ist die Zerstörung regionaler Nahrungsmittelproduktion und -verteilung, einschließlich der Lebensgrundlagen der Bauern.

Im Jahr 1998, als in Indien erstmals mengenmäßige Beschränkungen (oder Importbarrieren) abgebaut wurden, wurden mehrere Rohstoffe »gedumpt«, um lokale Nahrungsquellen zu unterbieten. Damals wurde Soja aus den Vereinigten Staaten auf dem internationalen Markt für 150 Dollar pro Tonne verkauft. Die Subvention der Sojaproduktion, die großen landwirtschaftlichen Betrieben und Unternehmen gewährt wurde, belief sich jedoch auf 190 Dollar pro Tonne. Ohne diese Subvention hätte Soja mit den regionalen indischen Produkten nicht konkurrieren können. Als dieses künstlich billige Produkt die indischen Märkte überschwemmte, unterbot es die regionalen Bauern und die örtliche Nahrungsmittelproduktion. Dies vollzog sich bei allen Kulturen. Während der Preis für eine Kokosnuss in Kerala einst zehn Rupien betrug, fiel er nach dem Abbau der mengenmäßigen Beschränkungen auf zwei Rupien pro Nuss. Die Menschen in Kerala, dem Land der Kokosnuss, fingen an, ihre Bäume abzuholzen und ertragreiche Feldfrüchte anzubauen oder ihr Land zu verkaufen.

Ein wichtiger Vertrag, der die Fortsetzung des Dumpings auf Kosten der ärmeren Länder ermöglicht hat, ist die Gemeinsame Agrarpolitik (GAP) der Europäischen Union, ein System von Agrarsubventionen. Es wurde 1962 eingeführt, ist aber seither mehrfach überarbeitet worden, um ein größeres Dumping in armen Ländern zu ermöglichen. In Jamaika hat das Dumping von stark subventioniertem EU-Magermilchpulver zu einem Zusammenbruch der lokalen Milchproduktion geführt. Ironischerweise haben die Milchbauern in der EU größtenteils nicht von den Subventionen profitiert, da die Zahlungen direkt an große lebensmittelverarbeitende Unternehmen und nicht an die Bauern selbst gingen.[5]

In Westafrika verloren zwischen zehn und elf Millionen Bauern 200 Millionen Dollar als direktes Ergebnis der US-Subventionen, die durch die US Farm Bill in Kraft gesetzt wurden.[6] In Südafrika zeigen Untersuchungen, dass das Zuckerregime der Europäischen Union es den europäischen Landwirten trotz hoher Kosten ermöglicht hat, sich auf Kosten viel effizienterer südafrikanischer Produzenten durchzusetzen, was zu Arbeitsplatz- und Einkommensverlusten in einem Land geführt hat, das sowohl mit HIV / AIDS als auch mit dem Erbe der Apartheid kämpft. Landwirte im Globalen Süden sehen die GAP und die US Farm Bill als die schlimmsten Beispiele für die Doppelmoral des Nordens, zusammengefasst als: »Ihr liberalisiert, wir subventionieren.«[7]

Aufgrund der hohen Subventionen im Globalen Norden sendet die Beseitigung von Schutzbarrieren verzerrte Preissignale an die Binnenmärkte, was wiederum die Preise unter das Überlebensniveau drückt. Dies führt auch zu einem Ungleichgewicht zwischen Angebot und Nachfrage im Inland und ebenso, wie wir gegen Ende des Kapitels zeigen werden, dazu, aggressiv umzugestalten, zu welchen Nahrungsmitteln die Menschen Zugang haben.

Die Politik der Handelsliberalisierung geht noch über Dumping hinaus. Diese Politik, die als die Säule der Liberalisierung angepriesen wird, hat die Rolle der Regierung bei der Gewährleistung der Ernährungssicherheit für die Menschen und der Sicherung des Lebensunterhalts der Bauern untergraben. Befürworter der Handelsliberalisierung bezeichnen die Maßnahmen der Regierung, die den Menschen helfen sollen, dann als »wettbewerbsverzerrend« und fordern deren Abschaffung. Auf diese Weise sind die Regierungen nicht in der Lage, einzugreifen und zu helfen, wenn Landwirte und regionale Produzenten durch große Mengen importierter Waren aus dem Geschäft gedrängt werden.

Gleichzeitig hat die Handelsliberalisierung, anstatt Gemeinschaftsinitiativen zu fördern, eine Politik gefördert, die der Agrarindustrie durch Programme wie »Privatisierung«, »Marktzugang« und Abschaffung mengenmäßiger Importbeschränkungen mehr Kontrolle über das Nahrungsmittelproduktions- und -vertriebssystem gibt. Ein offensichtliches Beispiel für die Verlagerung der Politik von den auf die Menschen ausgerichteten Anliegen hin zu handels- und unternehmensorientierten Interessen ist die Tatsache, dass es den Bauern gesetzlich nicht erlaubt ist, ihre Produkte selbst zu exportieren, während die Händler ihre Produkte überall herholen und überall hinbringen können. Tatsächlich bauen die Regierungen (nachdem sie den Bauern und Gemeinden gewaltsam Land weggenommen haben) Autobahnen, um die Zentren der landwirtschaftlichen Produktion mit Flughäfen und Häfen zu verbinden, so dass die Konzerne diese Waren schnell transportieren und exportieren können.

Während die Länder früher Exporteure waren, sind sie jetzt Importeure. Mit anderen Worten, sie sind von nahrungsmittelunabhängigen, autarken Volkswirtschaften zu nahrungsmittelabhängigen Volkswirtschaften geworden. Indien zum Beispiel hat eine der größten Pflanzenölwirtschaften der Welt und steht bei der Produktion von Rizinus-, Saflor-, Sesam- und Nigeröl weltweit an der Spitze. Innerhalb eines Jahrzehnts von 1985 bis 1996 hat sich die Ölsaatenproduktion mehr als verdoppelt, und Indien hat die Selbstversorgung erreicht. Von 1990 bis 1991 exportierte Indien Ölsaaten im Wert von 10.310 Millionen Rupien. Von 1991 bis 1992 stieg der Export auf 16.500 Millionen Rupien. Mit der Einführung der Handelsliberalisierung und dem Abbau von Importschranken im Jahr 1998 entwickelte sich Indien jedoch von einem Nettoexporteur zu einem Nettoimporteur von Speiseölen. Bis 2001 importierte Indien Speiseöle im Wert von 133 Millionen Dollar, und bis 2003 war die Importrechnung auf

940,6 Millionen Dollar gestiegen, was 63,5 Prozent unserer Agrarein-
fuhren ausmacht.[8]

1992 produzierten indonesische Bauern genug Soja für den gesamten Inlandsmarkt. Tofu und Tempeh auf Sojabasis sind wichtige Be-
standteile der täglichen Ernährung auf dem gesamten Archipel. Nach
der Einführung einer neoliberalen Doktrin öffnete das Land seine
Grenzen für Lebensmittelimporte, so dass billige US-Soja (mit anderen Worten: stark subventionierte US-Soja) den Markt überschwem-
men konnte. Dies zerstörte die nationale Produktion, und heute werden 60 Prozent der in Indonesien konsumierten Soja importiert.
Rekordpreise für US-Soja im Jahr 2007 führten zu einer nationalen
Krise in Indonesien, als sich der Preis für Tempeh und Tofu – bekannt
als das »Fleisch der Armen« – innerhalb weniger Wochen verdop-
pelte.[9]

Nach Angaben der FAO ist das Nahrungsmitteldefizit in Westafrika
zwischen 1995 und 2004 um 81 Prozent gestiegen. Im gleichen Zeitraum stiegen die Getreideeinfuhren um 102 Prozent, die Zuckerim-
porte um 83 Prozent, die Milchprodukte um 152 Prozent und Geflü-
gel um 500 Prozent. Nach Angaben des Internationalen Fonds für
landwirtschaftliche Entwicklung (2007) hat die Region jedoch das
Potential, selbst ausreichende Mengen an Nahrungsmitteln zu produzieren. Überall auf der Welt geht die Liberalisierung weiter, auch
wenn sie die Anfälligkeit der Länder erhöht.[10]

Die Befürworter der Globalisierung stellen die Handelsliberalisierung als eine Politik dar, von der alle Seiten profitieren und zu der
sich die Länder des Globalen Südens freiwillig verpflichtet haben. In
Wirklichkeit haben große Unternehmen und reiche Nationen immen-
sen Druck auf ärmere Länder ausgeübt, den Handel zu deregulieren
und ihre Märkte für Billigimporte zu öffnen.

* * *

Die durch die Globalisierung vorangetriebenen Systeme der industriellen Landwirtschaft geben vor, effizienter als ökologische Kleinbetriebe zu sein, indem sie die Definition von »Ertrag« so manipulieren,

dass sie nur einen Teil einer Kulturpflanze umfassen. Das ist keine wirkliche Effizienz, sondern nur Pseudoeffizienz. Um die industrielle Produktion von Nahrungsmitteln und die Politik der Globalisierung und Handelsliberalisierung als den bestmöglichen Rahmen für die Nahrungsmittelproduktion zu rechtfertigen, werden dem bestehenden Rahmen der Pseudoeffizienz Pseudoüberschüsse und Pseudokonkurrenz hinzugefügt.

Die Globalisierung der Landwirtschaft ist die Kontrolle der Landwirtschaft durch Konzerne. Das WTO-Landwirtschaftsabkommen von 1995 ist ein internationaler Vertrag, der Länder zwingt, Exporte und Importe zu liberalisieren, und der es globalen Konzernen erlaubt, die Kontrolle über die heimische Produktion, die heimischen Märkte und den Welthandel zu übernehmen. Die Verbindungen zwischen dem Vertrag und dem Unternehmenssektor sind verblüffend klar, denn es war der ehemalige Cargill-Vizepräsident Dan Amstutz, der den ursprünglichen Text verfasst hat. Die weltweite Versorgung mit Getreide wird fast vollständig von einer Handvoll Unternehmen in Privatbesitz kontrolliert: Cargill, Continental, ConAgra, Louis Dreyfus, Bunge, Garnac, Mitsui/Cook und Archer Daniels Midland. Cargill hat vor kurzem Continental aufgekauft, wodurch es zum größten Getreidegiganten wurde.

Diese Getreidegiganten sind sowohl die Architekten als auch die Nutznießer der Globalisierung der Landwirtschaft. Sie kontrollieren die Landwirtschaft und die Nahrungsmittelproduktionskette vom Saatgut bis auf den Tisch und vom Bauernhof bis zur Fabrik. Sie kontrollieren, was die Bauern kaufen, und die Märkte, auf denen die Bauern ihre Produkte verkaufen. Sie bestimmen den Preis, zu dem die Bauern verkaufen, entscheidend mit und auch, was angebaut wird. Kurzfristig senken sie die Preise, um Märkte zu erobern. Langfristig führt eine solche Monopolkontrolle zu hohen Lebensmittelpreisen.

Da die Landwirte gezwungen sind, immer höhere Beträge für Inputs auszugeben und gleichzeitig weniger für ihre Produkte erhalten, hat sich die Nahrungsmittelproduktion weltweit in eine negative Wirtschaft verwandelt. Niedrige Agrarpreise werden gewöhnlich als das Ergebnis von Überschüssen und Überproduktion erklärt. In Wirklichkeit sind niedrige Preise mit Monokulturen und Monopolen verbunden. Wenn alle Landwirte nur eine Ware anbauen, wird es natürlich einen Überschuss dieses einen Produkts geben. Aber dies ist ein Pseudoüberschuss, kein wirklicher Überschuss. Es ist nicht der Überschuss, der übrig bleibt, nachdem die Bedürfnisse der Natur nach ökologischem Fortbestand oder die Bedürfnisse einer Bauern-familie nach Nahrung und Lebensunterhalt befriedigt worden sind.

Die industrielle Landwirtschaft hat dazu geführt, dass alle natür-lichen Funktionen, die die biologische Vielfalt für den Landwirt er-füllen könnte, nun gekauft werden müssen. Dieselben Agrobusiness-Konzerne, die externe Inputs an die Bauern verkaufen, kaufen auch die Produkte der Bauern. In Indien, wo die staatliche Unterstützung für Landwirte aufgrund der Handelsliberalisierungspolitik rapide zurückgegangen ist, ist der Preis für Kartoffeln auf 0,40 Rupien pro Kilogramm gefallen. So können große Unternehmen wie PepsiCo und McDonald's den Bauern die Kartoffeln für weniger als 0,08 Rupien abkaufen: für die Herstellung von Kartoffelchips, die sie für 10 Rupien pro 200 Gramm verkaufen. Für 13 Millionen Tonnen Kartoffeln be-deutet dies einen Transfer von 20 Milliarden Rupien von verarmten Bauern und Bäuerinnen an globale multinationale Konzerne.[11] In Deutschland haben die Bauern und Bäuerinnen den Preis für Milch

Verkaufspreis
10 Rupien

Erlös des Bauern
0,08 Rupien

Abb. 8: Von 10 Rupien für 200 g Kartoffelchips bekommt der Bauer 0,08.

um 20 bis 30 Prozent fallen sehen – was viele in den Bankrott trieb –, weil Supermärkte billige Milchprodukte als Marketinginstrument einsetzen, um Verbraucher anzulocken.

Niedrige Preise sind nicht das Ergebnis einer höheren Produktion. Vielmehr sinken die Preise trotz geringerer Produktion und widersprechen damit allen gängigen Angebots- und Nachfragetheorien. Einbrechende Preise haben mehr mit der Konzentration der Kontrolle als mit einem Überangebot zu tun. Die Agrarpreise sind niedrig, weil sie von Unternehmensmonopolen »festgelegt« werden. Konzerngiganten können die Preise bestimmen, weil die Landwirte beim Kauf von Betriebsmitteln und beim Verkauf von ihren Produkten in eine Abhängigkeit geraten sind. Für die Agrarindustrie führen hohe Produktionskosten und niedrige Rohstoffpreise zu Zwei-Wege-Profiten. Für den Landwirt bedeuten sie eine Verlustwirtschaft und eine Schuldenspirale. In diesem von Konzernen kontrollierten System ist die Idee von »Wettbewerb« ebenso falsch wie die Idee von »Überschuss«. Die neoliberale Politik des »freien Marktes« unterstellt, dass ein kapitalistisches Produktionssystem den Wettbewerb zwischen Unternehmen und Individuen stärkt, was dazu führt, dass den Verbrauchern die besten und billigsten Waren und Dienstleistungen zur Verfügung gestellt werden. Dies ist allerdings weit von der Wahrheit entfernt:

• Erstens findet, weil es nur wenige Unternehmen sind, die fast die gesamte globalisierte Nahrungsmittelproduktion der Welt kontrollieren, der Wettbewerb zwischen Agrarkonzernen statt, die sich auf Kosten der Kleinbauern und des einfachen Volkes gerne gegenseitig »den Rücken kratzen«.

• Zweitens ist das eigentliche Maß der »Wettbewerbsfähigkeit« im globalen Freihandelskalkül sowohl fiktiv als auch abstrakt, denn die Berechnung beruht auf einem Vergleich zwischen dem internationalen Preis und dem Inlandspreis einer Ware. In einem Papier des indischen Landwirtschaftsministeriums heißt es:

Indien steht unter starkem Druck, die quantitativen Importbeschränkungen aufzuheben. … In Anbetracht dessen ist es dringend

erforderlich, dass sich die indischen Bauern auf den internationalen Wettbewerb vorbereiten. ... Die Ergebnisse, die auf der Analyse der Exportwettbewerbsfähigkeit basieren, zeigen, dass Nutzpflanzen wie Reis, Bananen, Trauben, Sapota, Litschis, Zwiebeln,
Tomaten und Pilze sehr wettbewerbsfähig sind. Nutzpflanzen
wie Weizen, Mangos und Kartoffeln sind mäßig konkurrenzfähig.
Der Bereich der Gefährdeten, der weniger wettbewerbsfähigen
oder nicht wettbewerbsfähigen Nutzpflanzen umfasst Mais, Sorghum, Sojabohnen, Palmöl, Hülsenfrüchte, Kokosnüsse, Nelken,
Gewürze, Jute und verschiedene andere Nutzpflanzen.[12]

Das Problem mit der Wettbewerbsfähigkeit besteht hier darin, dass
sie das Klima, die Ökologie, die lokale Wirtschaft und die Bedürfnisse der Menschen völlig außer acht lässt. Wenn die internationalen Preise von zwei oder drei Konzernen kontrolliert werden, die
auch den Markt für externe Inputs kontrollieren, können die Preise
auf extrem niedrigem Niveau festgesetzt werden. Die Regierungen
des Globalen Nordens gewähren Industriebetrieben und Exporteu-
ren massive Subventionen und den Bauern gerade genug Unterstützung, um ihnen das Überleben in verlustreichen Agrarbetrieben zu
ermöglichen. Wenn diese stark subventionierten Rohstoffe dann in
den Globalen Süden »gedumpt« werden, spricht man von »Wettbewerbsfähigkeit«. Landwirte in ärmeren Ländern, die Nahrungsmittel
produzieren, die die Menschen vor Ort auch tatsächlich essen, werden dann als unfähig betrachtet, mit der »Konkurrenz« Schritt zu halten, und die Zerstörung der Lebensgrundlagen der Bauern wird von
den Befürwortern der Globalisierung als unvermeidlich dargestellt.
   Die Preise werden nicht nur künstlich gesenkt, sondern auch künstlich angehoben. In vielen Ländern haben die großen Supermärkte eine
Beinahe-Monopolstellung erlangt und erhöhen die Preise weit mehr,
als durch eine tatsächliche Preiserhöhung des Agrarprodukts gerechtfertigt ist. Hinzu kommt, dass die internationale Finanzspekulation
seit Sommer 2007 eine wichtige Rolle bei der Erhöhung der Lebensmittelpreise gespielt hat. Aufgrund des finanziellen Zusammenbruchs

in den Vereinigten Staaten wechselten die Spekulanten von Finanz-
produkten auf Rohstoffe, zu denen auch landwirtschaftliche Produkte
gehören. Dies wirkt sich direkt auf die Preise auf den Inlandsmärkten
aus, denn, wie wir gesehen haben, werden viele Länder zunehmend
von Nahrungsmittelimporten abhängig. Die Spekulanten setzen auf
die zu erwartende Knappheit, auch wenn das Produktionsniveau
hoch bleibt. Auf der Grundlage dieser Vorhersagen haben transnationale Konzerne die Märkte manipuliert. Händler enthalten dem Markt
Nahrungsmittelvorräte vor, um Preiserhöhungen zu stimulieren und
danach riesige Gewinne zu erzielen. In Indonesien, inmitten des Soja-
preisanstiegs im Januar 2008, hatte das Unternehmen PT. Cargill
Indonesia immer noch 13.000 Tonnen Sojabohnen in seinem Lager in
Surabaya und wartete darauf, dass die Preise Rekordhöhen erreichen
würden. Diese künstliche Preistreiberei ist eine Folge der großen
Geldsummen, die mit Finanzspekulationen erzielt werden können,
und sie schafft Hunger, obwohl es tatsächlich genug Nahrung gibt,
um alle Menschen auf dem Planeten zu ernähren. Wie Kaufman
schreibt: »Imaginärer Weizen, der irgendwo gekauft wird, wirkt sich
auf echten Weizen aus, der irgendwo gekauft wird.«[13]

Im Gegensatz zu Spekulanten und großen Händlern profitieren
die meisten Bauern und Bäuerinnen nicht von höheren Preisen. Wenn
Nahrungsmittel von einheimischen Produzenten stammen, profitieren Unternehmen und andere Zwischenhändler, die die Erzeugnisse
von Bauern kaufen und zu höheren Preisen verkaufen. Wenn die
Produkte vom internationalen Markt stammen, ist es noch klarer,
wer die Nutznießer sind: transnationale Konzerne, die diesen Markt
kontrollieren. Diese transnationalen Konzerne legen fest, zu welchen
Preisen Produkte im Ursprungsland gekauft werden und zu welchen Preisen Produkte im Importland verkauft werden. Selbst wenn
also die Preise für die Produzenten steigen, wird der größte Teil des
Preisanstiegs von anderen erlöst. In Sektoren mit steigenden Produktionskosten, wie zum Beispiel Milch und Fleisch, sehen die Bauern
sogar, dass ihre Preise sinken, während die Preise für den Verbraucher steigen. Das liegt daran, dass die Landwirte, wie wir gesehen

haben, ihre Erzeugnisse zu einem extrem niedrigen Preis verkaufen, verglichen mit dem, was die Verbraucher zahlen. In Europa hat der spanische Koordinator der Organisationen der Landwirte und Viehzüchter (COAG) errechnet, dass die Verbraucher in Spanien bis zu 600 Prozent mehr bezahlen, als der Lebensmittelproduzent für seine Produktion erhält. Ähnliche Zahlen gibt es auch für andere Länder, in denen der Verbraucherpreis hauptsächlich durch die Kosten für Verarbeitung, Transport und Einzelhandel bestimmt wird.

Landwirte, landlose Arbeiter und Verbraucher sind alle durch die Krise der Nahrungsmittelpreise und Ernährungssicherheit hart getroffen. Landwirte wie auch viele Menschen in ländlichen Gebieten müssen nun Nahrungsmittel kaufen, da sie keinen Zugang zu Land haben, um ihre eigenen Produkte zu erzeugen. Einige Bauern und Kleinbauern haben zwar Land, sind aber gezwungen, anstelle von Nahrungsmitteln geldbringende Kulturen anzubauen. Diese Nutzpflanzen sind wenig rentabel. Zum Beispiel hat der Anstieg des Speiseölpreises in Indonesien seit 2007 den indonesischen Palmölbauern überhaupt nicht geholfen. Viele von ihnen arbeiten im Vertragsanbau: Dies sind Vereinbarungen mit großen Agrobusiness-Firmen, die das Produkt verarbeiten, veredeln und verkaufen. Diese Unternehmen erhöhten nach der internationalen Preiserhöhung die Inlandspreise, aber die Landwirte selbst erhielten nur einen geringfügig höheren Preis. Das Vertragsanbau-Modell schafft eine Situation, in der Landwirte keine Nahrungsmittel für ihre Familien produzieren können. Stattdessen sind sie gezwungen, Cash Crops (geldbringende Feldfrüchte) in Monokulturen zu produzieren, etwa Zuckerrohr, Palmöl, Kaffee, Tee und Kakao. Das bedeutet, dass die Bäuerin selbst dann, wenn sie eine geringfügige Erhöhung für ihre Cash Crops erhält, auf dem Markt viel teurere Nahrungsmittel kaufen muss, um ihre Familie zu ernähren. Auf diese Weise verursachen steigende Preise tatsächlich mehr Armut in den Bauernfamilien.

Die internationale Politik der letzten Jahrzehnte hat Hunderte von Millionen Menschen von ihren Farmen in die städtischen Zentren vertrieben, wo die meisten in Slums leben und sich in prekären

Lebensverhältnissen durchschlagen. Diese Stadtbewohner sind gezwungen, für sehr niedrige Löhne zu arbeiten und Lebensmittel und andere Waren zu exorbitant hohen Preisen zu kaufen. Sie sind die ersten Opfer der gegenwärtigen Krise, da sie keine Möglichkeit haben, ihre eigenen Nahrungsmittel zu produzieren. Ihre Zahl hat dramatisch zugenommen, und sie geben einen großen Teil ihres Einkommens für Lebensmittel aus. Nach Angaben der FAO machen Nahrungsmittel bis zu 60 oder gar 80 Prozent der Ausgaben der Verbraucher in Entwicklungsländern aus (einschließlich landloser Bauern und Landarbeiter).[14]

Sogar in den reichen Ländern des Globalen Nordens hat sich der Hunger ausgebreitet. In den Vereinigten Staaten haben 14,5 Prozent der Haushalte Schwierigkeiten, genügend Nahrungsmittel auf den Tisch zu bringen. Mehr als 48 Millionen Amerikaner, darunter 15,9 Millionen Kinder, hungern.[15] In Großbritannien wird der Hunger zu einem »öffentlichen Gesundheitsnotstand", so ein Brief von Wissenschaftlern und Ärzten an das British Medical Journal. Die Zahl der Fälle von Unterernährung ist seit Beginn der Wirtschaftskrise sprunghaft angestiegen. Im Jahr 2008 wurden im Vereinigten Königreich 3.161 Patienten wegen unterernährungsbedingter Krankheiten in Krankenhäuser eingeliefert; 2012 stieg ihre Zahl auf über 5.000. Im Jahr 2006 versorgten die Tafeln 26.000 Menschen; 2012 erhöhte sich die Zahl auf 347.000.[16]

Durch die Beseitigung von Handelsschranken und durch die Praxis des Dumpings sind die Regierungen gezwungen, teure Lebensmittel zu importieren, um die Nachfrage der Verbraucher zu befriedigen, aber sie haben nicht die Mittel, um die ärmsten Verbraucher zu unterstützen. Die Unternehmen nutzen die gegenwärtige Situation rücksichtslos aus und nehmen hin, dass im Gegenzug zur Profitmacherei immer mehr Menschen hungern.

* * *

Beispiele aus Ländern auf der ganzen Welt veranschaulichen, wie eine Politik der Handelsliberalisierung, des Dumpings und künstlich überhöhter oder gedumpter Preise die Ernährungssicherheit zerstört hat. Wir werden uns hier zwei Beispiele ansehen.

Kenia

Wie viele afrikanische Länder in den Jahrzehnten nach der Kolonialherrschaft, erhielt Kenia umfangreiche Hilfen in Form von Darlehen, um seine Wirtschaft zu stabilisieren. Als Gegenleistung für die Hilfe, die es nicht zurückzahlen konnte, war Kenia 1980 gezwungen, seine Märkte zu liberalisieren: im Gegenzug für ein Strukturanpassungsdarlehen der Weltbank. Im Rahmen dieser neuen Politik reduzierte die kenianische Regierung die Unterstützung für ihre Bauern, senkte die Einfuhrzölle und deregulierte ihre Märkte. Anfang der 1990er Jahre trat Kenia der WTO bei, was eine aggressivere Verfolgung dieser Politik ermöglichte. Billige subventionierte Waren, von Kleidung bis zu Schuhen, von Zucker bis Stahl, überschwemmten die Märkte des Landes. In den Wettbewerb mit anderen Ländern geworfen, hatten Kenias junge Industrien und gefährdete Bauern keine Chance. Schlimmer noch, die Regierung wurde durch die Abkommen, die sie mit der internationalen Gemeinschaft geschlossen hatte, daran gehindert, einzugreifen und zu helfen.[17] Die Situation in Kenia hat sich stetig verschlechtert und deutliche Auswirkungen auf Nahrungsmittelproduktion und -verbrauch. So wurde zum Beispiel die Milchindustrie aufgrund von billig verfügbarem Milchpulver dezimiert, und die Zuckerindustrie wurde durch einen Zustrom von billigerem Zucker ersetzt. Wie andere Postliberalisierungsländer wurde auch Kenia zum Exporteur von landwirtschaftlichen Erzeugnissen. Jede Nacht exportiert Kenia 350 Tonnen Schnittblumen und Gemüse, die am nächsten Tag im Vereinigten Königreich verkauft werden. Der größte Teil der Exporte nach Großbritannien sind Hülsenfrüchte, zu denen Erbsen, Bohnen und Zuckererbsen gehören. Im Jahr 2008 war für 1,3 Millionen Menschen in ländlichen Gebieten und fast vier Millionen Menschen in städtischen Gebieten Kenias die Ernährung unsicher: Sie hatten Hunger.[18] Das Welternährungsprogramm sagt, dass Kenia einen jährlichen Bedarf an Nahrungsmittelhilfe in Höhe von 300 Millionen Dollar hat, während Exporteure sagen, dass Kenia 2010 Nahrungsmittel im Wert von mehr als drei Milliarden Dollar exportiert hat. Bei den Unternehmen, die die Nahrungsmittel exportieren, handelt es sich um große, multinationale Konzerne, die nicht im Besitz von Kenianern sind.[19]

Die Handelsliberalisierung in Kenia hat nicht nur die lokale Industrie zerstört, sondern auch den Lebensstandard der Menschen verschlechtert. Veränderungen im Landbesitz – von einem System des Gemeinschaftsbesitzes zu einem System, in dem Land nun unter dem männlichen Familienoberhaupt registriert ist – haben nicht nur die Art der Nahrungsmittel beeinflusst (es werden vor allem Cash Crops angebaut), sondern haben auch die Massai, Kenias nomadische Stammesgemeinschaften, verdrängt. Darüber hinaus haben die Frauen, die die Mehrheit der Nahrungsmittelproduzenten des Landes ausmachen, die Hauptlast dieser Veränderungen getragen. Die Männer zogen in die neuen Industrien und überließen den Frauen mehr Verantwortung für die Nahrungsmittelproduktion, aber weniger Freiheit und Raum für die Entscheidung, was angebaut wurde: Denn der Landbesitz geht immer auf den Namen des Mannes. Häufig sind Frauen gezwungen, sich auf weniger nahrhafte Kulturen umzustellen, die weniger Arbeit erfordern, oder sie sind auf Kinderarbeit angewiesen, insbesondere durch Mädchen.

Arbeitslosigkeit, Armut und Hunger haben zu Gewalt und Kriminalität geführt. Junge Erwachsene, die oft arm und ungebildet sind, werden von Bandenbossen in Somalia und Kenia angeworben, um Geld von kommerziellen und privaten Schiffen im Indischen Ozean zu erpressen. Auch der Handel mit Menschen, Waffen und Drogen hat zugenommen. Eine Untersuchung aus dem Jahr 2001 ergab, dass zwischen 90 und 95 Prozent der Haushalte im Norden Kenias bewaffnet sind.[20] Dies sind keine zufälligen oder unvermeidlichen Ereignisse, sondern eine direkte Folge der seit Ende der 1980er Jahre durchgesetzten Politik der Handelsliberalisierung und Globalisierung. Betrachten Sie folgende Zahlen: Daten aus dem Jahr 2005 zeigen, dass 56 Prozent der Kenianer in Armut leben; 1990 waren es erst 48 Prozent. Daten aus dem Jahr 2005 zeigen, dass weniger als 30 Prozent der Kenianer eine reguläre Beschäftigung haben; 1988 waren es noch 70 Prozent. Daten aus dem Jahr 2005 zeigen, dass 48 Prozent der Kinder in Kenia nicht geimpft sind; 1993 waren es mit 31 Prozent deutlich weniger.[21] Als Folge der Liberalisierung gibt es in Kenia eine ungebildete Generation junger Menschen, Massenarbeitslosigkeit und zusammengebrochene Industrien, die einst selbsttragend waren. Die Zerstörung der Ernährungssicherheit eines Landes ist der erste und letzte Schritt zur Zerstörung des Wohlstandes eines Landes, und in einem Regierungspapier aus dem Jahr 2003 heißt es: »In den vergangenen zwei Jahrzehnten haben wir gesehen, wie Kenia systematisch in den Abgrund der Unterentwicklung und Hoffnungslosigkeit abgerutscht ist.«[22]

Mexiko

Im Januar 2014 jährte sich zum 20. Mal der Tag, an dem die mexikanische Regierung zusammen mit den Vereinigten Staaten und Kanada das Nordamerikanische Freihandelsabkommen (NAFTA) unterzeichnet hat. Dieses Freihandelsabkommen von 1994, das vom damaligen US-Präsidenten Bill Clinton als Versuch angepriesen wurde, das Lohngefälle zwischen US-amerikanischen und mexikanischen Arbeitnehmern zu schließen, zielte in erster Linie darauf ab, die Zölle auf Produkte zu beseitigen, die aus den Vereinigten Staaten nach Mexiko eingeführt werden. Die letzten zwanzig Jahre haben gezeigt, dass das NAFTA-Abkommen ein Kapitalverbrechen im Hinblick auf die systematische Zerstörung des Lebensstandards, des Reichtums, der Lebensgrundlagen und der Wirtschaft der mexikanischen Bevölkerung ist; dennoch wird es von den Verfechtern der Liberalisierung immer noch als Erfolg bezeichnet. Die einzigen Erfolge verbuchten jedoch US-amerikanische oder multinationale Konzerne, und diese wurden auf Kosten des mexikanischen Volkes errungen.

Seit mehr als zehntausend Jahren haben die mexikanischen Bauern mehr als 209 Maissorten angebaut. Etwa drei Millionen Bauern bauen Mais an, von denen zwei Drittel gerade genug anbauen, um ihre Familien zu ernähren.[23] Mais ist seit jeher das Rückgrat der mexikanischen Ernährung. Doch heute befinden sich diese Bauern in einer Krise. Die drastischste Maßnahme, die im Rahmen der NAFTA ergriffen wurde, war die Liberalisierung des Maissektors, die durch die Ausweitung der Importquoten und die Senkung der Zölle umgesetzt wurde. Billiger Mais aus den Vereinigten Staaten – massiv subventioniert durch die US-Regierung – überflutete den mexikanischen Markt. Während des ersten Jahres der NAFTA fiel der Maispreis in Mexiko um 20 Prozent und ging in den 1990er Jahren kontinuierlich weiter zurück.[24] Da sie mit diesen fallenden Preisen nicht konkurrieren konnten, waren die mexikanischen Bauernfamilien gezwungen, sich auf gefährliche, nicht nachhaltige oder kriminelle Existenzen einzulassen. Nach Inkrafttreten des NAFTA waren viele Kleinbauern gezwungen, Kredite bei Drogenbossen aufzunehmen. Da sie nicht in der Lage waren, ihre Schulden durch den Verkauf des Mais von ihren Feldern zurückzuzahlen, begannen die Bauern, illegale Drogen für die Kartelle anzubauen. Heute ist Mexiko der größte Lieferant von Marihuana und der drittgrößte Heroinlieferant der Welt. Der stärkste Drogenkonsum findet in den reichen Ländern statt, während der größte Teil der Produktion in den ärmeren Ländern und auf deren Kosten erfolgt. Zwischen 2007 und 2010 gab es in Mexiko mehr als 50.000 drogenbedingte Morde.[25] Felder, auf denen einst regional produzierte und nahrhafte Lebensmittel angebaut wurden, sind heute mit Mohn und Marihuana bepflanzt und nähren Gewalt und Ausbeutung.

Nachdem sie aus der Landwirtschaft verdrängt wurden, haben die Mexikaner eine Beschäftigung bei den globalen Konzernen angenommen. Multinationalen Unternehmen wurden Landflächen zugeteilt, um eine Fabrik nach der anderen zu errichten, die als Maquiladoras bekannt sind und in denen Waren für den Export hergestellt oder montiert werden. Diese Fabriken, die sich in zollfreien Zonen befinden, laufen unreguliert und unkontrolliert Tag für Tag rund und um die Uhr. Nach der Einführung des NAFTA wuchs die Zahl der Maquiladoras um 86 Prozent, und im Jahr 2007 arbeiteten 1,3 Millionen Mexikaner in diesen Fabriken.[26]

Die Bewegung hin zu einer von Nahrungsmitteln abhängigen
Wirtschaft hat verschiedene Aspekte des Lebens der mexikanischen
Bevölkerung zerstört. Ihr System des kollektiven Landbesitzes, das
als *Ejido* bekannt ist, wurde durch ein System ersetzt, in dem große
Teile des Landes an Konzerne und Händler verkauft werden konnten.
Nachdem die landwirtschaftlichen Systeme zusammengebrochen
waren, lief alles auf eine irreguläre, gewalttätige Wirtschaft hinaus.
Vor allem verloren die Frauen ihre Sicherheit – sowohl durch Men-
schenhandel als auch durch eine Kultur der Gewalt, die aus einer
gleichgültigen, von der Globalisierung und dem Wachstum gepräg-
ten Politik resultierte. Die letzten zwei Jahrzehnte haben in Mexiko
den Mythos vom »Freihandel« entlarvt und gezeigt, dass es sich dabei um ein Ausbeutungssystem handelt, das nur denjenigen zugute-
kommt, die bereits an der Macht sind.

* * *

Heute hungern eine Milliarde Menschen auf dem Planeten.[27] Paradoxerweise sind die Hälfte der hungernden Menschen auf der Welt
eigentlich Erzeuger von Lebensmitteln. Der Grund dafür ist, dass die
Globalisierung massive Landraubzüge ermöglicht, Bauern vertrieben
und Millionen von Menschen zu Landlosen gemacht hat. Der Bericht
des UN-Sonderberichterstatters für das Recht auf Nahrung aus dem
Jahr 2010 zeigt, dass mehr als 500 Millionen Menschen, die von der
kleinbäuerlichen Landwirtschaft abhängig sind, hungern, weil sie
nicht in der Lage sind, auf den globalen Märkten zu »konkurrieren«,
und weil ihre kleinen Grundstücke auf trockene, hügelige oder nicht
bewässerte Böden verlegt werden. Das fruchtbarere Land wurde von
der Agrarindustrie aufgekauft.[28] Die Globalisierung hat zu einer Verlagerung von der Politik des »Food First« zur Politik des »Export
First« geführt, und der Anbau von Luxuskulturen für den Export hat
Vorrang vor dem Anbau von Nahrungsmitteln für die Menschen. Da
die chemieintensive Landwirtschaft mehr Bauern dazu bringt, ihre
Produkte zu verkaufen, ist es offensichtlich, dass die Schuldenfalle
auch eine Hungerfalle ist.

In Indien, der Kapitale des Hungers, hungern 214 Millionen Menschen. In Afrika südlich der Sahara hungern 198 Millionen Menschen, in China 135 Millionen, in anderen asiatischen und pazifischen Ländern 156 Millionen und in Lateinamerika und der Karibik 56 Millionen Menschen.[29]

Im Jahr 2008 kam es zu einer globalen Nahrungsmittelkrise, wobei die Lebensmittelpreise auf beispiellose Höhen kletterten. Der Weltbank zufolge haben die steigenden Lebensmittelpreise seit 2007 51 Lebensmittelunruhen in 37 Ländern verursacht. In einem Blogeintrag des leitenden Weltbank-Ökonomen José Cuesta mit dem Titel »No Food, No Peace« wird gewarnt: »Es ist sehr wahrscheinlich, dass es in absehbarer Zukunft zu weiteren Lebensmittelunruhen kommen wird. … Lebensmittelpreisschocks haben wiederholt zu spontaner – typischerweise städtisch-soziopolitischer – Instabilität geführt.«[30]

Allein zwischen 2005 und 2008 stiegen die internationalen Preise für verschiedene Lebensmittel um fast die Hälfte. Während eine Tonne Weizen im Jahr 2005 152 Dollar kostete, stieg es auf 343 Dollar im Jahr 2008; während Reis 207 Dollar kostete, stieg es auf 580 Dollar; und bei Sojaöl stieg der Preis von 545 Dollar auf 1.423 Dollar.[31] Angesichts dieser steigenden Preise benutzte der damalige US-Präsident Bush ein trügerisches Argument, um die unbezahlbaren Lebensmittel zu erklären: Er gab der wachsenden Mittelschicht in den Entwicklungsländern die Schuld. In Missouri sagte er auf einer Pressekonferenz zur Wirtschaft: »In Indien gibt es 350 Millionen Menschen, die der Mittelschicht zugerechnet werden. Das ist mehr als in Amerika. Ihre Mittelschicht ist größer als unsere gesamte Bevölkerung. Und wenn man zu Wohlstand gelangt, fängt man an, eine bessere Ernährung und bessere Nahrungsmittel nachzufragen, was zu einer hohen Nachfrage führt und den Preis in die Höhe treibt.«[32] Dieses Argument diente sowohl dazu, die politische Debatte in den USA von der Rolle der US-Agrarindustrie bei der Verursachung der Nahrungsmittelkrise abzulenken, als auch dazu, die wirtschaftliche Globalisierung als einen Gewinn für Länder wie Indien darzustellen.

Doch wie die Daten zeigen, ist Indien die Kapitale des Hungers in der Welt, und mit der fortschreitenden Globalisierung nimmt auch der Hunger zu. Der Mythos, den Präsident Bush propagierte, ist ein Wachstumsmythos. Es wird immer wieder behauptet, der Preisanstieg sei auf »die steigende Nachfrage in Schwellenländern wie China und Indien zurückzuführen«.[33] Es wird argumentiert, dass die Chinesen und Inder, seit die Volkswirtschaften Chinas und Indiens gewachsen sind, reicher geworden seien und mehr essen würden, und dass diese gestiegene Nachfrage zu höheren Preisen führe. Dieser Wachstumsmythos ist in vielerlei Hinsicht falsch. Während die indische Wirtschaft tatsächlich gewachsen ist, ist die Mehrheit der Inder ärmer geworden, da sie als direkte Folge der Globalisierung sowohl ihr Land als auch ihre Lebensgrundlage verloren haben. Die meisten Inder essen tatsächlich weniger als vor der Ära der Globalisierung und Handelsliberalisierung.[34] Die Verfügbarkeit von Nahrungsmitteln pro Kopf ist von 177 Kilogramm pro Person und Jahr im Jahr 1991 auf 152 Kilogramm pro Person und Jahr im Jahr 2003 zurückgegangen. Die tägliche Verfügbarkeit von Nahrungsmitteln ist von 485 auf 419 Gramm pro Tag zurückgegangen, und die tägliche Kalorienaufnahme ist von 2.220 Kalorien pro Tag auf 2.150 Kalorien pro Tag gesunken. Eine Million indischer Kinder sterben jedes Jahr an Nahrungsmangel.

Die Tatsache, dass Indien die Kapitale des Hungers ist, zeigt, dass Wachstum den Hunger nicht verringert, und die Tatsache, dass die meisten der hungernden Menschen der Welt selbst Erzeuger von Nahrungsmitteln sind, zeigt, dass das Modell der industriellen Landwirtschaft tief in die Entstehung von Hunger verwickelt ist. Eine Agrarpolitik, die einerseits Kleinbauern in die Armut treibt und andererseits das Cash Cropping fördert, hat zu einer geringeren Nahrungsmittelproduktion geführt. Seit Anfang der 1990er Jahre ist die Nahrungsmittelproduktion als Folge der Hinwendung zu einer exportorientierten Landwirtschaft stetig zurückgegangen. Der Zusammenbruch der inländischen Unterstützung für die Nahrungsmittelproduktion (durch den Abbau von Importbarrieren, steigende Kosten für Inputs und Ernteausfälle durch nicht zertifizier-

tes Saatgut) Ende der 1990er Jahre hat diesen Wandel von einer sich
selbst versorgenden, von Nahrungsmittelimporten unabhängigen
Bevölkerung hin zu einer hungernden, von Nahrungsmittelimporten
abhängigen Bevölkerung verstärkt.

* * *

So, wie die industrielle Produktion und der globalisierte Vertrieb
Lebensmittel zu einer Ware machen, so reduziert die industrielle
Verarbeitung von Lebensmitteln diese zu Schrott oder Junkfood: Sie
werden zu Anti-Lebensmitteln. Da Lebensmittel immer synthetischer
werden, entstehen neue Gesundheitsrisiken, wodurch es hinsichtlich
der Lebensmittelsicherheit immer mehr Grund zur Besorgnis gibt.

Wie wir gesehen haben, führt die Globalisierung zu Hunger und
Unterernährung. Doch die Kehrseite dieser Medaille, die industriell verarbeiteten Lebensmittel, sind Fettleibigkeit und andere ernäh-
rungsbedingte Gesundheitsprobleme. In Ländern wie den Vereinigten Staaten ist die Epidemie der Fettleibigkeit weithin sichtbar und
kann mit den Ernährungsgewohnheiten in Verbindung gebracht
werden. Darum spricht der Enthüllungsjournalist Eric Schlosser von
einer »Fast-Food-Nation«. Eine Studie der Universität Indiana stellt
fest, dass zwischen 1976 und 1980 die Zahl der Amerikaner, die von
»Übergewicht« zu »Fettleibigkeit« übergegangen sind, stark angestiegen ist. Dieser Anstieg hängt nicht nur mit dem prozentualen
Fett- und Zuckeranteil in der Ernährung der Amerikaner zusammen
(Daten des USDA zeigen, dass zwischen 1970 und 2003 der Fettkon-
sum in den Vereinigten Staaten um 63 Prozent und der Zuckerver-
brauch um 19 Prozent zunahm), sondern auch mit den Zucker- und
Fettarten, die konsumiert wurden.

Nehmen Sie Zucker: In den 1970er-Jahren wurde eine Technolo-
gie entwickelt, um Maisstärke in Glukose umzuwandeln. Daraus
wurde schließlich HFCS, ein Maissirup mit hohem Fruktosegehalt.
Unterstützt durch die Subventionierung der Maisindustrie durch die
Regierung wurde HFCS zum kostengünstigsten Ersatz für Zucker.[35]
Mit der Globalisierung, der großflächigen Landwirtschaft und der

industriellen Verarbeitung von Nahrungsmitteln erhöhte sich der Verbrauch von HFCS zwischen 1970 und 1990 um mehr als 1.000 Prozent. Daten der American Society for Clinical Nutrition aus dem Jahr 2004 zeigen, dass aufgrund des Unterschieds in der Verdauung, Absorption und im Stoffwechsel zwischen Saccharose (normaler Zucker) und Fruktose (aus der HFCS besteht) der Anstieg des HFCS-Konsums zeitlich mit der Adipositas-Epidemie in den Vereinigten Staaten in Verbindung gebracht werden kann.[36] Entgegen der landläufigen Meinung, ist Adipositas nicht das Vorrecht der reichen, entwickelten Länder. Vielmehr hat die Globalisierung einer Handvoll Rohstoffe dazu geführt, dass schlechte Ernährung weltweit exportiert wird, was oft als McDonaldisierung der Welternährung bezeichnet wird. Weltweit erzielte PepsiCo im Jahr 2014 einen Jahresumsatz von 66,68 Milliarden Dollar[37] und verfügt über das weltweit größte Portfolio an Milliarden Dollar schweren Lebensmittel- und Getränkemarken und mehrere Produktlinien, darunter Frito-Lay, Quaker, Pepsi-Cola, Tropicana und Gatorade. PepsiCo beschreibt diese als »nahrhafte, schmackhafte Lebensmittel und Getränke, die unseren Verbrauchern in mehr als 200 Ländern Freude bereiten.«[38]

PepsiCo kam 1989 während der Punjab-Krise nach Indien, um Reis und Weizen durch Tomaten und Kartoffeln zu ersetzen, angeblich um die Menschen zu versorgen. Aber Reis und Weizen können gelagert werden, während Tomaten und Kartoffeln verderbliche Waren sind: Sie verringern die Ernährungssicherheit und erhöhen die Anfälligkeit der Bauern für die Marktentwicklung. In jedem Fall wurden die von PepsiCo angebauten Tomaten für den Langstreckentransport und die industrielle Verarbeitung gezüchtet, und die Schale war für den häuslichen Gebrauch zum Kochen zu hart. Die Kartoffeln wurden für Lay's Kartoffelchips verwendet.

1994 erhielt PepsiCo die Erlaubnis, in Indien 60 Restaurants zu eröffnen: 30 KFCs (Kentucky Fried Chickens) und 30 Pizza Huts. Bereits 1977 identifizierte der US-Senat die in diesen Restaurants erhältlichen Fleisch- und Hühnerverarbeitungen als Quelle für die Krebserkrankungen, an denen alle sieben Sekunden ein Amerikaner erkrankt.[39] Seit seinem Einzug in Indien hat PepsiCo Millionen von Arbeitsplätzen vernichtet, indem es regionale Lebensgrundlagen und Nahrungsquellen ersetzt hat, und heute leiden 25 Prozent der Schulkinder in Delhi an Fettleibigkeit als Folge der großen Mengen billigen Junkfoods, das heute im ganzen Land zu bekommen ist.[40]

Indien entwickelt sich auch zur Weltkapitale für Diabetes, die China voraussichtlich bald überholen wird. Daten der Internationalen Diabetes-Föderation zeigen, dass heute 65,1 Millionen Inder an Diabetes leiden, während es 2008 noch 50,8 Millionen waren. Trotz dieser alarmierenden Statistiken zeigt ein kürzlich veröffentlichter Bericht, dass sich der Fast-Food-Markt in den nächsten drei Jahren wahrscheinlich verdoppeln wird.[41]

Ironischerweise leidet die städtische Oberschicht an Diabetes und Fettleibigkeit, während einer von vier Indern aufgrund der Verdrängung lokaler Nahrungsquellen und des Lebensunterhalts der Bauern hungert, und beides hat genau dieselbe Ursache.

＊

Die Klimaveränderung heute ist global in ihren Ursachen und Wirkungen: Handelsliberalisierung und Globalisierung der Unternehmen verursachen sie auf unterschiedliche Weise. Am wichtigsten ist, dass ressourcen- und energieintensive, umweltverschmutzende Industrien in Länder des Globalen Südens abwandern. 1991 schrieb der Chefökonom der Weltbank, Lawrence Summers, ein Memo an leitende Mitarbeiter der Weltbank, in dem er sagte:»Ganz unter uns, sollte die Weltbank nicht eine stärkere Abwanderung der verschmutzenden Industrien in die LDCs [weniger entwickelte Länder] fördern?«[42]

Summers rechtfertigte die wirtschaftliche Logik der zunehmenden Umweltverschmutzung im Globalen Süden mit drei Gründen.

• Erstens: Weil die Löhne im Globalen Süden niedrig sind, sind auch die wirtschaftlichen Kosten der Umweltverschmutzung, die durch ein Mehr an Krankheiten und Todesfällen entstehen, in den ärmsten Ländern am niedrigsten.

- Zweitens: Laut Summers ist es wirtschaftlich sinnvoll, die Umweltverschmutzung dort zu importieren, weil viele Länder des Südens nach wie vor niedrige Verschmutzungsraten aufweisen.
- Und drittens argumentiert er: Weil die Armen arm sind, könnten sie sich unmöglich um Umweltprobleme kümmern.

Heute wird diese Söldnerlogik in die Praxis umgesetzt, und in Indien zum Beispiel erleben wir eine Explosion der Stahl-, Aluminium-, Eisenschwamm-, Automobil- und Petrochemie-Produktion, die alle zu erhöhten Kohlendioxidemissionen führen. Im selben Maße, wie die lokale Wirtschaft und Produktion zerstört werden, wird der Atmosphäre mehr Kohlendioxid zugeführt, um die gleichen menschlichen Bedürfnisse zu befriedigen. Der Grund dafür ist, dass für die Produktion, den Transport, die Kühlung und die Verpackung von Nahrungsmitteln weltweit immer mehr fossile Brennstoffe benötigt werden. Wir erleben die Zerstörung der regionalen Wirtschaft und der regionalen Produktion, und als Folge davon wird mehr Kohlendioxid in die Atmosphäre entlassen, um die gleichen menschlichen Bedürfnisse zu befriedigen. Durch diese Prozesse fällt die Last der globalen Industrieproduktion nun auf ärmere Länder, und in einem verzerrten Paradigma wird die von diesen Industrien verursachte Umweltverschmutzung als Beweis für Entwicklung dargestellt.

Eine andere Art und Weise, wie die Globalisierung die Klimazerrüttung verursacht, sind die »Food Miles«. Food Miles sind die Entfernungen, die Lebensmittel von ihrem Herstellungsort bis zu ihrem Verzehr zurücklegen. Eine Studie des dänischen Umweltministeriums hat gezeigt, dass ein Kilogramm Lebensmittel, das durch die Welt transportiert wird, zehn Kilogramm Kohlendioxid verursacht.[43] Eine Studie in Kanada errechnete, dass im Jahr 2003 Lebensmittel in Toronto im Durchschnitt 3.333 Meilen zurücklegten.[44] Im Vereinigten Königreich nahm die Entfernung, die Lebensmittel zurücklegten, zwischen 1978 und 1999 um 50 Prozent zu.[45] Und alarmierend ist, dass eine schwedische Studie ergab, dass ein typisches Frühstück eine Entfernung an Essenskilometern zurücklegt, die dem Erdumfang entspricht.[46]

Sehr oft ist alles, was die Globalisierung bewirkt, ein Lebensmittel-
tausch, der wiederum zu Lebensmittelkilometern beiträgt, schreibt
Tracy Worcester in *Resurgence*:

> 1996 exportierte Großbritannien 111 Millionen Liter Milch und
> importierte 173 Millionen Liter. Es importierte 49 Millionen Kilo-
> gramm Butter, exportierte aber 47 Millionen. Warum hat es nicht
> einfach seine eigenen 47 Millionen Kilogramm verbraucht und die
> fehlenden zwei Millionen importiert und so alle Transportkosten
> eingespart? Ja, warum? Weil der Verzicht auf Importe und Exporte
> im großen Stil keine Gewinne für die transnationalen Konzerne
> und ihre Transportflotten abwirft. Die Nahrungsmittelgiganten
> werden Äpfel aus 14.000 Meilen Entfernung aus Neuseeland nach
> Großbritannien fliegen und grüne Bohnen aus 4.000 Meilen Ent-
> fernung aus Kenia bringen, obwohl britische Bauern problemlos
> beides anbauen können.[47]

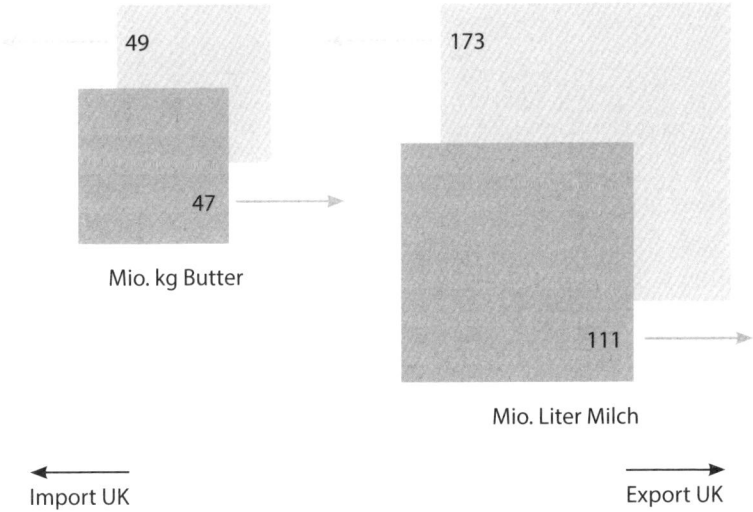

**Abb. 9: Britischer Handel mit Milchprodukten. Das ist *keine* Kreislaufwirt-
schaft.**

* * *

Die Globalisierung führt zu Verschwendung auf mehreren Ebenen, und die FAO schätzt, dass 30 Prozent des weltweiten Nahrungsmittelangebots verschwendet werden, was insgesamt eine Billion Dollar an Nahrungsmittelabfällen pro Jahr ausmacht. Die Daten zeigen, dass die Hälfte der Nahrungsmittel der industrialisierten Welt von Einzelhändlern oder Verbrauchern verschwendet wird, während es im Süden der Welt nach der Ernte wachsende Verluste gibt. Nahrungsmittelketten über lange Strecken vernichten Nahrungsmittel sowohl auf der Ebene der Produktion als auch auf der Ebene der Verteilung. Die Verschwendung beginnt damit, wie Lebensmittel angebaut werden. Die industrielle Landwirtschaft basiert auf Monokulturen und der Zerstörung der biologischen Vielfalt: Diese biologische Vielfalt ist Nahrung. Aber eine zentralisierte und globalisierte Versorgung mit Nahrungsmitteln fördert die Uniformität. Der Apfel und der Pfirsich müssen genau die Form und Größe haben, die der Einzelhändler verlangt, und der Kohl und der Salat müssen einheitlich sein, bevor sie »gezählt« werden können. Dies führt zu massivem Abfall auf Betriebsebene.

Sichere Lebensmittel sind ein wesentlicher Bestandteil der Ernährungssicherheit. Pseudosicherheitsstandards, die im Namen der »Modernisierung« auferlegt werden, sind jedoch keine Garantie für sichere Lebensmittel. Einheitlichkeit in Form und Größe von Obst und Gemüse hat nichts mit Sicherheit zu tun. Wenn die Standards der industriellen Lebensmittelverarbeitung dazu führen, dass die handwerkliche Produktion und die lokale Verarbeitung eingestellt werden, wird der Ersatz gesunder, sicherer und kulturell vielfältiger Lebensmittel durch ungesundes, verarbeitetes und schlechtes Essen erzwungen. Es ist eine Verschwendung von echten Lebensmitteln, die von echten Menschen gegessen werden.

Das Food Wastage Footprint-Projekt der FAO zeigt, dass zusätzlich zu den Einzelhandelskosten für Lebensmittel weitere 700 Milliarden Dollar an natürlichen Ressourcen verschwendet werden, darunter 172 Milliarden Dollar für verschwendetes Wasser, 42 Milliarden

Dollar für gerodeten Wald und 429 Milliarden Dollar für Treibhaus-
gaskosten. Eine solche ökologische Zerstörung des Naturkapitals
wird mit »Ernährung der Menschen« gerechtfertigt.«[48]

Es ist Verschwendung, Lebensmittel als Treibstoff zu verwenden.
Es ist Verschwendung, zehn Kilogramm Getreide zur Herstellung
von einem Kilogramm Fleisch zu verwenden. Ein Ernährungssystem,
das sich auf Profit und nicht auf die Gesundheit und das Wohlergehen der Menschen oder des Planeten konzentriert, wird nicht nur
Lebensmittel, sondern auch Menschen und den Planeten vergeuden.
Tatsächlich ist die Hälfte der indischen Kinder so stark unterernährt,
dass sie technisch gesehen als verschwendet bezeichnet werden.
Und laut FAO kosten uns die 70 Prozent der Nahrungsmittel, die
nicht verschwendet werden, sondern mit Pestiziden verseucht sind,
jedes Jahr 350 Milliarden Dollar an Gesundheitskosten: eine Geld-
verschwendung.[49]

Subventionen in Höhe von 400 Milliarden Dollar pro Jahr werden verschwendet, um dieses System künstlich am Leben zu erhalten. »Billige« Rohstoffe haben sehr hohe finanzielle, ökologische und
soziale Kosten. Industrielle chemische Landwirtschaft verdrängt pro-
duktive Familien auf dem Land. Sie schafft Schulden, die neben den
Hypotheken der Hauptgrund für das Verschwinden der Familienbetriebe sind. In extremen Fällen, wie im Baumwollgürtel Indiens,
hat die Verschuldung seit 1995 mehr als 284.000 Bauern in den Selbstmord getrieben.[50] Das sind vergeudete Leben.

* * *

»Freiheit« ist zu einem sehr umstrittenen Begriff geworden. Wenn
ich »Freiheit« sage, dann beziehe ich mich damit auf die Freiheit der
Menschen, frei zu leben, ihren Lebensunterhalt zu bestreiten und
Zugang zu lebenswichtigen Ressourcen wie Saatgut, Nahrung, Was-
ser und Land zu haben. Ich sage »Freiheit« und meine damit die
Freiheit der Erde und all ihrer Wesen.

Aber Konzerne verwenden gleichfalls das Wort »Freiheit«. Die
»Freihandels«-Regeln werden von Konzernen geschrieben, um ihre

Freiheit zu erweitern, den letzten Zentimeter Land, den letzten Tropfen Wasser, den letzten Samen und den letzten Bissen Nahrung zu kommerzialisieren und zu privatisieren. Dabei zerstören sie die Freiheit der Erde und der Erdenfamilie und zerstören die Freiheit der Menschen, sich ihrer Lebensgrundlagen, Kulturen und Demokratien zu erfreuen.

Wir wollen Freiheiten für Menschen, nicht für Konzerne. Wir wollen, dass Regierungen Unternehmen regulieren, die Schaden anrichten, und nicht Bürger durch undemokratische Saatgut- und Lebensmittelgesetze polizeilich überwachen, mit dem einzigen Ziel, die Freiheiten der Bürger zu kriminalisieren, um einen Totalitarismus der Konzerne über unser Saatgut und unsere Lebensmittel zu etablieren. Diese Freiheiten können nur erreicht werden, wenn wir uns von groß nach klein, von global nach lokal bewegen.

Navdanyas Forschung und Praxis zeigen, dass ein ökologischer Ansatz in der Landwirtschaft durch lokalisierte und dezentralisierte Ernährungssysteme größere Vorteile in Bezug auf Ernährungssicherheit und Ernährungssouveränität bringt als industrielle Landwirtschaft. Vielfalt geht Hand in Hand mit Dezentralisierung, und die Schaffung dezentralisierter, biologisch vielfältiger Ernährungssysteme ist der Schlüssel zur Gestaltung einer Welt ohne Hunger. Dafür ist ein Umsteuern von der Globalisierung zur Lokalisierung unerlässlich. Die Globalisierung hat Nahrungsmittel zu einer Ware gemacht und gleichzeitig die Kontrolle durch das Agrobusiness ausgeweitet. Durch Lokalisierung wird Nahrung als Nahrungsmittel zurückgewonnen, die Kontrolle der Gemeinschaft über Lebensmittelsysteme ausgeweitet und Ernährungsdemokratie und Ernährungssouveränität gefördert.

In einem globalisierten System werden Agrar- und Ernährungssysteme von Konzernen gestaltet und kontrolliert; in einem lokalisierten System werden sie von Gemeinschaften gestaltet und kontrolliert. Während die Globalisierung auf Chemikalien und GVOs beruht, die den Unternehmen Gewinne bringen, beruht die Lokalisierung auf Biodiversität und Agrarökologie, die den Ökosystemen und Gemeinschaften Vorteile bringen. Die globalisierte Landwirtschaft betrachtet Saatgut als geistiges Eigentum der Konzerne; die lokalisierte Landwirtschaft betrachtet Saatgut als gemeinsames Eigentum der Gemeinschaften. Die Globalisierung schafft Monokulturen von wenigen Gütern; die Lokalisierung nährt die biologische Vielfalt von Pflanzen, Tieren und Ökosystemen. Nahrung unter der Globalisierung ist eine Ware; Nahrung unter der Lokalisierung ist eine Nahrungsquelle und ein Menschenrecht. In einem globalisierten System treibt die Rohstoffspekulation die Preise; in einem lokalisierten System werden die Preise nach Prinzipien von Gerechtigkeit und Fairness festgelegt. Ein globalisiertes Ernährungssystem hat dazu geführt, dass eine Milliarde Menschen hungern und weitere zwei Milliarden an ernährungsbedingten Krankheiten leiden; ein lokalisiertes Ernährungssystem hingegen wird das Ende von Hunger und Unterernährung herbeiführen und allen Menschen gute Nahrung bieten. Schließlich läuft die Globalisierung auf ein System der Ernährungsdiktatur hinaus, während die Lokalisierung nach dem System der Ernährungssouveränität und Ernährungsdemokratie funktioniert.

Wir müssen dringend einen Übergang von einem Globalisierungsparadigma zu einem Lokalisierungsparadigma schaffen. Dies bedeutet nicht das Ende des internationalen Handels. Aber es bedeutet, dem Lokalen den Vorrang zu geben. Es bedeutet, Lebensmittel nicht mehr als Ware zu betrachten, sondern als unser Sein, und unsere Ernährung, unsere Identität und unser Menschenrecht zurückzufordern. Es bedeutet, die Landwirtschaft von den WTO-Regeln zu befreien und sie nach den Prinzipien der Ernährungssouveränität zu regeln. Es bedeutet, die großen Player von unseren Nahrungsmitteln wegzubekommen, bevor sie die Lebensmittelwirtschaft zu Fall bringen, wie sie die Finanzwirtschaft zu Fall gebracht haben. Es bedeutet, die Landnahme zu stoppen und die Umwandlung von Nahrungsmitteln für die Armen in Treibstoff für die Autos der Reichen. Es bedeutet, sich daran zu erinnern, dass »alles Nahrung ist«. Wir sind, was wir essen, und auf biologischer Ebene ist Nahrungsgerechtigkeit ein ökologisches Gebot. Als biologische Wesen haben wir alle das gleiche

Recht auf die Ressourcen der Erde und auf ihr Potential, Nahrung für alle zu liefern. Saatgut-, Land- und Nahrungsraub verstoßen gegen die ethische und ökologische Grundbedeutung dessen, was es heißt, Mensch zu sein. Hunger ist unmoralisch, ungerecht und unhaltbar. Wir sind in der Lage, einen Übergang zu einem besseren Modell zu vollziehen, das ethisch, gerecht und nachhaltig ist.

Wie können wir diesen Übergang bewerkstelligen?

- Erstens sollten die Länder in ihren Haushalten der Unterstützung der ärmsten Verbraucher Vorrang einräumen, damit diese Zugang zu ausreichender Nahrung haben.

- Zweitens sollten die Länder ihrer einheimischen Nahrungsmittelproduktion Vorrang einräumen, um weniger abhängig vom Weltmarkt zu sein. Dies bedeutet eine verstärkte Investition in die bäuerliche Nahrungsmittelproduktion. Wir brauchen zwar eine intensivere Nahrungsmittelproduktion, aber intensiv im Einsatz von Arbeitskräften und in der nachhaltigen Nutzung der natürlichen Ressourcen. Es müssen verschiedene Produktionssysteme entwickelt werden, um lokale Lebensmittel zu integrieren, die seit Beginn der Grünen Revolution vernachlässigt wurden. Kleine Familienbetriebe können eine große Vielfalt an Nahrungsmitteln produzieren, die sowohl eine ausgewogene Ernährung als auch gewisse Überschüsse für die Märkte garantieren.

- Drittens müssen die Binnenmarktpreise auf einem vernünftigen Niveau für Landwirte und Verbraucher stabilisiert werden – für Landwirte, damit sie Preise erhalten können, die die Produktionskosten decken und ihnen ein angemessenes Einkommen sichern, und für Verbraucher, damit sie vor hohen Lebensmittelpreisen geschützt sind. Der Direktverkauf von Bauern und Kleinbauern an die Verbraucher muss gefördert werden.

- Viertens muss in jedem Land ein Interventionssystem eingeführt werden, das die Marktpreise stabilisieren kann. Um dies zu erreichen, sind Importkontrollen mit Steuern und Quoten notwendig, um Importe zu regulieren und Dumping oder Niedrigpreisimporte zu verhindern, die die einheimische Produktion untergraben. Zur

Stabilisierung der heimischen Märkte müssen nationale Puffer-
lager an staatlich verwalteten Nahrungsmitteln aufgebaut werden;
in Zeiten von Überschüssen kann Getreide vom Markt genommen
werden, um den Getreidevorrat aufzubauen, und im Falle von
Knappheit kann Getreide freigegeben werden.

Damit dies geschehen kann, muss das Land durch echte Agrar- und
Landreformen zu gleichen Teilen an die Landlosen und an die Bauernfamilien verteilt werden. Dazu sollte die Kontrolle über und der Zugang zu Wasser, Saatgut, Krediten und geeigneter Technologie gehören. Die Menschen sollten wieder in die Lage versetzt werden, ihre
eigenen Nahrungsmittel zu produzieren und ihre eigenen Gemeinschaften zu ernähren. Jegliche Landnahme, Landverdrängung und
Ausweitung der Landzuweisung für die von der Agrarindustrie ge-
führte Landwirtschaft muss gestoppt werden.

Zwei Jahrzehnte der Globalisierung haben uns eine Agrarkrise,
eine Nahrungsmittelkrise, eine Krankheitsepidemie, Lebensmittel-
verschwendung und eine Vertiefung der ökologischen Krise beschert.
Als Ernährungssystem hat die industrielle Globalisierung den Planeten und die Menschheit im Stich gelassen. Wir müssen jetzt einen
Übergang zu Systemen der Produktion und Verteilung von Nahrungsmitteln vollziehen, die sich auf lokale Wirtschaften und lokale
Ernährungssysteme ausrichten. Diese lokalisierten Systeme bringen
uns echte und lebendige Nahrung, die Teil des Lebensnetzes ist. Hier
werden Lebensmittel von echten Bauern produziert, die mit lebendigem Saatgut und lebendigem Boden arbeiten, und nicht von globalen
Konzernen. Wir müssen uns von den Regeln für die Landwirtschaft
lösen, die von globalen Konzernen geschrieben werden, und neue
Regeln schreiben: Regeln, die von den Menschen für die Menschen
geschrieben werden, durch eine echte Lebensmitteldemokratie.

8

Frauen ernähren die Welt, nicht Konzerne

Frauen, die in Gesellschaften auf der ganzen Welt die Haupterzeuger von Lebensmitteln und die Hauptversorger mit Nahrung sind, haben die Landwirtschaft entwickelt. Die meisten Bauern auf der Welt sind Frauen, und die meisten Mädchen sind künftige Bäuerinnen: Sie lernen die Fertigkeiten und Kenntnisse der Landwirtschaft auf den Feldern und auf den Farmen. Von Frauen regierte Ernährungssysteme beruhen auf den Prinzipien von Teilen und Fürsorge sowie auf Nachhaltigkeit und Wohlbefinden. Was auf den Bauernhöfen angebaut wird, bestimmt, wessen Existenz gesichert ist, was gegessen wird, wie viel gegessen wird und von wem es gegessen wird. Die Ernährung von Frauen ist vielfältig und nachhaltig, und wenn Frauen das Ernährungssystem kontrollieren, bekommt jeder seinen gerechten Anteil zu essen. Frauen sind die weltweiten Experten für biologische Vielfalt, Ernährungsexperten und Ökonomen, die wissen, wie man mit weniger mehr produzieren kann. Frauen leisten den wichtigsten Beitrag zur Ernährungssicherheit, indem sie mehr als die Hälfte der Welternährung produzieren und mehr als 80 Prozent des Nahrungsmittelbedarfs von Haushalten in Regionen mit unsicherer Ernährungslage decken.[1]

Aber die Globalisierung der Konzerne wird durch ein kapitalistisches Patriarchat vorangetrieben und hat die Lebensmittel verändert: Was sie enthalten, wie sie produziert und wie sie verteilt werden. Lebensmittel, die von Konzernen kontrolliert werden, sind keine Lebensmittel mehr; sie sind eine Ware, die für den Profit hergestellt

wird. Lebensmittel – oder das, was Konzerne Lebensmittel nennen –
können zugleich Biotreibstoff zum Autofahren, Futter für Fleisch-
fabriken und Nahrung für die Hungrigen sein. Heute kontrollieren
nur noch eine Handvoll Konzerne das globale Lebensmittelsystem,
und durch dieses Monopol sind echte *Lebens*mittel verdrängt und das
Wissen, die Arbeit, die Fähigkeiten und die Kreativität von Frauen
zugrunde gerichtet worden. Die Kontrolle über die gesamte Nahrungsmittelkette, vom Saatgut bis zum Tisch, verlagert sich von den
Händen der Frauen in die gierigen Hände der globalen Konzerne, die
heute die »globalen Patriarchen« sind.

Frauen verfügen über ein enormes Wissen über Saatgut, Biodiversität und Ernährung. Das Wissen der Frauen über Ernährung ist nicht
mechanistisch oder reduktionistisch, sondern tief in den Prinzipien
der Agrarökologie verwurzelt. Frauen arbeiten mehr als alle anderen
im Anbau und in der Verarbeitung von Nahrungsmitteln, und ihr
Wissen über die Landwirtschaft ist wesentlich höher entwickelt als
das der Industrie und der sogenannten »Experten«, die für die industrielle Landwirtschaft arbeiten. Ihre Art der Bereitstellung von Nahrung ist wegen der biologischen Vielfalt viel klüger und sinnreicher
als die »Wunder«, die die Biotechnologen mit der Gentechnik bieten.

Doch weder das Wissen der Frauen noch ihre Arbeit wird von den
Strukturen der patriarchalischen Wissenschaft und Wirtschaft berücksichtigt. Die patriarchalische Wissenschaft beruht auf der künst-
lichen Konstruktion einer fiktiven »Wertschöpfungsgrenze«. [Wert-
schöpfung im Sinne des BIP ist nur das, was in Geld gemessen
werden kann. *Anm. d. Übers.*] Diese »Wertschöpfungsgrenze« macht
die Kreativität und Intelligenz der Natur und der Frauen und ihr
Wissen unsichtbar. Die patriarchalische Ökonomie macht Frauen als
Bäuerinnen unsichtbar, indem sie eine ungerechte »Wertschöpfungsgrenze« zieht: Es gelten die Regeln des BIP und die offiziellen
»Arbeitsplätze«, und das bedeutet, dass man als Produzent nicht
»zählt«, wenn man selbst verbraucht, was man erzeugt. Die patriarchalische Ökonomie konstruiert eine Wertschöpfungsgrenze, die die
Arbeit von Frauen ausschließt, wenn sie »nur« dem Lebensunterhalt

dient und nicht der Profitmacherei auf Kosten von Mensch und Natur.

In der Landwirtschaft – wie auch in anderen Wissenschaften und Wirtschaftsbereichen – wurde der wissenschaftliche und wirtschaftliche Beitrag der Frauen gestrichen. Die Arbeit von Frauen in der Nahrungsmittel- und Landwirtschaft wurde unsichtbar gemacht, obwohl sie die Grundlage der Gesellschaft ist. Nachhaltige Ernährungssysteme, die von Frauen für den Erhalt ihrer Familien, Gemeinschaften, der biologischen Vielfalt und der Erde gestaltet werden, werden so in diesem patriarchalischen Produktivitätskalkül und im patriarchalischen Wissenschaftskalkül auf null reduziert.

Konzerne hingegen existieren nur, um Profit zu machen. Wenn sie die Arenen des Saatguts, der Nahrungsmittel und der Landwirtschaft betreten, zerstören sie die nährenden und nachhaltigen Qualitäten des Nahrungsmittelsystems und verwandeln alles in eine Ware, die um des Gewinns willen gehandelt wird. Das Wissen und die Arbeit der Frauen werden zunichte gemacht und damit auch die Gesundheit des Planeten und seiner Menschen.

* * *

Die industrielle Landwirtschaft ist in einem patriarchalischen wissenschaftlichen Paradigma verwurzelt, das Gewalt, Fragmentierung und mechanistisches Denken privilegiert. Dieses Paradigma, das in Kriegsideologien wurzelt, fördert Monokulturen des Geistes und Monokulturen auf unserem Land und leugnet das Wissen der Agrarökologie und der Vielfalt, welches das Wissen der Frauen ist. Die Umsetzung dieses gewalttätigen Paradigmas als der dominierende Fokus unseres Weltverständnisses begann mit den »Vätern der modernen Wissenschaft«: Bacon, Newton und Descartes. Wie wir in Kapitel 1 gesehen haben, leugnet die newtonsch-kartesische Vorstellung von der Natur als einer fragmentierten Welt die Vernetzung der Natur, und in der Folge von neuen Wissenschaften wie der Quantenphysik und der Epigenetik, haben sie sich als falsch erwiesen.

Nach Bacon üben die Disziplin der wissenschaftlichen Erkenntnis und die mechanischen Erfindungen, zu denen sie führt,»nicht nur eine sanfte Führung über den Lauf der Natur aus; sie haben die Macht, sie zu erobern und zu unterwerfen, sie in ihren Grundfesten zu erschüttern«.[2] In *The Masculine Birth of Time* versprach Bacon,»eine gesegnete Rasse von Helden und Übermenschen«[3] zu schaffen, die sowohl die Natur als auch die Gesellschaft beherrschen würde. Die geschlechtsspezifische Gewalt seiner Worte ist unverkennbar: Helden und Übermenschen werden die Natur beherrschen und sie bis in ihre Grundfesten erschüttern.

Die 1660 in London gegründete Royal Society gilt als maßgeblich an der wissenschaftlichen Revolution des 17. und 18. Jahrhunderts beteiligt. Die Gesellschaft wurde von Bacons Philosophie inspiriert und von ihren Organisatoren als ein männliches Projekt angesehen. Im Jahr 1664 verkündete ihr Sekretär, Henry Oldenburg, dass die Absicht der Gesellschaft darin bestehe,»eine männliche Philosophie zu schaffen, durch die der Geist des Mannes mit der Kenntnis solider Wahrheiten geadelt werden kann«.[4] Joseph Glanvill, ein weiterer Fellow der Royal Society, vertrat die Ansicht, dass das männliche Ziel der Wissenschaft darin bestehe,»die Wege zu kennen, wie man die Natur fesseln und sie dazu bringen kann, sich unseren Zielen zu unterwerfen, um dadurch das Empire des Menschen über die Natur zu errichten«.[5]

Der Wissenschaftler Robert Boyle, ein Mitbegründer der Royal Society und Gouverneur der New England Company, sah den Aufstieg der mechanischen Philosophie als ein Instrument der Macht: nicht nur über die Natur, sondern auch über die ursprünglichen Bewohner Amerikas. Er erklärte ausdrücklich seine Absicht, die Neuengland-Indianer von ihren»lächerlichen« Vorstellungen über die Funktionsweise der Natur zu befreien. Er griff ihre Wahrnehmung der Natur»als eine Art Göttin« an und argumentierte, dass »die Verehrung, mit der die Menschen für das, was sie Natur nennen, durchdrungen sind, ein entmutigendes Hindernis für das Imperium des Menschen über die minderen Geschöpfe Gottes gewesen ist.«[6]

Betrachtet man die Natur als tot, erlaubt das, einen Krieg gegen die Erde zu entfesseln. Denn wenn die Erde nur tote Materie ist, dann kann gar nichts getötet werden. Wie die feministische Historikerin Carolyn Merchant hervorhebt, war diese Verwandlung der Natur von einer lebendigen, nährenden Mutter in eine träge, tote und manipulierbare Materie hervorragend geeignet für den Ausbeutungsimperativ des wachsenden Kapitalismus. Das Bild der nährenden Erde wirkte als kulturelle Einschränkung für die Ausbeutung der Natur, und wie Merchant schreibt:»Man tötet nicht bereitwillig eine Mutter, wühlt nicht in ihren Eingeweiden oder verstümmelt ihren Körper.«[7] Aber die Bilder von Herrschaft und Beherrschung, die durch das baconsche Konzept und die maskuline Stoßrichtung der wissenschaftlichen Revolution geschaffen wurden, beseitigten alle Hemmungen und fungierten als gesellschaftliche Rechtfertigung für die Schändung der Natur.

Das weibliche Wissen von der Landwirtschaft hat sich über fünftausend Jahre entwickelt. Auch wenn die wissenschaftliche Revolution blind für dieses Wissen blieb, konnte sie die Grundlagen der Ernährung und der Landwirtschaft nicht zerstören. Aber jetzt, in weniger als zwei Jahrzehnten und mit dem Aufstieg der globalen Konzerne, der Gentechnik und der Patente, findet ein direkter Angriff auf das Wissen und die Produktion von Frauen statt.

Globale Konzerne haben die von der männlichen Wissenschaft gelegten Grundlagen genutzt, um das Wissen und die Produktivität von Frauen unsichtbar zu machen, indem sie die Dimension der Vielfalt in der landwirtschaftlichen Produktion ignorierten. Wie ein FAO-Bericht mit dem Titel »Women Feed the World« erwähnt,[8] nutzen Frauen eine größere Vielfalt von Pflanzen – sowohl kultivierte als auch unkultivierte – als die Agrarwissenschaft kennt. In nigerianischen Hausgärten pflanzen Frauen 18 bis 57 Pflanzenarten in einem einzigen Hausgarten. In Subsahara-Afrika kultivieren Frauen auf den Flächen, die neben den von Männern mit Nutzpflanzen bewirtschafteten Flächen verbleiben, bis zu 120 verschiedene Pflanzenarten. In

Guatemala gedeihen in Hausgärten von weniger als zehn Ar (100 m^2) Land mehr als zehn Baum- und Pflanzenarten.

In einem einzigen afrikanischen Hausgarten wurden mehr als 60 Arten nahrungsmittelproduzierender Bäume gezählt. In der indischen Landwirtschaft nutzen Frauen 150 verschiedene Pflanzenarten für Gemüse, Futter und Gesundheitsvorsorge. In Westbengalen haben 124 »Unkraut«-Arten, die von Reisfeldern gesammelt werden, nachweislich eine wirtschaftliche und ernährungsphysiologische Bedeutung für die Bauern. In Veracruz, Mexiko, nutzen die Bauern etwa 435 wilde Pflanzen- und Tierarten, von denen 229 gegessen werden. Frauen sind die Biodiversitätsexpertinnen der Welt.[9] Leider wird Mädchen unter dem doppelten Druck der Unsichtbarkeit und der Dominanz der industriellen Landwirtschaft ihr Potential als Nahrungsmittelproduzentinnen und als Biodiversitätsexpertinnen vorenthalten.

Während Frauen Vielfalt managen und produzieren, fördert das vorherrschende Paradigma der Landwirtschaft Monokulturen unter dem falschen Dogma, dass Monokulturen mehr produzieren. Aber Monokulturen produzieren nicht mehr; sie konzentrieren lediglich Kontrolle und Macht in den Händen einiger weniger Konzerne. Die systemische Erosion des landwirtschaftlichen Wissens der Frauen hat die Position der Frauen als Expertinnen in der Landwirtschaft geschwächt, und da ihr Fachwissen über eine Landwirtschaft, die nach den Methoden der Natur arbeitet, mit Regeneration zusammenhängt, ging die Zerstörung dieses Wissens mit der ökologischen Zerstörung der Naturprozesse und der Zerstörung der Lebensgrundlagen und des Lebens der Menschen einher.

* * *

Die patriarchalische Ökonomie konstruiert eine imaginäre Grenze, die jene Produktion ausklammert, die in der Wirtschaftsleistung der Natur und in der Selbstversorgung der Menschen stattfindet. Allein die Ausbeutung von Ressourcen und Menschen wird dann als

Produktion und Wachstum erfasst. Das BIP basiert auf einer falschen Annahme: Wenn man konsumiert, was man produziert, produziert man nicht. Die Arbeit von Frauen in der Ernährungswirtschaft wird so auf null reduziert, obwohl es ihre Arbeit ist, die die Menschen ernährt.

Diese patriarchalische Ökonomie hat die Arbeit von Frauen als Nahrungsmittellieferantinnen unsichtbar gemacht, weil Frauen für Haushalte und nicht für Unternehmen sorgen, und auch, weil Frauen vielfältige Aufgaben erfüllen, die unterschiedliche Fähigkeiten erfordern. Frauen sind als Bäuerinnen trotz ihres Beitrags zur Landwirtschaft unsichtbar geblieben, weil ein patriarchalisches Wirtschaftssystem die Produktion von Frauen nicht als »Arbeit« zählt, da diese außerhalb des Rahmens der definierten Wertschöpfung liegt. Die Probleme bei der Erhebung von Daten über die landwirtschaftliche Arbeit entstehen nicht, weil zu wenige Frauen arbeiten, sondern weil zu viele Frauen zu viele verschiedene Arten von Arbeit verrichten. Es besteht eine konzeptionelle Unfähigkeit von Statistikern und Forschern, die Arbeit von Frauen sowohl innerhalb als auch außerhalb des Hauses zu definieren, und die Landwirtschaft ist gewöhnlich Teil von beidem. Dieser Mangel an Anerkennung dessen, was Arbeit ist und was nicht, wird sowohl durch das hohe Arbeitspensum, das Frauen leisten, als auch durch die Tatsache, dass sie viele Arbeiten gleichzeitig verrichten, noch verschlimmert. Es hängt auch damit zusammen, dass Frauen zwar arbeiten, um ihre Familien und Gemeinschaften zu ernähren, aber der größte Teil ihrer Arbeit nicht in Löhnen gemessen wird. [Und so findet es im BIP eben keinen Niederschlag. *Anm. d. Übers.*] Wie alle Bauern, haben Frauen keine »Arbeit«; sie haben einen Lebensunterhalt.

Löhne werden in Form von Geld ausgezahlt, aber Geld bedeutet heute nicht mehr nur eine Bezahlung oder ein Zahlungsmittel. Die Konzerne haben den Begriff des Geldes neu definiert und ihn in »Kapital« verwandelt. In diesem Prozess wurde die Kreativität der Arbeit von Frauen getilgt. Die lateinische Wurzel des Wortes »Kapital« ist *caput*, was »Kopf« bedeutet. Geld, das Mittel, mit dem wirkliche Menschen wirklichen Wohlstand hervorbringen, wird so dargestellt, als würden Konzerne das Geld hervorbringen. Die ausbeuterischen Konzerne verfälschen dann die Bedeutung von »Kapital«, um sich selbst zum »Kopf« zu machen: um über die Natur und die Menschen zu herrschen und sie auszubeuten. Heute wird, mit der Dominanz der Globalisierung und der transnationalen Konzerne, der gesamte Wirtschaftsdiskurs auf »ausländische Investitionen« reduziert, und wie »Kapital« ist »Investition« ein Konstrukt, hinter dem sich die 1 Prozent verbergen, um die anderen 99 Prozent ihrer Ressourcen und Möglichkeiten zu berauben.

In *Integrale Ökonomie* haben Ronnie Lessem und Alexander Schieffer dies reflektiert:

Hätten die Väter der kapitalistischen Theorie eine Mutter statt eines einzelnen bürgerlichen Mannes als kleinste wirtschaftliche Einheit für ihre theoretischen Konstruktionen gewählt, wären sie nicht in der Lage gewesen, das Axiom der egoistischen Natur des Menschen so zu formulieren, wie sie es taten.[10]

Heute ändert sich, wer oder was als Mensch zählt. Ausgehend von der Idee des bürgerlichen Mannes als dem normativen »Menschen«, konstruierte die patriarchale Ökonomie das »Unternehmen« als patriarchale Person. Saatgut, Nahrungsmittel und Landwirtschaft, die die Wissens- und Produktionsbereiche der Frauen sind, werden in der herrschenden Wirtschaft einerseits ignoriert und andererseits als Quelle von Megaprofiten für Konzerne betrachtet.

Die ersten Aktiengesellschaften, wie die britische Ostindien-Kompanie, wurden während der Kolonialherrschaft als »Gesellschaften mit beschränkter Haftung« gegründet, wobei Vereinigungen reicher europäischer Männer Unternehmen gründeten, um Gewinne zu privatisieren und Verluste zu sozialisieren. Im Laufe der Zeit begann man, vor allem in den Vereinigten Staaten, Unternehmen wie natürliche Personen und nicht mehr als künstliche Rechtskonstrukte zu behandeln. Tatsächlich wurde der 14. Verfassungszusatz, der ursprünglich der US-Verfassung hinzugefügt wurde, um die Rechte freigelassener Sklaven zu schützen, so uminterpretiert, dass er auch Unternehmen einschloss.[11]

Mit den Rechten einer natürlichen Person ausgestattet, konnten Unternehmen nun damit beginnen, die Rechte realer Menschen zu untergraben. Sie konnten demokratisch institutionalisierte Gesetze zum Schutz der Bürger blockieren, indem sie behaupteten, dass diese ihre Freiheiten aus dem 14. Verfassungszusatz beeinträchtigen würden. Heute behaupten Konzerne, dass ihre wirtschaftliche Macht, Wahlen zu beeinflussen, Saatgut zu kontrollieren und unser Ernährungssystem zu beherrschen, ein Teil ihrer »Meinungsfreiheit« sei. Im Mai 2014 verabschiedete der Bundesstaat Vermont das erste GVO-Kennzeichnungsgesetz in den Vereinigten Staaten. Als Reaktion darauf erklärte Monsanto zusammen mit der größten Junkfood-Lobby des Landes – der Grocery Manufacturers Association (GMA) –, dass dies »der Meinungsfreiheit neue Einschränkungen auferlege«.[12] Auf diese Weise wurde das Recht, Informationen über Gifte zu verheimlichen, von Monsanto als das Recht auf freie Meinungsäußerung dargestellt. Heute gibt es in 60 Ländern auf der ganzen Welt verbindliche Gesetze zur Kennzeichnung von GVO, aber mehrere Bemühungen in anderen US-Bundesstaaten, diese Gesetze zu verabschieden, wurden von der Industrie blockiert. In Kalifornien und Washington haben Monsanto und die GMA fast 100 Millionen Dollar ausgegeben, um die Abstimmung über die Kennzeichnung zu verhindern.

Wenn künstliche Gebilde wie Unternehmen wie natürliche Personen behandelt werden, werden ihre Rechte absolut, und sie können die Rechte aller Arten, aller Menschen und aller Frauen untergraben. Ein Konzern hat keine eigene Individualität, aber er kann sich jetzt den kollektiven Reichtum der Menschen an Saatgut und Saatgutwissen aneignen, den Frauen über Jahrtausende durch geistige Eigentumsrechte bewahrt haben. Ein Konzern produziert nichts, aber durch die Regeln des Freihandels kann er sich jetzt alle von Bauern produzierten Nahrungsmittel der Welt aneignen und sie in eine Ware verwandeln. Ein Konzern kann nicht wählen, aber er kann durch Finanzierungen Wahlen beeinflussen. Begrenzungen der Finanzierung von Wahlen wurden vom Obersten Gerichtshof der USA als Eingriffe in die »freie Meinungsäußerung« eines Unternehmens interpretiert.[13]

Die Kontrolle der Konzerne über das Ernährungssystem führt nicht nur zur Marginalisierung des Wissens und der Produktionsleistung von Frauen, sondern untergräbt auch das Potential unserer Spezies, sich selbst zu ernähren. Fünf Gen- und fünf Nahrungsmittelgiganten haben Milliarden von weiblichen Produzenten und Verarbeitern ersetzt, was zu einer weltweiten Ernährungsunsicherheit geführt hat. Mehr als einer Milliarde Menschen wird der Zugang zu Nahrungsmitteln verwehrt, und weitere zwei Milliarden sind aufgrund von industriell verarbeitetem Junkfood von Fettleibigkeit und den damit verbundenen Krankheiten betroffen. Unter denjenigen, die unter diesen beiden Arten der Fehlernährung leiden, sind Frauen und Mädchen die am schlimmsten Betroffenen. Also sind die Hälfte der hungernden Weltbevölkerung Nahrungsmittelerzeuger, und die meisten von ihnen sind Frauen.

Ein wissenschaftliches und wirtschaftliches Modell, das auf der Gewalt gegen die Erde beruht, steht in direktem Zusammenhang mit der realen Gewalt gegen Frauen. Als ich mich mit der Grünen Revolution im Punjab beschäftigte, sah ich die ersten Angebote für geschlechtsselektive Abtreibung, von Hand an die Wände gemalt. Ein Modell der Landwirtschaft, das Frauen von ihrer produktiven Arbeit in der Landwirtschaft verdrängt hatte, indem es sie durch Chemikalien und Maschinen ersetzte, machte sie nun zu einem Wegwerfgeschlecht. Auf der Grundlage des sich weltweit verschiebenden Geschlechterverhältnisses (eine Zahl, die die Zahl der Frauen pro tausend Männer misst) hat der Wirtschaftswissenschaftler Amartya Sen festgestellt, dass mehr als hundert Millionen Frauen fehlen.[14] Da ein männliches Produktionsmodell den Platz der Frauen auf der Welt systematisch entwertet, werden die Frauen selbst entwertet, vertrieben und zum Verschwinden gebracht. Die weltweit zunehmende Häufigkeit und Brutalität von Vergewaltigungen hängt auch mit einer gewalttätigen Wirtschaft zusammen, die jedes Wesen in eine

Ware verwandelt, auch und gerade Frauen. Und während Millionen entwurzelt und vertrieben werden, vergewaltigen brutalisierte Männer Frauen.

* * *

Saatgut ist das erste Glied in der Nahrungskette. Seit fünftausend Jahren produzieren die Bauern ihr eigenes Saatgut, wählen es aus, lagern es, säen es wieder aus und lassen der Natur ihren Lauf in der Nahrungskette. Weibliche Prinzipien haben die Erhaltung des Saatguts bestimmt, und durch die Erhaltung des Saatguts bewahren Frauen die genetische Vielfalt und die Selbsterneuerungsfähigkeit von Nahrungspflanzen. Dieses nachhaltige Wissen und diese nachhaltige landwirtschaftliche Praxis, die die Grundlage für das neu entstehende Paradigma der Agrarökologie bilden, wurden durch die Grüne Revolution gebrochen. Im Zentrum der Grünen Revolution standen neue Sorten von »Wunder«-Saatgut, die das Wesen der Nahrungsmittelproduktion völlig verändert haben. Das »Wunder«-Saatgut, für das Borlaug den Nobelpreis erhielt und das sich in der Dritten Welt rasch verbreitete, säte auch die Saat für eine neue Art der Kommerzialisierung der Landwirtschaft. Borlaug leitete eine Ära der Kontrolle der Nahrungsmittelproduktion durch die Konzerne ein, indem er eine Technologie schuf, durch die multinationale Konzerne die Kontrolle über das Saatgut und damit über das gesamte Nahrungsmittelsystem gewannen. Die Grüne Revolution kommerzialisierte und privatisierte Saatgut und entzog den Bäuerinnen im Globalen Süden die Kontrolle über pflanzengenetische Ressourcen. Diese Kontrolle wurde wiederum männlichen Technokraten in den von der Weltbank betriebenen internationalen Forschungszentren übertragen – wie CIMMYT und IRRI – und an multinationale Konzerne.

Frauen haben jahrhundertelang als Hüterinnen des genetischen Erbes fungiert. In einer Studie über Landfrauen in Nepal wurde festgestellt, dass die Saatgutauswahl in erster Linie in der Verantwortung von Frauen liegt. In 60,4 Prozent der Fälle in der Studie entschieden Frauen allein, welche Art von Saatgut verwendet werden sollte, während Männer nur in 20,7 Prozent der Fälle entschieden. In den Fällen, in denen Familien ihr eigenes Saatgut verwenden, wird die Entscheidung in 81,2 Prozent der Fälle von Frauen allein getroffen.[15] Frauen haben die genetische Basis der Nahrungsmittelproduktion über Tausende von Jahren sorgfältig gepflegt. Doch nun definiert eine männliche Sichtweise auf das Saatgut diesen gemeinsamen Reichtum als »zurückgeblieben« und sieht seine eigenen neuen Produkte als »fortschrittliche« Sorten.

Die Grüne Revolution war eine Strategie, die darauf abzielte, das weibliche Prinzip auszumerzen, indem die sich selbst reproduzierenden Merkmale und die genetische Vielfalt des Saatguts zerstört wurden. Der Tod des weiblichen Prinzips in der Pflanzenzüchtung war der Beginn, dass Saatgut zu einer Quelle des Profits und der Kontrolle wurde. Aber das hybride »Wunder«-Saatgut ist bloß ein kommerzielles »Wunder«, weil die Bauern jedes Jahr neue Vorräte davon kaufen müssen; sie vermehren sich nicht. Hybriden produzieren kein Saatgut, das dasselbe Ergebnis erzielt, weil Hybriden ihre Kraft nicht an die nächste Generation weitergeben. Mit der Hybridisierung ist das Saatgut nicht länger eine Quelle pflanzlichen Lebens, das Nahrung und Nährstoffe produziert, sondern eine Quelle privaten Profits.

Das Saatgut der Grünen Revolution hat die Nahrungsmittelproduktion aus der Sicht der Natur, der Frauen und der armen Bauern nicht erhöht. Diese Sorten waren nur den Konzernen nützlich, die neue Wege des Profits im Saatgut- und Düngemittelverkauf suchten. Die internationalen Agenturen, die die Forschung an dem neuen Saatgut finanzierten, stellten auch das Geld für ihren Vertrieb zur Verfügung. Die unmögliche Aufgabe, eine neue Sorte an Millionen von Kleinbauern zu verkaufen, die sich den Kauf dieses Saatguts gar nicht leisten konnten, wurde von der Weltbank, dem Entwicklungsprogramm der Vereinten Nationen, der FAO und einer Reihe bilateraler Hilfsprogramme gelöst, die dem Vertrieb von HYV-Saatgut hohe Priorität einzuräumen begannen. Die Grüne Revolution hat Monokulturen von chemieintensivem Reis und Weizen sowohl durch Hybridsaatgut als auch durch GVO verbreitet und damit die Artenvielfalt, also unsere Nahrung verdrängt: von unseren Bauernhöfen und von unserem Speiseplan.

Diejenigen Nutzpflanzen, die diesen chemischen Angriff überlebten, wie zum Beispiel halbwilde Nutzpflanzen wie Gemüse-Amarant und Weiß-Gänsefuß – die reich an Eisen sind – wurden dann mit Giften und Herbiziden besprüht. Anstatt als eisen- und vitaminreiche Gaben der Natur betrachtet zu werden, wurden diese Pflanzen als »Unkraut« behandelt. Ein Vertreter von Monsanto sagte einmal, dass gentechnisch veränderte Nutzpflanzen, die gegen das firmeneigene Herbizid Roundup resistent seien, die Unkräuter abtöten würden, die »das Sonnenlicht stehlen«. Und in Monsantos Anzeigen für Roundup in Indien heißt es an Frauen gerichtet: »Befreien Sie sich, verwenden Sie Roundup.« Aber GVO sind weder ein Rezept für die Befreiung der Frau noch für die Befreiung von Lebensmitteln, sondern für Unterernährung.

Anstatt die Artenvielfalt zu erhöhen und dem Gesetz der Rückführung zu folgen, um dem Boden Nährstoffe zurückzugeben, damit die Nahrung selbst viele Nährstoffe enthält, und anstatt eine Ernährungsdemokratie aufzubauen, um sicherzustellen, dass jeder in der Gesellschaft Zugang zu gesunden, sicheren und nahrhaften Lebensmitteln hat, macht das kapitalistische Patriarchat die Unterernährungskrise, die es durch Monokulturen des Geistes und mechanistische Wissenschaft geschaffen hat, zu seiner nächsten Marktchance.

Nachdem Bt- und HT-Kulturen bei der Ertragssteigerung, der Verringerung des Chemikalieneinsatzes oder der Unkraut- und Schädlingsbekämpfung gescheitert sind, ist die Biofortifikation durch Gentechnik zum nächsten großen Vorstoß der globalen Agrarindustrie geworden. Zwei solcher Initiativen in Indien waren die Einführung von Goldenem Reis zur Beseitigung von Vitamin-A-Mangel und um angeblich Blindheit zu heilen sowie von eisenangereicherten GVO-Bananen, um zu verhindern, dass indische Frauen bei der Geburt an Eisenmangelanämie sterben. Aber in Wirklichkeit ist der Goldene Reis weit weniger effizient als die verfügbaren Alternativen, und

die Befürworter des Goldenen Reises geben selbst zu, dass er nur
sehr wenig Vitamin A enthält.[16] Biodiversität und ökologische Landwirtschaft bieten uns Reissorten, die bis zu sechs Mal mehr Vitamin
A haben als Goldener Reis. Einige dieser Alternativen, die in der
indischen Küche häufig verwendet werden, sind Amarantblätter,
die 14.190 µg Vitamin A pro 100 g enthalten, Drumstick-Blätter mit
19.690 µg, Spinat mit 5.580 µg und Karotten mit 6.460 µg Vitamin A
pro 100 g. Im Gegensatz dazu finden sich nur 3.500 µg Vitamin A
pro 100 g Goldener Reis. Das Wissen um diese Alternativen lag seit
jeher in den Händen, auf dem Acker und unter der Kontrolle von
Frauen. Heute werden dieses Wissen und diese Praxis durch eine
Biofortifikation verdrängt, die die Verfügbarkeit von Vitamin A in
Wirklichkeit *verringert*, aber immer größer werdenden Konzernen
Profite ermöglicht.[17]

An Eisen reiche Bananen sind ebenso ein Mythos. Derselbe Wissenschaftler – James Dale von der Queensland University of Technology,
Australien –, der in Uganda Humanstudien mit Vitamin-A-reichen
Bananen beginnt, behauptet, den Tod von Müttern nach der Geburt
verhindern zu können, indem Bananen mit Eisen angereichert werden, um Eisenmangelanämie vorzubeugen. Nach einem Jahrzehnt
der Forschung und Entwicklung wird die eisenreiche GVO-Banane

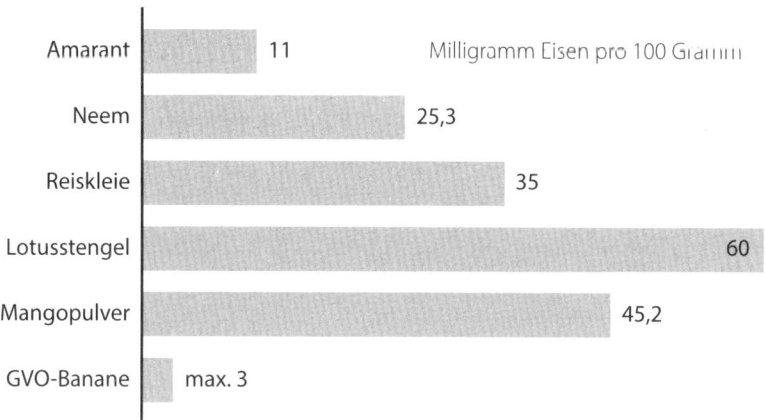

Abb. 10: Eisengehalt verschiedener Nahrungsmittel

zwei bis drei Milligramm Eisen in 100 Gramm Nahrung liefern. Dies
ist weit unter dem, was das Wissen der Frauen bietet. Zum Beispiel
hat Amarant 11 Milligramm Eisen pro 100 Gramm, Neem 25,3 Milligramm, Reiskleie 35 Milligramm, Lotusstengel 60 Milligramm und
Mangopulver 45,2 Milligramm Eisen pro 100 Gramm. Dies sind nur
einige von unzähligen einheimischen Eisenquellen, die in der indischen Ernährung vorkommen. Da die Eisenaufnahme mit Vitamin
C zunimmt, hat das Wissen der Frauen dafür gesorgt, dass Vitamin-
C-reiche Chutneys Teil ihrer Ernährung waren. Dieses Wissen wird
missachtet und ausgelöscht.[18]

Die Lösung für die Mangelernährung liegt in besserer Ernährung, und bessere Ernährung heißt Zunahme der Artenvielfalt. Es
bedeutet, das Wissen über biologische Vielfalt und Ernährung von
Millionen indischer Frauen anzuerkennen, die es seit Generationen
als das Wissen ihrer Großmütter bewahrt haben. Aber es gibt einen
Wertschöpfungsmythos, der blind ist für die Kreativität und die biologische Vielfalt der Natur sowie für die Kreativität, die Intelligenz
und das Wissen der Frauen. Nach diesem Wertschöpfungsmythos
der patriarchalischen Wissenschaft sind reiche und mächtige Männer die »Schöpfer«. Sie können über Patente und geistiges Eigentum
das Leben besitzen. Sie können an der komplexen, über Jahrtausende
gewachsene Evolution der Natur herumbasteln und behaupten, dass
ihre trivialen, aber zerstörerischen Akte der Genmanipulation Leben
»erschaffen«, Lebensmittel »erschaffen« und Nahrung »erschaffen«.

GVO für Biofortifikation sind Teil eines patriarchalischen Pro-
jekts, welches das überlegene Wissen der Frauen über biologische
Vielfalt und Ernährung unsichtbar macht und verdrängt. Im Fall der
GV-Bananen ist es *ein* reicher Mann – Bill Gates – der *einen* australi-
schen Wissenschaftler finanziert – Dale –, der *eine* Kulturpflanze – die
Banane – kennt, der dann Millionen von Menschen in Indien und
Uganda, die Hunderte von Bananensorten (und Tausende anderer
Feldfrüchte) angebaut haben, ineffiziente und gefährliche GV-Bana-
nen aufdrängt.

Die Antwort auf Unterernährung findet sich nicht in Monokulturen und einer männlichen Dominanz der Konzerne über unser Saatgut und unsere Nahrung. Sie liegt in der biologischen Vielfalt auf unseren Bauernhöfen und in unseren Gärten und in der kulturellen Vielfalt unserer Ernährungssysteme: Sie liegt in den Händen und in den Köpfen der Frauen.

* * *

Von Frauen geprägte Agrarsysteme weisen eine Reihe von Schlüsselmerkmalen auf: Die Landwirtschaft wird in kleinem Maßstab betrieben, die natürlichen Ressourcen werden bewahrt und erneuert, und es besteht eine geringe oder keine Abhängigkeit von fossilen Brennstoffen und Chemikalien.

Die für die Produktion benötigten Inputs, wie zum Beispiel Düngemittel, werden auf der Farm aus Kompost, Gründüngung oder stickstoffbindenden Pflanzen hergestellt. Vielfalt und Integration sind Schlüsselmerkmale, und Ernährung ist der Schlüsselaspekt. Frauen, die kleine Farmen betreiben, maximieren die Ernährung pro Hektar und die Gesundheit pro Hektar, während sie gleichzeitig die Ressourcen schonen.

Bei Lebensmitteln, die zum Verzehr angebaut werden, werden die meisten Lebensmittel im Haushalt oder auf lokaler Ebene verbraucht, einige werden lokal vermarktet, und nur ein Teil geht an entfernte Orte. Eine auf Frauen ausgerichtete Landwirtschaft ist die Grundlage der Ernährungssicherheit für ländliche Gemeinschaften. Wenn der Haushalt und die Gemeinschaft ernährungssicher sind, sind auch die weiblichen Kinder ernährungssicher. Wenn der Haushalt und die Gemeinschaft ernährungsunsicher sind, sind es die weiblichen Kinder, die aufgrund der Geschlechterdiskriminierung den höchsten Preis in Bezug auf die Unterernährung zahlen.

Bäuerinnen im Globalen Süden sind überwiegend Kleinbäuerinnen. Die Partnerschaft zwischen Frauen und Biodiversität hat die Welt im Laufe der Geschichte ernährt und wird auch in Zukunft die

Welt ernähren. Es ist diese Partnerschaft, die erhalten und gefördert werden muss, um die Ernährungssicherheit zu gewährleisten.

Eine Landwirtschaft, die auf Vielfalt, Dezentralisierung und der Verbesserung der kleinbäuerlichen Produktivität durch ökologische Methoden basiert, ist eine frauenzentrierte, naturfreundliche Landwirtschaft. In dieser an Frauen ausgerichteten Landwirtschaft wird Wissen geteilt, andere Arten und Pflanzen sind Verwandte, nicht »Eigentum«, und Nachhaltigkeit beruht auf der Erneuerung der Fruchtbarkeit der Erde. Die Landwirtschaft und das Wissen von Frauen sind eng mit dem aufkommenden wissenschaftlichen Paradigma der Agrarökologie verbunden, wo es keinen Platz für Monokulturen gentechnisch veränderter Nutzpflanzen oder eine rücksichtslose Wirtschaft gibt, die eher auf Zerstörung als auf Bewahrung abzielt.

Die Zukunft der Ernährung muss durch Frauen zurückerobert, von Frauen gestaltet und von Frauen demokratisch kontrolliert werden. Nur wenn Nahrung in den Händen von Frauen ist, werden sowohl Nahrung als auch Frauen sicher sein.

1996 initiierten Maria Mies und ich den Leipziger Appell für Ernährungssicherheit in Frauenhänden. Frauen auf der ganzen Welt widersetzen sich der Kontrolle der Konzerne über die Ernährungssysteme und schaffen Alternativen, um die Ernährungssicherheit für ihre Gemeinschaften zu gewährleisten. Einige davon sind:

• Lokalisierung und Regionalisierung statt Globalisierung
• Gewaltlosigkeit statt aggressiver Herrschaft
• Gleichheit und Gegenseitigkeit statt Konkurrenz
• Respekt für die Integrität der Natur und ihrer Arten
• Den Menschen als Teil der Natur verstehen, statt als Herren über die Natur
• Schutz der Biodiversität in Produktion und Konsum

Hier einige Auszüge aus dem Text des Aufrufs:

Seit Tausenden von Jahren haben Frauen ihre eigenen Nahrungsmittel produziert und die Ernährungssicherheit für ihre Kinder
und Gemeinschaften garantiert. Auch heute noch werden 80 Prozent der Arbeit in der lokalen Nahrungsmittelproduktion in Afrika
von Frauen geleistet, in Asien [sind es] 50 bis 60 Prozent und in
Lateinamerika [sind es] 30 bis 40 Prozent.

Unsere Ernährungssicherheit ist ein zu lebenswichtiges Thema,
als dass man es in den Händen einiger weniger transnationaler
Konzerne mit ihren Profitmotiven oder nationalen Regierungen,
die zunehmend die Kontrolle über Entscheidungen zur Ernährungssicherheit verlieren, oder einigen wenigen, meist männlichen
nationalen Delegierten bei UN-Konferenzen überlassen sollte, die
Entscheidungen treffen, die unser ganzes Leben betreffen.

Ernährungssicherheit muss überall in den Händen von Frauen
bleiben! Und Männer müssen sich die notwendige Arbeit teilen,
sei sie bezahlt oder unbezahlt. Wir haben ein Recht darauf zu wissen, was wir essen ... Wir werden uns denen widersetzen, die uns
zwingen, auf eine Weise zu produzieren und zu konsumieren, die
die Natur und uns selbst zerstört.[19]

9

Der Weg in die Zukunft

Wir stehen an einem Scheideweg im Hinblick auf die untrennbar zusammenhängende Zukunft von Ernährung, Menschheit und Planet.

Wenn wir den Weg der industriellen Landwirtschaft, der GVO, der giftigen Chemikalien und der Kontrolle durch Konzerne weitergehen, wird sich jeder Gewinn daraus als Illusion erweisen: die Illusion von mehr Nahrung durch die Umwandlung von Ackerland in Monokulturen für die Warenproduktion; die Illusion von Wohlstand durch mehr Geld. Denn das meiste Geld wird von den Bauern wegfließen, da ihr Saatgut, ihr Land und ihr Wasser zu Waren werden und ihre Abhängigkeit von kostspieligen Inputs sich vertieft und ihre Abhängigkeit von gekauften Nahrungsmitteln wächst.

Kurzfristig werden mehr Kleinbauern, die die Welt wirklich ernähren, vertrieben werden, mehr Menschen werden hungern und an Krankheiten leiden, die mit schlechter Ernährung zusammenhängen, die Verschärfung der ökologischen Krise wird unsere Existenz bedrohen, und die Erosion der Ernährungsdemokratie wird zur Entstehung einer Nahrungsdiktatur führen.

Auf lange Sicht werden wir die Bedingungen für unser Aussterben als Spezies schaffen.

Wie ich bereits früher geschrieben habe, stammen einerseits nur 30 Prozent der von den Menschen verzehrten Lebensmittel aus industriellen Großbetrieben; 70 Prozent stammen aus kleinen, biologisch vielfältigen Betrieben. Andererseits werden 75 Prozent der ökologischen Zerstörung unseres Bodens, unseres Wassers und unserer biologischen Vielfalt durch industrielle Anbaumethoden verursacht, und 40 Prozent der Klimaverwüstung, die wir heute erleben, sind auf die industrielle globalisierte Landwirtschaft zurückzuführen. Die ökologische Auflösung ist ein nichtlineares Phänomen, das sich in einer exponentiellen Kurve schnellen Wandels vollzieht. Selbst wenn man davon ausgeht, dass sie linear verläuft, wird die industrielle Landwirtschaft bis zu dem Zeitpunkt, an dem sie 40 Prozent unserer Nahrungsmittelversorgung bereitstellen kann, 100 Prozent unserer ökologischen Lebensgrundlage zerstört haben. Dies ist ein Rezept für unser Aussterben, nicht für die Ernährung der Welt.

Aussterben muss nicht unser Schicksal sein.

Das Modell einer auf Vielfalt, Demokratie und Dezentralisierung beruhenden Landwirtschaft, die bereits 70 Prozent der Nahrungsmitteln bereitstellt, die die Menschen ernähren, kann auf 100 Prozent gesteigert werden. Durch diesen Prozess können wir den Planeten heilen und regenerieren, den Bauern und dem ländlichen Raum Wohlstand bringen, agrarisches Elend und Vertreibung beenden, die die Gesundheit, die Ernährung und das Wohlbefinden der Menschen verbessern, die Möglichkeiten, den Lebensunterhalt zu sichern, erhöhen und gerechtere, robustere und widerstandsfähigere Volkswirtschaften schaffen.

Wie kommen wir also von hier nach dort?

Ein nicht nachhaltiges, ungesundes, ungerechtes und undemokratisches Ernährungssystem ist nach dem Gesetz der Ausbeutung durch Chemiekonzerne, deren Ursprünge im Krieg liegen, entworfen worden. Aber ein ökologisch nachhaltiges, gesundes, sozial gerechtes, ehrliches und demokratisches Ernährungssystem, das mit dem Gesetz des Ausgleichs in Einklang steht, wird von den Menschen überall befürwortet und kann geschaffen werden. Die Besonderheiten sind je nach Kontext unterschiedlich, aber die Prinzipien des Übergangs und des sich abzeichnenden neuen Modells sind überall gleich.

Es sind diese gemeinsamen Übergangsprinzipien, die der Schlüssel sind, um ein ökologisches und demokratisches Ernährungssystem für alle Menschen auf dem Planeten zu 100 Prozent Wirklichkeit werden zu lassen. Dafür brauchen wir einen Fahrplan für den Übergang von einem von Unternehmen gelenkten und kontrollierten industrialisierten und globalisierten Paradigma zu einem auf die Erde und die Menschen ausgerichtetem Paradigma von Agrarökologie und Ernährungsdemokratie. Hier werde ich diesen Übergangsprozess in neun Schritten aufzeigen.

Der erste Übergang ist der von der Fiktion zur Realität.
Wir müssen von der Fiktion der Konzerne als Personen zur Wirklichkeit realer Menschen gelangen, die echte Lebensmittel anbauen, verarbeiten, kochen und essen. Von Kleinbauern und Kleinbäuerinnen über Gärtner und Gärtnerinnen bis hin zu Müttern und Kindern sind dies reale Menschen mit einem realen Körper und einem realen Geist, die zusammen mit der Natur erschaffen und erzeugen können. Es sind auch wirkliche Menschen, die hungern, wenn sie keinen Zugang zu Nahrung haben, und die an Krankheiten wie Fettleibigkeit, Diabetes, Bluthochdruck, Herz-Kreislauf-Erkrankungen und Krebs leiden, wenn die Nahrung, die sie essen, giftig und Junkfood ist.

Echte Menschen schaffen echte Ernährungssysteme, die die Erde schützen und den Menschen dienen. Allen Widrigkeiten zum Trotz arbeiten Menschen an neuen Ernährungssystemen, die die treibende Kraft hinter diesem Übergang sind. Landwirtschaft und Gartenbau werden zur neuen Revolution. Während der Aufstieg der industriellen Landwirtschaft auf der Vertreibung der Menschen vom Land beruhte, beruht die Entstehung des neuen Landwirtschaftsparadigmas auf der Rückkehr zum Land, zur Erde und zum Boden: in Städten und Schulen, auf Terrassen und Mauern. Es gibt keinen Menschen, der keine Nahrungsmittel anbauen kann, und ein Teil des vollwertigen Menschseins besteht darin, sich wieder mit der Erde und ihren Gemeinschaften zu verbinden.

Der zweite Übergang ist der von einer mechanistischen, reduktionistischen Wissenschaft zu einer agroökologischen Wissenschaft, die auf Beziehungen und Verbundenheit beruht.

Es ist die Erkenntnis, dass Boden, Saatgut, Wasser, Bauern und unser Körper intelligente Wesen sind, keine tote Materie oder Maschinen. Ein Wissen, das auf der Gewalt des Krieges beruht, ist für die Entwicklung dieser Intelligenz nicht relevant, und es ist auch nicht relevant für die Ernährung der Menschen oder die Regeneration des Planeten. Diese Intelligenz ist im Boden und im Samen; sie ist in den Pflanzen und in den Tieren; sie ist in unseren Händen und in unseren Körpern. Die alten Universitäten, die chemische Kriegsführung als landwirtschaftliches Fachwissen lehren, werden durch Bauernhöfe ersetzt, die als Schulen dienen, in denen das Wissen über echte Landwirtschaft zur Erzeugung echter Lebensmittel wächst. Ein Übergang weg von der Herrschaft der Konzerne und der Profite ist auch ein Wissensübergang zum aufkommenden wissenschaftlichen Paradigma der Agrarökologie.

Der dritte Übergang ist vom Saatgut als »geistiges Eigentum« der Konzerne zum Saatgut als etwas Lebendiges, Vielfältiges und sich Entwickelndes: hin zum Saatgut als Gemeingut, das die Quelle der Nahrung und des Lebens ist.
Die Schaffung von kommunalen Saatgutbanken und Saatgutbibliotheken ist Teil der Bewegungen für Saatgutfreiheit, die sich gegen die Auferlegung von unwissenschaftlichen und ungerechten, auf Gleichförmigkeit beruhenden Saatgutgesetzen wehren. Zu diesem Widerstand gehören auch die wissenschaftlichen Anstrengungen, die mit partizipatorischer und evolutionärer Züchtung innovativ sind und erfolgreiche und überlegene Alternativen zur industriellen Züchtung anbieten.

Der vierte Übergang geht von der chemischen Intensivierung zur Intensivierung der Biodiversität und zur ökologischen Intensivierung und von Monokulturen zur Vielfalt.
Wir müssen den Übergang von Chemikalien und Giftstoffen als Hauptinput der Landwirtschaft zu chemikalienfreien, agroökologischen Systemen schaffen. Die Beweise dafür, dass ökologische

Systeme mehr Nahrung und Nährstoffe produzieren, nehmen zu. Chemikalien haben keinen Platz in der Landwirtschaft und in unserer Nahrung. Dieser Übergang muss auch von der Fiktion des »hohen Ertrags« verabschieden und sich zur Realität der vielfältigen Systemleistungen bewegen: einschließlich Quantität, Qualität, Geschmack, Gesundheit und Nährwert. Nicht nur sind biodiversitätsreiche Agrarsysteme produktiver und widerstandsfähiger, biodiversitätsreiche Ernährungssysteme sind zudem die beste Versicherung gegen Krankheiten, die mit Ernährungsmängeln zusammenhängen. Zum Beispiel zeigt die indische Wissenschaft des Ayurveda, dass alle Nahrungsmittel sechs Geschmacksrichtungen haben sollten, was sowohl Vielfalt als auch Gesundheit gewährleistet.

Der fünfte Übergang ist der von der Pseudo-Produktivität zur realen Produktivität.
Die Reduktion von lebendiger Natur und schöpferischen Menschen auf »Land« und »Arbeit« und der bloße Input in das industrielle System ist ein System der Pseudo-Produktivität, das auf dem Gesetz der Ausbeutung beruht. Die Regeneration der natürlichen Ressourcen und die Schaffung sinnvoller Arbeit und nachhaltiger Lebensgrundlagen sind Ziele und Ergebnisse einer guten Landwirtschaft und können nicht auf den Input reduziert werden. Im Pseudo-Produktivitätskalkül besteht die Logik darin, den Arbeitseinsatz zu verringern, um die Produktivität zu steigern. Das bedeutet, Bauern zu verdrängen. In einem realen Produktivitätskalkül – das auf realer und nicht auf abstrakter Arbeit beruht – wird die schöpferische Arbeit als Output maximiert, um die Produktivität zu steigern. Die reale Produktivität muss alle sozialen, gesundheitlichen und ökologischen Kosten der chemie-, kapital- und fossilbrennstoff-intensiven industriellen Landwirtschaft mit einbeziehen, ebenso wie die Vorteile der ökologischen Landwirtschaft für die öffentliche Gesundheit, den sozialen Zusammenhalt und die ökologische Nachhaltigkeit. Ein echtes Produktivitätskalkül erkennt die Rechte der Bauern an. In einer ökologischen und lebendigen Welt sind Landwirte nicht nur

Produzenten von Nahrungsmitteln; sie sind Bewahrer und Gestalter der biologischen Vielfalt und eines stabilen Klimas; sie sind Versorger der Gesundheit; und sie sind die Hüter unserer vielfältigen gemeinschaftlichen Kulturen.

Der bedeutendste Übergang in unserer Zeit ist:

- Land und Arbeit nicht mehr als Ware zu behandeln, sondern sie davon zu befreien
- und die Konzentration auf die lebendige Intelligenz der Natur mit ihrer Vielfalt und ihrem Potential zur Schaffung von Überfluss.

Wir müssen auch den Schwerpunkt auf schöpferische, intelligente, hart arbeitende Menschen verlagern, die durch das Gesetz des Ausgleichs Rechte an ihrem Land, ihrem Saatgut, ihrem Wissen, ihrer schöpferischen Arbeit und den Früchten ihrer schöpferischen Arbeit haben. Dieser Übergang wird von verschiedenen Bewegungen geprägt, die sich für die Anerkennung der Rechte von Mutter Erde sowie des Rechtes aller Menschen auf intelligente und demokratische Teilhabe am Nahrungsnetz einsetzen.

Der sechste Übergang ist der von gefälschter Nahrung zu echter Nahrung; von Nahrung, die unsere Gesundheit zerstört, zu Nahrung, die unseren Körper und Geist nährt.

Dies ist auch ein Übergang von der Behandlung von Lebensmitteln als Ware, die für Profit produziert wird, zu einer Behandlung von Lebensmitteln als der wichtigsten Quelle für Gesundheit und Wohlbefinden. Das industrielle Nahrungsmittel- und Agrarsystem behandelt Lebensmittel als Waren, die ausschließlich zur Maximierung der Unternehmensgewinne produziert, verarbeitet und gehandelt werden. Der höchste Nutzwert von Nahrungsmitteln liegt jedoch in der Bereitstellung von Gesundheit und Nährwert, und der primäre Beitrag von Lebensmitteln besteht in der öffentlichen Gesundheit, nicht in Unternehmensgewinnen. Waren werden allein nach der Menge berechnet, unabhängig davon, ob sie ernährungsphysiologisch leer und voll von Schadstoffen und Giften sind. Nahrungsmittel als handelbare Ware verlieren ihren Wert als Lebensmittel.

Eine echte Herausforderung für das vorherrschende Lebensmittelsystem besteht darin, die Fähigkeit zum Anbau echter, vielfältiger Lebensmittel zu fördern, innovative Systeme zur lokalen Verteilung frischer und gesunder Lebensmittel zu schaffen und das Bewusstsein für den Unterschied zwischen echten und verfälschten Lebensmitteln zu schärfen. Dazu gehört das Recht zu wissen, was man isst, das Recht, ökologisch nachhaltige, gesunde und sichere Lebensmittel zu wählen, und als Gesellschaft das Recht auf Institutionen für Forschung und Regulierung, die von der Industrie unabhängig sind. Da die Bedrohung des Rechts auf sichere Lebensmittel durch ungerechte und undemokratische Gesetze erfolgt, wird die Nichtkooperation mit solchen Gesetzen durch ein Satyagraha – einen Kampf für die Wahrheit – zu einem ethischen und politischen Imperativ. Genau das haben wir in Navdanya mit dem Sarson-(Senf)-Satyagraha getan, als unsere kaltgepressten Speiseöle, und damit auch Senföl, verboten wurden, so dass die Märkte durch Dumping mit GVO-Sojaöl überflutet werden konnten. Aufgrund dieser Bewegung und unserer Aktionen wurde kaltgepresstes Senföl nicht verboten. Die Bewegung für chemikalien- und GVO-freie Lebensmittel, die in jüngster Zeit explodiert ist, beruht darauf, dass die Menschen eine Entscheidung für Gesundheit und Sicherheit treffen. Es zeichnet sich eine neue Politik der Lebensmittelsicherheit ab, weil sich die Bürger überall gegen Gifte in unserer Nahrung und gegen die Einführung von GVOs auflehnen.

Der siebte Übergang ist der von der Besessenheit vom »Großen« zu einer Pflege des »Kleinen«, vom Globalen zum Lokalen.
Großflächige Nahrungsmittelketten mit langen Lieferwegen in einem industrialisierten, globalisierten System müssen zu einem kleinräumigen Nahrungsnetz mit kurzen Wegen werden, das auf der ökologischen Einsicht beruht, dass kein Ort zu klein ist, um Nahrungsmittel zu produzieren. Wir alle sind Esser, und jeder hat das Recht auf gesunde, sichere Lebensmittel mit dem kleinsten ökologischen Fußabdruck. Jeder kann auch Erzeuger von Lebensmitteln sein, was

bedeutet, dass Lebensmittel überall angebaut werden können und müssen.

Wir brauchen überall Lebensmittel, und überall werden die Lebensmittel anders sein. Die Nahrung in der Arktis wird anders sein als in einer Wüste, die sich von der Nahrung in Regionen mit hohen Niederschlägen unterscheiden wird. Die Nahrung in gemäßigten Regionen wird sich von der Nahrung in tropischen Klimazonen unterscheiden. Damit Nahrungsmittel überall angebaut werden können, muss ein Übergang vom ressourcen- und energieintensiven, großindustriellen Landwirtschaftsmodell zu ökologisch angepassten, kleinräumigen, vielfältigen Systemen erfolgen. Diese Anpassung und Entwicklung, insbesondere als Reaktion auf die Klimakrise, wird für jedes nachhaltige Ernährungssystem in der Zukunft von entscheidender Bedeutung sein.

Es ist ein häufig vorgebrachtes Argument, dass wir große Industriebetriebe brauchen, weil mehr Menschen in Städten leben. Diesem Argument kann auf drei Arten begegnet werden: Erstens produzieren Großbetriebe keine Nahrungsmittel, sondern Waren. Waren ernähren die Menschen nicht. Zweitens sollte jede Stadt ihr eigenes »Lebensmitteleinzugsgebiet« haben, das den größten Teil ihres Nahrungsmittelbedarfs deckt, so wie Städte ihr »Wassereinzugsgebiet« haben, das das Wasser liefert. Größere Städte können größere Lebensmitteleinzugsgebiete haben. Die Planung des Lebensmittelbedarfs sowie die Integration von Stadt und Land durch gutes Essen sollten Teil der Stadtplanung sein. Drittens explodiert die neue Lebensmittel- und Landwirtschaftsbewegung in den Städten. Städtische Gemeinschaften erobern das Nahrungsmittelsystem zurück durch städtische Gärten, Gemeinschaftsgärten, Schulgärten und Gärten auf Terrassen, Balkonen und an Mauern. Kein Ort ist zu klein, um eine Pflanze zu nähren, die uns ernähren kann.

Man sagt uns auch, dass mehr Globalisierung und mehr Unternehmenskontrolle über das Lebensmittelsystem die Lösung für die steigenden Lebensmittelpreise und die Lebensmittelinflation seien. Das ist falsch. Ein sicheres, erschwingliches, vielfältiges und nachhaltiges

Nahrungsmittelsystem erfordert einen Übergang von der Globalisierung zur Lokalisierung. In den letzten zwei Jahrzehnten wurde uns ein globalisiertes Ernährungssystem aufgezwungen, das von Konzernen gestaltet und kontrolliert wird, die nur ein Ziel verfolgen: Profit. Die Erde und ihre Menschen haben überall verloren. Die ökologische Krise hat sich vertieft, und die öffentliche Gesundheit hat sich verschlechtert. Die Bauern sind in Not. Lokalisierung hingegen ist der Trend, der von den Bewegungen für Ernährungsdemokratie geprägt wird. Die Lokalisierung drückt sich in städtischen Gärten, Bauernmärkten, Null-Kilometer-Initiativen und von Gemeinden unterstützten Landwirtschaftsinitiativen aus, bei denen die Menschen in den Städten Lebensmittel direkt von den Bauern kaufen können. Lokal bedeutet Vielfalt, Frische, Sicherheit und Geschmack. Es bedeutet Unterstützung für lokale Bauern, und es bedeutet eine Regeneration der lokalen Wirtschaft. Es bedeutet engere Verbindungen zwischen Lebensmittelproduzenten und -verbrauchern, und es bedeutet, nicht nur Lebensmittel, sondern auch Gemeinschaft zu kultivieren. Lokalisierung bedeutet, dass wir durch Ernährungsdemokratie unsere Lebensmittel zurückgewinnen.

Der achte Übergang ist der von falschen, manipulierten und fiktiven Preisen, die auf dem Gesetz der Ausbeutung beruhen, zu realen und gerechten Preisen, die auf dem Gesetz des Ausgleichs beruhen. In reichen Ländern stellen die Bürger »billige« Lebensmittel in Frage und was ein übermäßiger Verzehr dieser Lebensmittel für die Gesundheit der Menschen bedeutet. In armen Ländern kommt es zu Unruhen und Protesten und zu Regimewechseln aufgrund der steigenden Lebensmittelpreise im Zusammenhang mit der Politik des freien Marktes. Der ägyptische »Arabische Frühling« zum Beispiel begann aufgrund der steigenden Brotpreise. Sowohl die »billigen« Lebensmittel in den reichen Ländern als auch die steigenden Lebensmittelpreise in den armen Ländern beruhen auf einem Ernährungssystem, das die Profite über das Menschenrecht auf gesunde, sichere und erschwingliche Lebensmittel stellt. Es beruht auf Preismanipulation durch Konzernriesen und Finanzinstitutionen, auf Subventionen in reichen Ländern, Finanzspekulation und Wetten auf landwirtschaftliche Erzeugnisse. Fair-Trade-Initiativen hingegen ermöglichen den Bauern eine faire und gerechte Gegenleistung für ihre Beiträge zur Gesundheit und zur planetarischen Versorgung.

Der jeweilige Preis aller Erzeugnisse sollte die wahren Kosten und den wahren Nutzen widerspiegeln: die hohen Kosten der ökologischen Degradation und der Gesundheitsschäden für die Menschen durch die chemikalienintensive industrielle Landwirtschaft einerseits und die positiven Beiträge der ökologischen Landwirtschaft zur Regeneration der Böden, zur Erhaltung der biologischen Vielfalt und des Wassers, zur Begrenzung der Klimazerrüttung und zur Bereitstellung gesunder, nahrhafter Lebensmittel andererseits.

Wir müssen der Nahrung ihren Warencharakter nehmen und ihr ihre Würde zurückgeben. Wir müssen auch den Ärmsten die Würde zurückgeben, damit sie ein Recht auf Nahrung haben. Der Wert des Essens liegt im Nährwert, in der Kultur und in der Gerechtigkeit, die es verkörpert. Der Wert von Nahrung darf nicht durch ein globales Kasino bestimmt werden. Der wahre Wert und der wahre Preis von Nahrung müssen auf dem Gesetz des Ausgleichs beruhen, durch eine Ernährungsdemokratie, die die zentrale Bedeutung guter, gesunder und erschwinglicher Nahrung für das Leben und die Gesundheit jeder Spezies auf dem Planeten bekräftigt.

Der neunte Übergang ist der von der falschen Idee des Wettbewerbs zur Realität des Zusammenwirkens.
Das gesamte Gebäude der industriellen Produktion, des Freihandels und der Globalisierung beruht auf dem Wettbewerb als vermeintlicher Tugend, als eine wesentliche menschliche Eigenschaft. Pflanzen werden miteinander und mit Insekten, auch den Bestäubern, in Konkurrenz gesehen. Die Landwirte werden gegeneinander und gegen die Verbraucher ausgespielt, und jedes Land steht mit jedem anderen Land im Wettbewerb durch die Jagd nach Investitionen und durch Handelskriege. Der Wettbewerb schafft aus der Perspektive

des Planeten und der Menschen eine Abwärtsspirale und für die Gewinne der Konzerne eine Aufwärtsspirale. Aber in letzter Konsequenz führt dieser Wettbewerb in den Zusammenbruch.

Die Realität des Lebensnetzes ist Zusammenwirken: von der kleinsten Zelle und dem kleinsten Mikroorganismus bis zum größten Säugetier. Zusammenarbeit zwischen verschiedenen Arten erhöht die Nahrungsmittelproduktion und reguliert Schädlinge und Unkraut. Zusammenarbeit zwischen Menschen schafft Gemeinschaften und lebendige Volkswirtschaften, die das menschliche Wohlergehen mitsamt dessen Lebensgrundlagen maximieren und die Gewinne der Industrie minimieren. Kooperative Systeme beruhen auf dem Gesetz des Ausgleichs. Sie schaffen Nachhaltigkeit, Gerechtigkeit und Frieden. In Zeiten des Zusammenbruchs ist Zusammenarbeit ein Überlebensgebot.

* * *

Diese Übergänge sind kein trügerisches Utopia; sie finden tatsächlich auf der ganzen Welt statt. Und aus dem zerbrochenen Ernährungssystem und dem zerbrochenen politischen System entsteht ein neues, lebendiges Ernährungssystem, das auf lebendigem Saatgut, lebendigem Boden, lebendiger Nahrung und lebenden Bauern beruht. Für uns ist dieser Übergangsprozess durch die Navdanya-Bewegung in den letzten dreißig Jahren gelebt worden.

In Navdanya *sind* wir die Veränderung, die wir in der Welt sehen wollen. Vielfalt, Selbstorganisation, Zusammenarbeit und das Gesetz des Ausgleichs haben unsere Arbeit auf allen Ebenen geleitet. Vielfalt ist das Mittel und der Zweck all dessen, was wir tun, von der Erhaltung der biologischen Vielfalt von Pflanzen und Saatgut über die Wiederbelebung der Vielfalt der Wissensgebäude bis hin zur Schaffung einer biologisch vielfältigen, lebendigen Wirtschaft und zur Gestaltung einer lebendigen Ernährungsdemokratie.

Bio ist kein »Ding«; es ist kein Produkt. Es ist eine Philosophie, eine Denk- und Lebensweise, die auf dem Bewusstsein beruht, dass alles miteinander verbunden ist und alles in einer Beziehung zu allem anderen steht. Was wir essen, wirkt sich auf die biologische Vielfalt, den Boden, das Wasser, das Klima und die Landwirte aus. Was wir dem Boden und dem Saatgut antun, wirkt sich auf unseren eigenen Körper und unsere Gesundheit aus.

Navdanya bedeutet »neun Samen« und heißt auch »neue Gabe«. Die neun Samen stehen für Vielfalt, und die neue Gabe steht für die Samen des Lebens, der Freiheit und der Hoffnung, die wir säen. Für uns sind Samen Gemeingut, nicht die Erfindung und das patentierbare Eigentum eines Unternehmens. Navdanya begann mit der einfachen Verpflichtung, die biologische Vielfalt zu schützen und Saatgut zu retten, um es frei von Gentechnik und Patenten zu halten. Heute werden mehr als 3.000 Reissorten in den mehr als hundert gemeinschaftlichen Saatgutbanken konserviert, die von Navdanya gegründet wurden. Die gemeinschaftlichen Saatgutbanken wurden nicht als Museum konzipiert; sie sind lebende Saatgutbanken, eine Open-Source-Saatgutversorgung für alle und Saatgut, das die verschiedenen Bauerngemeinschaften untereinander frei austauschen können. Saatgut und Gemeinschaften sind nicht statisch; sie entwickeln und verändern sich, und Bauern als Saatgutbewahrer sind auch Züchter, die seit Tausenden von Jahren Saatgut und Pflanzen züchten. Lebendes Saatgut entwickelt sich entsprechend den Veränderungen des Klimas und ist daher unsere beste Versicherung gegen die Unsicherheiten in dieser weltweiten Krise.

Für uns sind Umwelt, Grundbedürfnisse und Gesundheit nicht voneinander zu trennen: Sie sind verschiedene Dimensionen eines miteinander verbundenen lebenden Nahrungsmittelsystems – eines Nahrungsnetzes, das das Netz des Lebens ist. Für uns sind das Saatgut, der Boden und die Kleinbauern ein Kontinuum von Kreativität und Produktivität. Vom »Saatgut bis auf den Tisch« arbeiten wir daran, die Natur, das Leben der Bauern, die Gesundheit der Menschen und das soziale Wohlergehen zu schützen und wiederzubeleben, indem wir den Erzeuger mit dem Esser verbinden. In Navdanyas »Vom-Saatgut-zum-Tisch«-Zyklus gibt es vier entscheidende Bindeglieder.

Das erste Bindeglied ist das **lebendige Saatgut** und die mehr als hundert von Frauen geführten gemeinschaftlichen Saatgutbanken, in denen wir eine Vielfalt an Saatgut bewahren und verteilen, einschließlich »vergessener Lebensmittel«, etwa Hirsesorten wie *Mandua* und *Jhangora* oder Dal wie *Gahat* und *Naurangi*, die weitaus nahrhafter sind als die chemischen Monokulturen von Weizen und Reis, von denen die Grüne Revolution abhängt. Zudem benötigen sie zehnmal weniger Wasser als industriell gezüchtete Sorten. Durch drei Jahrzehnte Einsatz haben wir 3.000 Reissorten und 150 Weizensorten gerettet. Damit kehren wir die Erosion der Saatgutvielfalt um und widersetzen uns dem Entstehen von Saatgutmonopolen. Wir haben die Biopiraterie von Neem, Basmati und glutenfreiem Weizen angefochten und Verfahren gewonnen. Saatgut ist keine Sache. Es ist die Verkörperung jahrhundertelanger evolutionärer Intelligenz, und in ihm steckt das Potential von Tausenden von Jahren kreativer Evolution. Lebendes Saatgut ist die Grundlage einer ökologischen Landwirtschaft, die auf biologischer Vielfalt und nicht auf Monokulturen beruht.

Unser zweites Glied in der Nahrungskette ist die Verbindung von lebendigen Samen mit dem **lebendigen Boden** durch eine auf Artenvielfalt beruhende ökologische Landwirtschaft. Saatgut macht Boden und Boden macht Saatgut in einem gegenseitig vorteilhaften, sich ständig erneuernden Kreislauf, der auf dem Gesetz der Rückführung beruht. Die industrielle Landwirtschaft misst nur, was den Betrieb verlässt; wir messen, was in den Boden zurückgeführt wird. Die Verjüngung gesunder Böden hat es uns ermöglicht, die Produktivität zu steigern. Sie hat auch die Wasserspeicherkapazität des Bodens erhöht und gleichzeitig den Wasserbedarf verringert.

1994 gründete ich die Navdanya-Farm im Dorf Ramgarh in meinem heimatlichen Doon Valley auf Land, das durch eine Eukalyptusplantage unfruchtbar geworden war. Die Eukalyptuspflanzung auf Ackerland wurde von der Weltbank als »soziale Forstwirtschaft« gefördert, aber es war nichts Soziales daran. Eukalyptus wurde nur deshalb genommen, weil er als Rohstoff an die Papier- und Zellstoffindustrie verkauft werden konnte. Er kann in Zyklen von sechs Jah-

ren geerntet werden und braucht keine aktive Pflege, bevor er zur
Zellstoffherstellung verkauft wird. Er hat jedoch einen enormen Wasserbedarf und macht den Boden unfruchtbar, denn er führt keine
organische Substanz in den Boden zurück. In Australien, seinem
ursprünglichen Lebensraum, bewirtschafteten die Ureinwohner das
Land in einem Feuerzyklus, um die Eukalyptusblätter und ihre Nährstoffe wieder zurückzuführen, wodurch der Kontinent zum größten
Garten der Erde wurde. In Indien sind diese Kreisläufe jedoch nicht
Teil des Ökosystems.

Heute ist dieses Land fruchtbar, mit Regenwurmbesatz überall.
Die Wasserspeicherkapazität ist so stark gestiegen, dass die Bewässerung um 75 Prozent reduziert werden konnte. Es gibt überall Vielfalt: unter dem Boden in Form von Bodenorganismen und über dem
Boden in Form von Pflanzen und Bestäubern. Statt einer einzigen
Non-Food-Art (Eukalyptus) bauen wir mehr als 2.000 Kulturpflan-
zenarten und mehr als 150 Baumarten an. Allein im Mangohain
gibt es neun Mangosorten. Eine kürzlich durchgeführte Studie hat
gezeigt, dass es auf unserem Hof sechsmal mehr Bestäuber gibt als
im Wald. Und die 2.000 Nutzpflanzensorten, die wir anbauen, haben
sowohl das ökologische Gleichgewicht als auch die Produktivität auf
der Farm erhöht. Die Bodenfruchtbarkeit ergibt sich aus der Wiederverwertung der organischen Substanz, und die Schädlingsregulierung ergibt sich aus der Vielfalt der Pflanzen und Insekten. Wir
müssen keine Gifte versprühen.

Wir haben für die Erde gesorgt und ihr ihren Artenreichtum
zurückgegeben, und so vergrößern wir die Fähigkeit der Erde, uns
Nahrung zu liefern. Das Land in Ramgarh erzählt zwei Geschichten und von zwei Paradigmen der landwirtschaftlichen Bodennut-
zung: eine, die durch die Eukalyptus-Monokultur symbolisiert wird
und durch Gier, Profit, Handel und Nachlässigkeit gekennzeichnet
ist, und eine andere, die von der Fürsorge für die Erde und dem
Respekt vor der biologischen Vielfalt und den ökologischen Prozessen bestimmt wird. Es ist das zweite, das agroökologische Modell,
das uns erhalten hat.

Das dritte Glied ist die **lebendige Lebensmittelwirtschaft**. Industrielle Landwirtschaft und GVO halten unsere Landwirte in einer Selbstmord-Wirtschaft gefangen. Weltweit sind die Hälfte der eine Milliarde Menschen, die Hunger leiden, Bauern, denn die industrielle globalisierte Landwirtschaft beruht auf dem Gesetz der Ausbeutung: Sie beutet sowohl die Bauern als auch das Land aus. Wir schaffen lebendige Lebensmittelwirtschaften, die auf Vielfalt und dem Gesetz des Ausgleichs beruhen, das sicherstellt, dass die Bauern dem Boden etwas zurückgeben und die Gesellschaft den Bauern etwas zurückgibt.

Diversität und Dezentralisierung gehen Hand in Hand. Deshalb müssen lebendige Lebensmittelwirtschaften auf dem Fundament der lokalen Lebensmittelwirtschaften aufgebaut werden. Indem wir eine Verbindung geschaffen haben zwischen dem Saatgut und dem, was auf den Tisch kommt, haben wir die Zusammenarbeit zwischen Produzenten und Essern durch fairen Handel erleichtert. Wir arbeiten mit Bauerngemeinschaften zusammen, um Erzeugergemeinschaften zu bilden, die ihre Preise selbst festlegen und einen gerechten Markt gestalten. Auf diese Weise werden sie nicht in einen Wettbewerb miteinander gedrängt, nur um von einem unfairen Markt ausgenutzt zu werden.

Da jeder Mensch ein Grundrecht darauf hat, sich gut zu ernähren, verbinden wir die ländlichen Gebiete durch organischen fairen Handel mit den Städten. Der sogenannte »Freihandel« der Globalisierung ist nur für riesige Konzerne frei. Für die Bürger bedeutet er Partizipation durch Versklavung oder Ausgrenzung. Die Globalisierung hat Verbraucher und Bauern gegeneinander ausgespielt. In Navdanya haben wir eine Zusammenarbeit zwischen Produzenten und Essern sowie zwischen Stadt und Land geschaffen. Wir bezeichnen unsere Stadtmitglieder als Co-Produzenten, denn wenn sie sich für den Verzehr biologisch vielfältiger Lebensmittel entscheiden, werden sie zu Partnern der Bauern, um die biologische Vielfalt zu erhalten und gute Lebensmittel zu produzieren. Navdanya hat vier Einzelhandelsgeschäfte in Delhi und eines in Mumbai. Wir betreiben auch ein Bio-Café, in dem Menschen vergessene Lebensmittel probieren können.

Auch Städte können Produzenten sein. Deshalb haben wir in Schulen und Gemeinden Gärten der Hoffnung ins Leben gerufen. Durch die Gartenarbeit wird jedes Kind zu einem potentiellen Landwirt: ein Kind der Erde, ein Schöpfer. Wir haben Gärten der Hoffnung auch mit Witwen von Bauern initiiert, die im Punjab und Vidarbha Selbstmord begangen haben. Durch die Gärten der Hoffnung lernen die Menschen, was es bedeutet, ein Mitglied von Vasudhaiva Kutumbakam, der Erdenfamilie, zu sein. Wenn es um die Erde geht, sind wir alle ihre Kinder. Jeder Mensch, ob reich oder arm, jung oder alt, jeden Glaubens und jeder Kaste, sollte lernen, Nahrung anzubauen. Jeder Gemeinschaftsraum, jeder Balkon und jede Terrasse sollte zu einem Garten werden.

Der biologische Anbau in landwirtschaftlichen Betrieben und Gärten überall muss zur planetarischen Mission der Menschheit werden. Wir haben Jahrzehnte einer zerstörerischen Landwirtschaft erlebt, die die biologische Vielfalt ausgelöscht, den Boden ausgelaugt, das Wasser erschöpft, die Luft verschmutzt und unseren Körper vergiftet hat. Wir sind für ein Ernährungs- und Landwirtschaftssystem innovativ tätig, das die Erde, unsere Gemeinschaft, unsere Städte und unsere Gesundheit regeneriert.

Für Navdanya ist das vierte Glied in unserer Arbeit der **Samen des Wissens**. Bija Vidyapeet – die Erduniversität – auf der Navdanya-Farm im Doon-Tal ist ein Lernzentrum für die Verbreitung von Wissen, das auf dem Lernen von der Natur beruht. Seine Grundlagen stammen aus der jahrhundertelangen Entwicklung des indigenen Wissens von Frauen, unseren Großmüttern und Lehrern aus der ganzen Welt. Wir nennen unsere Bauern Mitschöpfer, da sie mit der Erde arbeiten, nicht gegen sie. Die Navdanya-Bauern haben 750.000 Bauern ausgebildet und in die Lage versetzt, eine Landwirtschaft zu betreiben, die die Erde schützt, den Boden wieder aufbaut, die Nahrungsmittelproduktion verbessert und die ländlichen Einkommen erhöht.

Die Saatgutsouveränität ist mit der Ernährungssouveränität und mit der Wissenssouveränität verbunden. Jeder Mensch ist ein Experte für das Wissen, das er durch seine gelebte Erfahrung erhält. Ein fragmentiertes, reduktionistisches Paradigma fragmentiert nicht nur die Realität. Indem es eine Klasse von reduktionistischen Experten schafft, verdrängt es die verschiedenen lebendigen Wissensgebäude, die wir brauchen, um das zerbrochene Ernährungssystem neu aufzubauen.

Die Programme »Diverse Women for Diversity« und »Mahila Anna Swaraj« (Ernährungssouveränität für Frauen) in Navdanya legen Lebensmittelsicherheit, Ernährungssicherheit und Ernährungssouveränität wieder in die Hände von Frauen. Die Lebensmittel, die Frauen verarbeiten, sind nicht nur wegen ihrer schonenden Verarbeitung und ihres geringen CO_2-Fußabdrucks einzigartig, sondern auch wegen ihres authentischen und unverwechselbaren Geschmacks. Sie werden in unseren Direktvermarktungsstellen verkauft. Handwerklich hergestellte Lebensmittel schaffen Arbeitsplätze und sind eine gesunde Alternative zum industriellen Junkfood. Tatsächlich hat die WHO vor kurzem vorgeschlagen, der Junkfood-Industrie eine »Gesundheitssteuer« aufzuerlegen.

Unsere Arbeit in Navdanya zeigt, dass wir Frieden mit dem Planeten schließen müssen, um den Hunger zu bekämpfen. Bei Navdanya bauen wir keine Waren an, sondern die Erdgemeinschaft auf: im Geiste und auf dem Land. Wir ernähren die Bodenorganismen, und sie ernähren uns. Wir bauen Vielfalt an, was zu mehr Vielfalt führt. Das dadurch geschaffene Gleichgewicht zwischen Schädlingen und Nützlingen hilft bei der Schädlingsregulierung, und wir brauchen keine Gifte zu versprühen. Wir bauen organische Substanz an und geben so viel wie möglich in den Boden zurück. Die organische Substanz im Boden ist die Alternative zur Gewalt der Düngemittelfabriken und zur Gewalt der Großstaudämme. Biodiversitätssysteme erhöhen die Widerstandsfähigkeit in Zeiten des Klimachaos. Je größer die biologische Vielfalt eines Systems ist, desto besser ist es in der Lage, Nährstoffe und Gesundheit pro Hektar für die Esser und Wohlstand pro Hektar für die Bauern zu erzeugen.

Ich habe Navdanya in den letzten drei Jahrzehnten aufgebaut, um ein Ernährungs- und Landwirtschaftssystem zu schaffen, das mit der

Erde in Frieden lebt. Gewaltfreie und artenschonende Landwirtschaft hilft uns auch, mehr Nahrungsmittel zu erzeugen. Und sie produziert bessere Lebensmittel und beendet damit den Krieg gegen unseren Körper, der zu den Krankheiten Fettleibigkeit, Diabetes, Bluthochdruck und Krebs geführt hat.

Dieselben technologischen und wirtschaftlichen Systeme, die die Erde verletzen, verletzen auch die Rechte von Gemeinschaften auf ihre natürlichen Ressourcen. Wenn Land, biologische Vielfalt und Wasser zu handelbaren Gütern reduziert und privatisiert werden, werden nicht nur die Rechte der Natur, sondern auch die Rechte von Gemeinschaften verletzt. Frieden mit der Erde zu schließen, beginnt mit einem Paradigmenwechsel von den mechanistischen Vorstellungen von der Erde als toter Materie zur Erde als Gaia: ein lebendiger Planet, unsere Mutter.

* * *

Die industrielle Landwirtschaft und die industriellen Lebensmittelsysteme haben uns eine dreifache Krise beschert: einen sterbenden Planeten, kranke Bürger und verschuldete Bauern. Ökologische und gerechte Alternativen sind zu einem Imperativ geworden. Saatgutfreiheit und Nahrungsfreiheit sind die Grundlagen der Ernährungsdemokratie. Ernährungsdemokratie ist das Recht der Bauern, Saatgut zu bewahren und zu teilen und eine giftfreie Agrarökologie zu betreiben. Es ist das Recht der Bauern, die Freiheit zu haben, eine Vielfalt von Erzeugnissen anzubauen und über diversifizierte und faire Märkte zu teilen. Ernährungsdemokratie ist das Recht aller Bürgerinnen und Bürger auf Zugang zu gesunden, nahrhaften, sicheren, erschwinglichen, kulturell angemessenen und nachhaltig produzierten Lebensmitteln. Es ist das Recht zu wissen, was in unseren Lebensmitteln enthalten ist. Alternativen auf der Grundlage von Lebensmitteldemokratie blühen überall auf.

Aber eine Industrie, die sich an Profit um jeden Preis gewöhnt hat, wird ihr Mögliches tun, um das Aufblühen dieser Alternativen zu verhindern. Pseudosicherheitsgesetze, faschistische Saatgutgesetze und neoliberale Politik und Märkte verhindern Alternativen zu einem Modell, das sich in einer tiefen Krise befindet. Dies ist der Moment, der nach Satyagraha ruft: Kampf für die Wahrheit.

Lassen Sie uns die Veränderung sein, die wir sehen wollen, und lassen Sie uns alle zum Wechsel von einem vergifteten Ernährungssystem zu einem lebendigen Ernährungssystem beitragen. Kein Landwirt sollte Selbstmord begehen. Kein Kind sollte an Hunger sterben. Niemand sollte durch Nahrung krank werden. Die Erde und der Mensch als Mitschöpfer mit der Erde können gute und gesunde Nahrung im Überfluss für alle bereitstellen. Lassen Sie uns unsere gemeinschaftlichen schöpferischen Kräfte darauf verwenden, eine Zukunft der Ernährung zu gestalten, die den Planeten schützt, indem wir mit Mutter Erde zusammenarbeiten, um unsere Erde, unser Saatgut und unsere biologische Vielfalt zu schützen, anstatt durch die globalisierte Landwirtschaft und ihre Kriegswaffen mit ihr im Krieg zu sein.

Wenn wir nach den Gesetzen der Natur arbeiten, haben wir alle die Samen der Möglichkeit in uns, allen reichlich und gute Nahrung zu verschaffen, bis zum letzten Kind, zur letzten Frau, zum letzten Bauern und zum letzten Lebewesen.

Wenn wir in Harmonie zusammenfinden, können wir das Paradies auf Erden verwirklichen.

Anhang

Ag One: Die Rekolonialisierung der Landwirtschaft

Ag One: Rekolonialisierung der Landwirtschaft
Dr. Vandana Shiva
mit Prerna Anilkumar und Urvee Ahluwalia
© Navdanya/RESTE, 2020 Erste Ausgabe 2020
Herausgegeben von: Navdanya/ RFSTE A-60,
Hauz KhasNew Delhi-110016, India
Im Original nachzulesen unter:
http://www.navdanya.org/site/attachments/
article/703/Ag-One-17thfeb.pdf
E-Mail: navdanya@gmail.com
Website: www.navdanya.org

Deutsche Fassung:
Übersetzung Andreas Lentz
© Neue Erde GmbH

Inhalt

1. Ag One: Ein neuer Versuch der Rekolonialisierung der indischen Landwirtschaft

Die Landwirtschaft auf dem indischen Subkontinent (Südasien) hat sich über Jahrhunderte auf den Prinzipien der Vielfalt, des Gesetzes der Rückführung, von *Rna* (Pflicht, Schuld, Verpflichtung, Dankbarkeit), der Selbstorganisation, Souveränität, Swaraj und Autonomie entwickelt.

Die Wissenschaft, Ethik und Ökonomie einer Landwirtschaft der Nachhaltigkeit, die auf der Arbeit mit der Vielfalt der Natur beruht, hat Indiens ökologische Zivilisation hervorgebracht, die die Erde und den Boden respektiert, die Nahrung (*Anna*) als Bindeglied und Währung des Lebens sieht, die Landwirtschaft als höchste Berufung und das Glück des Landwirts als Indikator für gute Landwirtschaft ansieht (*Anna data Sukhi Bhava*).

Indien entwickelte sich zur wohlhabendsten Volkswirtschaft der Welt. Sie beruhte auf dem tiefen Wissen über Biodiversität und Landwirtschaft. Unser Gewürzhandel zog Kolumbus an (der auf der Suche nach Indien in Amerika landete). Die East India Company (EIC) wurde gegründet, um Indien zu kolonisieren und seinen Reichtum auszubeuten. Die EIC und die britische Herrschaft beuteten die indischen Bauern aus und führten zu Hungersnöten, denen 50 Millionen Menschen zum Opfer fielen. Die Landwirtschaft in den Kolonien in Indien und Afrika wurde darauf reduziert, Lieferant von Rohstoffen für das Empire zu werden. Bauern wurden zu Sklaven und Arbeitskräften degradiert.

Nach der Unabhängigkeit 1947 wurde eine Politik für die Landhoheit der Bauern und die Ernährungssouveränität des Landes eingeleitet. Doch 1965 wurde die indische Landwirtschaft erneut kolonisiert, um Indien durch die sogenannte Grüne Revolution zum Einsatz von Chemikalien in der Landwirtschaft zu zwingen, aber die Ernährungssicherheit war immer noch Ziel und Zweck.[1]

1991 wurde eine Politik der Handelsliberalisierung eingeführt. 1995 öffneten die WTO-Regeln die Türen für die Übernahme der

Landwirtschaft durch Konzerne. Monsantos GVO und Bt-Baumwolle* wurden in den 1990er Jahren eingeführt. Der Einstieg der Konzerne in die indische Landwirtschaft löste eine Agrarkrise und große Ernährungsunsicherheit aus und wird als Rekolonialisierung Indiens gesehen.[2]

Bill Gates, der durch die Deregulierung der Konzerne und die Globalisierung zum Milliardär wurde, organisiert nun die Rekolonialisierung der indischen und afrikanischen Landwirtschaft. Bill Gates hat die gescheiterte Grüne Revolution nach Afrika gebracht, AGRA genannt, *Alliance for the Green Revolution in Africa.* Er fördert den gescheiterten Goldenen Reis und den verbotenen Bt Brinjal.

Er plant nun Ag One, um die Zukunft der Landwirtschaft zu gestalten.

Was ist Ag One?

Es handelt sich um eine neue, von der Gates-Foundation angekündigte Initiative mit dem Namen »The Bill & Melinda Gates Agricultural Innovations LLC«, oder kurz »Gates Ag One«. Gates Ag One wird eine Tochtergesellschaft der Gates-Foundation sein und von Joe Cornelius geleitet werden, der derzeit Direktor in der Abteilung »Global Growth & Opportunity« der Stiftung ist. Sie wird als neue Non-Profit-Organisation angepriesen, um »wissenschaftliche Durchbrüche Kleinbauern zu vermitteln, deren Ernten durch die Auswirkungen der Klimazerrüttung bedroht sind«. Sie wird mit dem landwirtschaftlichen Entwicklungsteam der Gates Foundation und anderen Partnern aus verschiedenen Sektoren zusammenarbeiten, »um die Entwicklung von Innovationen zu beschleunigen«, die »benötigt werden, um die Produktivität von Nutzpflanzen zu verbessern und Kleinbauern, von denen die meisten Frauen sind, bei der Anpassung an die Klimaveränderung zu helfen«.[3]

---

* Bt-Pflanzen sind transgene Pflanzen, die das gleiche Toxin wie das Bakterium *Bacillus thuringiensis* (Bt) in der Pflanzenzelle produzieren und so die Pflanzen vor Schädlingen schützen.

Rodger Voorhies, Präsident der Abteilung Global Growth & Opportunity der Gates Foundation, soll gesagt haben, dass Gates Ag One mit Partnern aus dem öffentlichen und privaten Sektor zusammenarbeiten will, um »widerstandsfähiges, ertragssteigerndes Saatgut und Traits« zu kommerzialisieren. Er fügt hinzu: »Wir müssen den Zugang zu den Arten von Produkten und Dienstleistungen beschleunigen, die Menschen mit geringem Einkommen und Kleinbauern benötigen.«[4]

Was sind die Ziele von Ag One?

Das Ziel von Gates Ag One ist es vorgeblich, »Kleinbauern mit erschwinglichen, hochwertigen Werkzeugen, Technologien und Ressourcen auszustatten, die sie benötigen, um sich aus der Armut zu befreien«.

Wo wird es eingesetzt?

In einem Dokument, das von der Gates-Foundation selbst veröffentlicht wurde, wird behauptet, dass Ag One arbeiten wird in:

* Südasien, mit einer Bevölkerung von etwa 1,8 Milliarden Menschen.
* Afrika südlich der Sahara, wo etwa eine Milliarde Menschen leben.

In dem Dokument heißt es: »Die Erträge auf den Farmen in diesen Regionen liegen bereits weit unter dem, was Landwirte anderswo auf der Welt erreichen, und die Klimaveränderung wird ihren Anbau noch weniger produktiv machen.«[5]

2. Das Giftkartell und die Gates-Stiftung

Die Tatsache, dass Ag One seinen Sitz in St. Louis, Missouri USA, der Heimat von Monsanto und anderen GVO- und Pestizid-Giganten, haben wird, ist kein Zufall. Gates und das Giftkartell sind miteinander verbunden.

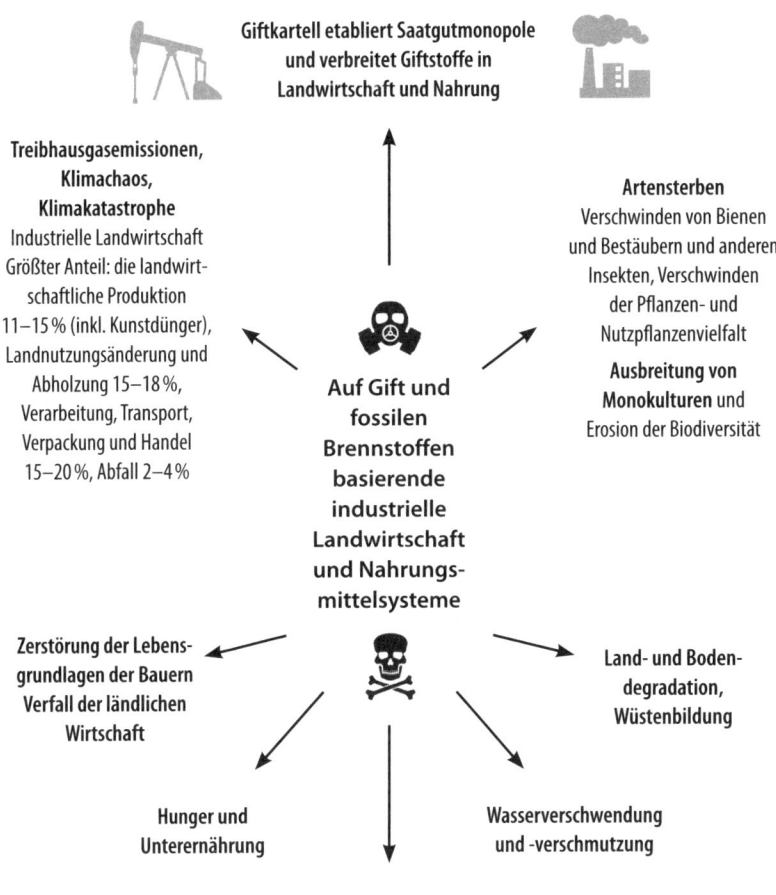

Abb. 11: Die schwerwiegenden weltweiten Auswirkungen der Verquickung des Giftkartells mit den industriellen Landwirtschafts- und Nahrungsmittelsystemen

Ag One behauptet,»Kleinbauern zu stärken«, indem man ihnen Technologien zur Verfügung stellt, um ihnen zu helfen, der Klimaveränderung zu begegnen. Das klingt genau wie bei Bayer, wo ebenfalls behauptet wird,»100 Millionen Kleinbauern auf der ganzen Welt zu stärken, indem sie besseren Zugang zu nachhaltigen landwirtschaftlichen Lösungen erhalten – und das alles bis zum Jahr 2030«.[6]

Es ist das gleiche Narrativ.

Dieselbe Manipulation.

Sie alle schaffen die Probleme, mit denen wir heute in unserem Lebensmittelsystem konfrontiert sind, und setzen dann ihre PR-Maschinerie in Gang, um diese Probleme vor dem öffentlichen Diskurs zu verbergen.

Die US-Finanzwebsite veröffentlichte das jährliche Investitionsportfolio der Gates-Stiftung, aus dem hervorgeht, dass sie 2012 500.000 Monsanto-Aktien im Wert von rund 23 Millionen Dollar gekauft hat.[7]

Es gab zahlreiche Unternehmungen, bei denen die Bill & Melinda Gates Stiftung und Monsanto gemeinsam investiert haben. Agbiome und Pivot Bio sind einige Beispiele für Start-ups, bei denen sich die beiden korruptesten und mächtigsten Kräfte mit dem falschen Narrativ »Abhilfe für die Armut in Südafrika« zusammengetan haben.[8]

Die Bill & Melinda Gates Stiftung hat sich auch mit Cargill (Teil des Giftkartells) in einem 10-Millionen-Dollar-Projekt zusammengetan, um »die Soja-Wertschöpfungskette« in Mosambik und anderswo zu entwickeln.[9]

Quelle: http://biosafetyafrica.org.za/index.php/20100901330/ Soya-Gates-Foundation-Cargill-Paper/menu-id-100025.html.

3. Entlarvung der Rhetorik von Ag One

Behauptung 1:
»Die Erträge auf Farmen in Regionen wie Subsahara-Afrika und Südasien liegen bereits weit unter dem, was Landwirte anderswo auf der Welt erreichen, und in Zukunft wird sich die Pflanzenproduktion aufgrund der Klimaveränderung weiter verschlechtern«, und deshalb brauchen wir Ag One, um »die Entwicklung von Innovationen zu beschleunigen«, die »zur Verbesserung der Pflanzenproduktivität notwendig sind«.

Die Realität:

Im Gegensatz zu dem Mythos, dass die Kleinbauern und die Agrarökologie unproduktiv sind und wir die Zukunft unserer Nahrungsmittel dem Giftkartell überlassen sollten, liefern Kleinbauern 80 Prozent der weltweiten Nahrungsmittel mit nur 25 Prozent des Aufwands, der in die Landwirtschaft fließt.

Auf der anderen Seite degradiert die von den Gates geförderte industrielle Landwirtschaft 75 Prozent der Agrarflächen weltweit, während sie weniger als 20 Prozent unserer Nahrung liefert. Das heißt: Wenn der Anteil der industriellen Landwirtschaft und der industriellen Nahrungsmittel an unserer Ernährung auf 45 Prozent steigt, werden wir einen toten Planeten haben; einen, auf dem es kein Leben und keine Nahrung gibt.

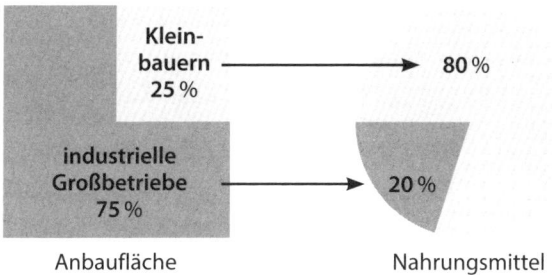

Abb. 12: Landbesitz und Produktionsleistung weltweit

Behauptung 2:

Ag One wird »Kleinbauern mit den erschwinglichen, qualitativ hochwertigen Werkzeugen, Technologien und Ressourcen ausstatten, die sie benötigen, um sich aus der Armut zu befreien.«

Die Realität:

Eine Studie von Navdanya aus dem Jahr 2011 ergab, dass der auf Biodiversität beruhende ökologische Landbau, der von Kleinbauern praktiziert wird, ein Einkommen von Rupien 33.160 pro Acre [0,4 Hektar] für die Bauern schafft. In Indien beträgt die gesamte Anbau-

fläche 45.22.02.848 Acres. Wenn die biologische Landwirtschaft auf
all diesen Flächen praktiziert werden würde, würde das zusätzliche
Einkommen 15 Prozent des indischen BIP ausmachen. Somit kann
biodiversitätsbasierte Agrarökologie das Einkommen der Bauern um
mehr als das Zehnfache steigern.[10]

Behauptung 3:
Kleinbauern üben nicht nachhaltige Praktiken aus, etwa indem sie
das Vieh in die Wälder treiben, was die empfindlichen Ökosysteme
beeinträchtigt und zu weiteren Umweltschäden und einer Verschlim-
merung der Klimazerrüttung führen wird.

Die Realität:
Die rohstoffbasierte, fossile und chemieintensive Landwirtschaft,
die von der Gates-Stiftung gefördert wird, verursacht 50 Prozent der
Treibhausgasemissionen, die das Klima zerstören und die Landwirtschaft bedrohen; sie verursacht 75 Prozent der Zerstörung der Böden,
75 Prozent der Zerstörung der Wasserressourcen und die Verschmutzung unserer Seen, Flüsse und Ozeane; 93 Prozent der Pflanzenviel-
falt wurde durch die industrielle Landwirtschaft zum Aussterben
gebracht. Die Herstellung von synthetischem Dünger, der Bestandteil
der von der Gates-Stiftung geförderten industriellen Landwirtschaft
ist, ist sehr energieintensiv. Für ein Kilogramm Stickstoffdünger wird
das Energieäquivalent von zwei Litern Diesel benötigt. Die bei der
Herstellung von Düngemitteln verbrauchte Energie entsprach im
Jahr 2000 191 Milliarden Litern Diesel und wird Prognosen zufolge
bis 2030 auf 277 Milliarden steigen. Dies ist ein wesentlicher Faktor
für die Klimaveränderung, der jedoch weitgehend ignoriert wird.[11]
   Die Gates-Stiftung investiert Millionen in ein Biokraftstoffprojekt,
das eine der größten Bedrohungen für unsere Artenvielfalt und das
fragile Ökosystem darstellt. Biokraftstoffe sind für die Abholzung
von Regenwäldern auf der ganzen Welt verantwortlich, insbesondere im Amazonasgebiet in Brasilien; und gentechnisch veränderte
Soja ist einer der Hauptverursacher der Waldbrände im Amazonas.

Biokraftstoffe tragen massiv zur Klimazerrüttung bei. Eine 2016 von einer Umweltgruppe veröffentlichte Studie fand heraus, dass die europäischen Biokraftstoffverordnungen 80 Prozent mehr Kohlendioxid-Emissionen verursachen als das konventionelle Öl, das sie ersetzten. Der Bericht schätzt, dass die Biokraftstoffe neue Emissionen verursachen, die dem Ausstoß von zwölf Millionen zusätzlichen Autos entsprechen.[12]

Die von der Gates Foundation finanzierten Projekte propagieren Nutzpflanzenplantagen und fördern die Abholzung der einheimischen Vegetation, wodurch Kohlendioxid und andere Treibhausgase freigesetzt werden. Durch die Ausbreitung dieser Nutzpflanzenplantagen gingen von 2006 - 2017 etwa 140.000 Quadratkilometer Cerrado verloren, wodurch 210 Millionen Tonnen Kohlendioxid-Äquivalente (CO_2) freigesetzt wurden.[13]

Da synthetische Düngemittel auf fossilen Brennstoffen basieren, tragen sie zur Störung des Kohlenstoffkreislaufs bei. Aber sie stören auch den Stickstoffkreislauf. Und sie stören den hydrologischen Kreislauf, sowohl weil die chemische Landwirtschaft zehnmal mehr Wasser benötigt, um die gleiche Menge an Nahrungsmitteln zu produzieren als die agrarökologische Landwirtschaft, als auch weil sie das Wasser in den Flüssen und Meeren verschmutzt. Synthetische Düngemittel haben zum Absterben und zur Verödung der Böden, zur Klimakrise und zu toten Zonen in den Ozeanen beigetragen. Das ist die Ursache für die Störung unserer empfindlichen Ökosysteme.

Indem die Gates-Stiftung die Verantwortung für die Klimazerrüttung auf »Kleinbauern, die nicht nachhaltige Praktiken anwenden« schiebt, entzieht sie sich der Verantwortung für die Zerstörung, die sie maßgeblich mit verursacht. Wir können die Klimazerrüttung und ihre sehr realen Folgen nicht angehen, ohne die zentrale Rolle des industriellen und globalisierten Nahrungsmittelsystems anzuerkennen, das von der Gates-Stiftung aktiv unterstützt wird. Das globalisierte Lebensmittelsystem trägt zu mehr als 40 Prozent zu den Treibhausgasemissionen bei, und zwar durch Abholzung, Tiere in Kraftfutterbetrieben (CAFOs), Plastik- und Aluminiumverpackungen,

Langstreckentransporte und Lebensmittelabfälle. Wir können die Klimakrise nicht ohne eine kleinräumige, ökologische Landwirtschaft lösen, die auf Biodiversität beruht: lebendiges Saatgut, lebendige Böden, lebendige und lokale Nahrungsmittelsysteme.

Behauptung 4:
»Wir glauben, dass jeder das Recht hat, ein gesundes, produktives Leben zu führen. Aber viele der ärmsten Menschen der Welt – also diejenigen, die ihren Lebensunterhalt in der Landwirtschaft verdienen – werden diese Möglichkeit nicht haben, wenn sie keinen Zugang zu den Innovationen haben, die für die Anpassung an die durch die Klimazerrüttung verursachten Herausforderungen erforderlich sind« und wir werden »Kleinbauern, von denen die Mehrheit Frauen sind, bei der Anpassung an die Klimaveränderung unterstützen«.

Die Realität:
Sie lassen es so klingen, als ob Bauern ohne die Technologie der Milliardäre und des Giftkartells, die darauf abzielen, mehr Profit zu machen, kein gesundes und produktives Leben führen können, und so, als sei der einzige Weg, der Klimakrise zu begegnen, der Rückgriff auf ihre »Innovationen«. Doch die Technologie und Innovationen, von denen sie sprechen, verschlimmern die Klimakrise nur. Sie sind die Wurzel des Problems. Die Werkzeuge der Kolonialisierung können keine Werkzeuge der Befreiung für die Erde, für die Bauern, für die Esser sein.

Technologie ist nur ein Werkzeug, das wir den menschlichen Bedürfnissen und der menschlichen Freiheit anpassen müssen. Wenn Menschen zwangsweise an das Werkzeug eines Konzerns angepasst werden, das dafür gedacht ist, Natur und Gesellschaft zu kontrollieren, wird es zu einem Werkzeug der Sklaverei. Da Technologien bloß Werkzeuge sind, können wir sie uns aussuchen.

Das Scheitern des Saatguts der Grünen Revolution und des gentechnisch veränderten Bt-Baumwollsaatguts ist ein Scheitern der konzerngesteuerten Technologien zur Erzielung von Superprofiten durch den Verkauf von Giften und nicht erneuerbarem Saatgut sowie des technologischen Ansatzes der Kontrolle und des Besitzes. Angesichts des ökologischen Notstands, des Klimanotstands und des Nahrungsmittelnotstands werden partizipative und evolutionäre Technologien benötigt, die auf Klimaresilienz züchten, die Ernährung verbessern und die Landwirtschaft giftfrei machen.

Das Giftkartell nutzt drei Hauptkonstruktionen und technologische Mythen, um unsere Lebensmittel- und Landwirtschaftssysteme zu kolonisieren.

1. Die Konzerne verschließen die Augen vor der Erfindungsgabe der Landwirte und dem Wissen und den Werkzeugen, die Landwirte über Jahrtausende hinweg entwickelt haben, um Saatgut zu züchten, die Bodenfruchtbarkeit zu erneuern, Schädlinge und Unkraut ökologisch zu regulieren und gute Lebensmittel zu produzieren.

2. Sie erheben die Werkzeuge der Konzerne zur neuen Religion und zu einer neuen zivilisatorischen Mission, die befolgt werden muss, um die ökologischen, unabhängigen, in ihrem Wissen souveränen Bauern zu »zivilisieren«, die als die neuen Barbaren angesehen werden. Ein neuer technologischer Fundamentalismus macht die Werkzeuge der Konzerne zum Maßstab und Indikator des menschlichen Fortschritts und also auch immun gegen soziale und demokratische Bewertungen. Die Bauern haben jedoch ein fundamentales demokratisches Recht, ihre agrarökologischen Werkzeuge mit dem Angebot des Giftkartells zu vergleichen und mit vollem Wissen und allen Informationen eine freie Wahl zu treffen. Durch die Erhebung der technologischen Mittel zu menschlichen Notwendigkeiten wird die Unternehmensagenda zur menschlichen Agenda und ihre Erzwingung wird als »Inklusion« und »Demokratisierung« definiert.

3. Konzerne erklären ihre Werkzeuge zu etwas Unvermeidlichem und berauben die Gesellschaft der Möglichkeit, an Optionen und Alternativen zu denken. Es gibt jedoch keine Unvermeidbarkeit bei den Werkzeugen, die die Menschheit benutzt. Chemikalien

und die Grüne Revolution waren nicht unvermeidlich. Sie wurden durch Auflagen aufgezwungen. GVOs sind nicht unvermeidlich und versagen als Werkzeuge der Schädlings- und Unkrautbekämpfung und führen stattdessen zum Aufkommen von Superschädlingen und Superunkräutern. Es gibt eine vielfältige und verschiedenartige Intelligenz in der Natur und in der Gesellschaft. Künstliche Intelligenz oder maschinelles Lernen sind nicht unausweichlich. Sie werden uns durch die forcierte Digitalisierung aufgezwungen und lassen uns die Intelligenz in der Natur und ihrer vielfältigen Lebewesen vergessen: die Intelligenz im Nahrungsnetz des Bodens, die ökologische Intelligenz der Bauern und Bäuerinnen, die Intelligenz der Mikroben in unserem Darm und das enterische Nervensystem, unser zweites Gehirn.

Wenn die Gesellschaft Technologien demokratisch entwickelt und auswählt, sind die Fragen, die wir stellen, die folgenden:

• Was macht die Technologie? Wofür sind die Werkzeuge gut? Wer kontrolliert die Werkzeuge?
• Haben wir technologische Alternativen, um das gleiche Problem anzugehen?
• Brauchen wir sie zur Verbesserung des menschlichen Wohlbefindens und des Wohlbefindens aller anderen Lebewesen?
• Was sind die ökologischen Auswirkungen der Werkzeuge auf das Leben auf der Erde und die menschliche Gesundheit?
• Was sind die sozialen Auswirkungen der Werkzeuge?

Hätte man diese Fragen an chemisch-synthetische Düngemittel, Pestizide und Unkrautvernichtungsmittel gestellt, hätten wir sie in unserer Landwirtschaft nicht zugelassen, da sie weder die Bodenfruchtbarkeit verbessern noch Schädlinge oder Unkraut bekämpfen können. Stattdessen haben sie zur Verödung der Böden und zur Entstehung von Superschädlingen und Superunkräutern geführt. Auf der anderen Seite, wie die Arbeit von Navdanya in den letzten drei Jahrzehnten gezeigt hat, regenerieren ökologische Technologien den

Boden und regulieren Schädlinge und Unkräuter durch die Intensivierung der Biodiversität.

4. Das Unternehmenspatriarchat und der maskulinistische Blick auf die Zeit: »In der Landwirtschaft ist die Zeit dein größter Feind.«

Diese Aussage machte Rodger Voorhies, Präsident der Global Growth & Opportunity Division der Gates Foundation, als er Ag One erläuterte. Ag One wurde Berichten zufolge ins Leben gerufen, weil Gates mit der Geschwindigkeit der bestehenden Institute und Initiativen unzufrieden war. Laut Rodger Voorhies »braucht Forschung und Entwicklung Jahre, um vom Labor ins Feld zu gelangen, und während das Team für landwirtschaftliche Entwicklung die Entwicklung neuer Werkzeuge und Technologien finanziert, die auf die Bedürfnisse von Kleinbauern zugeschnitten sind, gab es Verzögerungen bei der Umsetzung dieser Entdeckungen in erschwingliche Produkte«. Er fügte hinzu: »Wir hatten nicht den Eindruck, dass die Forschung in die für Kleinbauern wichtigsten Kulturen in einem Zeitrahmen stattfand, der ihnen genügen kann.«[14]

5. »Die Zeit ist nicht unser Feind, sondern unser Freund«

Das Wort »Agrikultur« ist eine Zusammensetzung aus den lateinischen Wörtern *agrum* (Form von *ager*, was »Feld, Hof, Land, Anwesen« bedeutet) und *cultura* (»Bebauung, Bearbeitung, Bestellung, Pflege«). Und Pflege braucht Zeit.

Für Landwirte ist Zeit alles. Zeit ist ein Begleiter. Die Zeit ist ein Freund, nicht der größte Feind. Die Arbeit mit den Zyklen der Natur und den Jahreszeiten ist eine Arbeit mit der Zeit: wann man den Boden bearbeitet, wann man pflanzt, wann man jätet, wann man erntet.

Wie kann es Pflege ohne Zeit und Geduld geben?

Wie können wir für das Land sorgen, ohne die Zyklen der Natur zu achten?

Außerdem ist Zeit nicht linear. Sie ist ein Kreis. Es ist ein Kreislauf des Lebens. Und dieser Zyklus braucht Zeit, um sich zu vollenden. Das Leben braucht Zeit, um geformt zu werden und seine Form anzunehmen.

Freundschaft mit der Zeit ist das, was das Leben nährt.

Sich die Zeit zum Feind zu machen, ist das, was das Leben zerstört.

Arbeit mit der Zeit führt zu Verantwortung.

Gegen die Zeit zu arbeiten, führt zu Rücksichtslosigkeit.

Deshalb ist Ag One die ultimative Katastrophe. Es ist nur ein weiterer Weg, die Gates-Agenda für das Agrobusiness voranzutreiben. Die industrielle Landwirtschaft betrachtet Zeit und Sorgfalt als Hindernis. Sie hat Technologien der Achtlosigkeit gefördert, indem sie behauptete, sie würden »Zeit sparen«. Anstatt die Pflanzen mit der Zeit reifen zu lassen, wurde Roundup als Trocknungsmittel zur sofortigen Trocknung beworben. Immer mehr und größere Maschinen, die von fossilen Brennstoffen abhängen, wurden eingeführt, um landwirtschaftliche Abläufe zu beschleunigen, was die Artenvielfalt, die Lebensgrundlagen der Bauern und die Ökonomie der Achtsamkeit unterminiert. Ag One ist der jüngste Versuch der Kolonialisierung der Landwirtschaft und erklärt die Vielfalt in Raum und Zeit selbst zum Feind. Raum-Zeit sind die ontologischen Grundlagen des Lebens, seiner Selbstorganisation und seiner Variation und Evolution.

AgOne ist ein Anschlag auf das Leben selbst.

Raum-Zeit (Desh-Kal) ist das Leben in seiner Vielfalt und Entwicklung.

Zuerst wurden Insekten zum Feind gemacht, und wir haben Insektageddon.

Jetzt wird die Zeit zum Feind gemacht, und das droht das Aussterben und den ökologischen Kollaps zu beschleunigen.

Indem sie sagen, dass »in der Landwirtschaft die Zeit der größte Feind ist«, haben sie die Intelligenz der Natur, die sich über Milliarden von Jahren entwickelt hat, und das indigene Wissen und die Intelligenz der Bauern, die sich über Tausende von Jahren entwickelt haben, negiert.

Ag One basiert auf epistemischem Rassismus und Arroganz. Sie geht davon aus, dass Bauern kein Wissen haben und die Natur keine Intelligenz.

Sie verschließt die Augen vor den neuen Bewegungen wie »Slow Food«, »Slow Fashion« und »Slow Money«, die als Reaktion auf die zerstörerischen Ökonomien von »Fast Food«, »Fast Fashion«, »Fast Clothes« und »Fast Money« (Finanztechnologie) entstanden sind.

6. »Slow« ist der Weg der Natur »Slow« ist der Weg des Lebens

Slow Food

Als Reaktion auf die Epidemie des »Fast Food«, die sich aus dem krankmachenden, globalisierten industriellen und chemischen Lebensmittelsystem speiste, entstand die Slow Food-Bewegung. Gegründet 1986 von Carlo Petrini in Italien, verband Slow Food Genuss und Essen mit Bewusstsein und Verantwortung. Sie verteidigte die Artenvielfalt in unserer Lebensmittelversorgung, indem sie sich gegen die Standardisierung des Geschmacks wandte und den Schutz unserer kulturellen Identitäten forderte, die mit dem Essen verbunden sind. Im wesentlichen geht es darum, das Leben zu entschleunigen und sich die Zeit zu nehmen, vollwertige lokal erzeugte Lebensmittel zuzubereiten und zu essen.

Slow Fashion

Als Reaktion auf Fast Fashion, die mit ihren Sweatshops die Ausbeutung unserer Umwelt und der Arbeitskraft intensivierte, entstand die Slow Fashion-Bewegung, um den Schwerpunkt vom sinnlosen

Konsum, der in der Gesellschaft zentral geworden war, auf die Nachhaltigkeit zu verlagern. Sie setzte sich für einen lokaleren, ethischen und umweltbewussten Konsum ein. Slow Fashion setzt sich für die Qualität der Kleidung ein.

Ein Kleidungsstück mit einer kulturellen und emotionalen Verbindung zu entwickeln und es mit der gleichen Sorgfalt und Verbundenheit zu tragen, ist entscheidend für diese Bewegung, die erkannte, wie abgekoppelt die Menschen in ihrem Konsumrausch geworden waren.

Slow Money

Als Reaktion auf Fast Money, das mit seinen hohen Investitionen und hohen Zinsen die ganze Finanzwelt zum Einsturz brachte, gibt es die Slow Money-Bewegung, die davon spricht, »Geld zurück auf die Erde zu bringen«. Slow Money hat es sich zur Aufgabe gemacht, Investoren mit der lokalen Wirtschaft zu verbinden, indem sie finanzielle Mittel in kleine Lebensmittelunternehmen und lokale Lebensmittelsysteme umleitet. Dies stärkt die lokalen Gemeinschaften anstelle von multinationalen Konzernen. Anstelle von Risikokapital, das weit entfernte Hightech-Start-ups finanziert, spricht die Bewegung von »Nährkapital«, das lokale Händler und Produzenten finanziert, die die Hälfte ihrer Gewinne wieder in ihre Gemeinden stecken.

Wer sich die Zeit zum Feind macht, macht sich die Gesellschaft und den Planeten zum Feind.

7. Ag One: Der neue Agrarimperialismus

Es ist vollkommen unklar, was das Projekt Ag One ist. Wenn wir jedoch andere Initiativen der Gates Foundation hinzunehmen und die Puzzleteile zusammensetzen, beginnt sich die Agenda von Ag One klar abzuzeichnen. Ag One ist Ausdruck der Gates-Philosophie, dass er als Milliardär der einzige ist, der ein Wissen über die Landwirtschaft hat, und der einzige, der die Macht hat, über das Leben von Milliarden von Bauern zu bestimmen, die unsere Nahrungsmittel produzieren, und über das Leben der 7,8 Milliarden Menschen, die ein Recht auf Nahrung haben und das Recht zu wählen, was sie essen, zu wählen, wie es angebaut wurde, und zu wählen, wer es angebaut hat.

Ag One baut auf anderen Initiativen auf, die Gates angekündigt hat, wie zum Beispiel »One Agriculture One Science«.[15]

»One Agriculture One Science« bedeutet im Wesentlichen »eine Forschung und ein Wissen«.

In einer Welt der Vielfalt ist die Behauptung, das »Eine« zu sein, purer Imperialismus. Es ist der Versuch einer epistemischen Kolonialisierung. [Das heißt, uns wird ein Wissensmodel aufgezwungen. *Anm. d. Übers.*] Es ist eine Verleugnung des Reichtums agrarökologischen Wissens und agrarökologischer Praktiken, die überall auf der Welt wieder zum Vorschein kommen. Es ist die ultimative Monokultur des Geistes, die bereits die Landwirtschaft auf der ganzen Welt verwüstet hat: durch das Aussterben von Arten und das Auslöschen von Wissen und Kulturen.

Es ist zugleich ein Rezept für die Verarmung und Versklavung Asiens und Afrikas, intellektuell wie wirtschaftlich. »Eine Landwirtschaft, eine Wissenschaft« ist ein Anschlag auf die Vielfalt. Das wird die ökologischen Grundlagen der Landwirtschaft weiter aushöhlen und die Ernährungssysteme der Welt der Gnade von Milliardären und Großkonzernen überlassen.

Es ist auch ein Rezept, um die Saatgut- und Ernährungssouveränität von Kleinbauern und Agrarökonomien zu untergraben.

Während Bauern Hunderttausende von Sorten von Tausenden von Arten gezüchtet haben, hat die Grüne Revolution die Landwirtschafts- und Nahrungsmittelbasis auf eine Handvoll global gehandelter Waren reduziert. Die Gentechnik hat die kommerziell angebauten Nutzpflanzen weiter auf vier reduziert – Mais, Soja, Baumwolle und Raps – und auf zwei Merkmale: Bt und HT (herbizidtolerant). Indische Bauern haben 200.000 Reissorten gezüchtet, sie haben Tausende von Weizen-, Hülsenfrucht- und Ölsaatensorten gezüchtet. Sie züchteten Tausende Sorten von Auberginen, Bananen und Mangos.

Die Mega-Monokultur einer Landwirtschaft, die auf einer fehlerhaften Wissenschaft beruht, hat keinen Sinn für das vielfältige Wissen unserer unterschiedlichen Kulturen. Sie ist von oben nach unten organisiert, vorangetrieben von »Experten«, die kein Wissen über die Vielfalt haben und keinen Respekt vor dem Wissen der Bauern: die eigentliche Grundlage der Wissenschaft der Agrarökologie.

8. Ag One: Eine Agenda für die Piraterie des Saatguts der Welt, die Aushöhlung internationaler Gesetze und die Durchsetzung von Überwachung

Ag One bedeutet die Digitalisierung der Landwirtschaft sowie des Lebens und die Gewinnung von Daten von den Bauern, um sie als neue Ware zu verkaufen: Big Data.

Mr. Gates als Mr. Microsoft hat seine Milliarden durch Patente in der digitalen Welt gemacht. Seine künftigen Milliarden sieht er in der Konvergenz von Landwirtschaft und Informationstechnologien, in der Digitalisierung jedes Aspekts unseres täglichen Lebens, insbesondere unserer Landwirtschaft und Gesundheit. Das digitale Imperium von Gates in der Landwirtschaft umfasst die Kontrolle über die genetischen Ressourcen der Welt durch die Kontrolle des CGIAR-Systems, das den weltweiten Saatgutvorrat bewahrt, die digitale genomische Kartierung von Saatgut und unserer genetischen Vielfalt, die Untergrabung von Gesetzen und Verträgen, die Biopiraterie verhindern, die Forcierung neuer GVOs auf der Basis von CRISPR/Gene Editing und die Deregulierung unserer Biosicherheitsgesetze sowie das Data Mining von Bauern zum Aufbau einer digitalen Sklaverei durch Überwachungstechnologien.

Übernahme des CGIAR-Systems

Die 1971 gegründete Consultative Group on International Agricultural Research (CGIAR – Beratende Gruppe für Internationale Agrarforschung) ist ein Zusammenschluss von 15 internationalen Agrarforschungszentren. Bis 2011 gehörte die Gates Foundation zu den Top-Finanzierern der CGIAR und hat mehr als 700 Millionen US-Dollar für den Trust der CGIAR bereitgestellt.

Da sie einen großen Teil des bäuerlichen Saatguterbes in ihren Saatgutbanken verwahrt, ist die Übernahme der CGIAR auch eine Übernahme unseres Saatguts.

Dr. R.H. Richharia, Indiens herausragender Reisforscher, leitete das Central Rice Research Institute (CRRI) in Cuttack, Orissa. Das indische Institut existierte bereits vor dem Internationalen Reisforschungsinstitut (IRRI) und hatte die größte Sammlung von Reissorten, die größte Reis-»Bank« der Welt. Dr. Richharia weigerte sich, dem IRRI auf den Philippinen zu erlauben, die Sammlung zu rauben. Die Weltbank entfernte Dr. Richharia, den Hüter des indischen Reiswissens, vom CRRI, damit es das geistige Eigentum der indischen Bauern an das internationale Institut übertragen konnte, das später Teil der CGIAR wurde.

Wie der kürzlich veröffentlichte ETC-Bericht feststellt, hat eine neue Systemreferenzgruppe (SRG), die 2018 eingesetzt wurde, im Juli 2019 ihre Empfehlungen abgegeben, in denen sie die formale Zusammenführung der 15 Zentren der CGIAR zu einem Zentrum fordert. Das Treffen der 15 Center-Chairs wurde im Dezember 2019 am Hauptsitz von Bioversity International (BI) außerhalb von Rom einberufen, um die »Megafusion« zu diskutieren. Die Zusammenlegung würde ein internationales Board umfassen, das für alle 15 Zentren zuständig wäre.[16]

Die Gefahren scheinen unmittelbar zu sein, wenn man tiefer blickt und sieht, dass die SRG von Tony Cavalieri, Senior Program Officer der Bill & Melinda Gates Foundation, und Marco Ferroni, Vorsitzender des System Management Boards und kürzlich als Leiter der Syngenta Foundation in den Ruhestand getreten, gemeinsam geleitet wird. Die Vereinheitlichung wird von den Gates und Syngenta Stiftungen, USAID, Großbritannien, Kanada, Australien und Deutschland vorangetrieben.

Die Vereinheitlichung wird eine noch stärkere Verwischung der Grenzen zwischen dem privaten und dem öffentlichen Sektor mit sich bringen. Privates Gewinnstreben wird als öffentliche Agenda verkleidet.

Die Vereinheitlichung wird große Auswirkungen auf die elf CGIAR-Genbanken haben. Der rechtliche Status dieser Banken würde sich ändern, wenn sich die Vereinbarungen zwischen dem Gastland und den Zentren ändern, und das könnte bedeuten, dass die Banken einem anderen Rahmen unterworfen werden, der auch von der Agenda der Gates-Stiftung geprägt ist.[17]

Biopiraterie unter anderem Namen: das Sub1-Gen

Die Ag One-Agenda beinhaltet Biopiraterie wie die falsche Behauptung, dass der fluttolerante Reis Indiens eine »Erfindung« der Gates-Stiftung sei. Eine solche Initiative der Gates-Stiftung existiert bereits und nennt sich das Sub1-Gen. Sie sehen submergenz-toleranten Reis als ein landwirtschaftliches Forschungsfeld für »mehr Produktivität und weniger Risiko«. Und wieder einmal behaupten sie, den stresstoleranten Reis »erfunden« zu haben. Die Stiftung tätigte 2007 eine ihrer ersten großen Investitionen in STRASA (Stress Tolerant Rice for Africa and South Asia) mit dem Ziel,»18 Millionen Bauern auf den beiden Kontinenten in den nächsten zehn Jahren mit verbesserten Reissorten zu versorgen, die gegenüber Stressfaktoren wie Trockenheit, Salzgehalt, Eisentoxizität, Kälte und Überflutung tolerant sind«. Die Gates Foundation förderte das STRASA-Projekt zunächst mit 40 Millionen Dollar und gab 2014 einen dritten Zuschuss von 32,7 Millionen Dollar bis 2017.[18]

STRASA wird vom International Rice Research Institute in Partnerschaft mit dem Africa Rice Center koordiniert. Beide sind Mitglieder des CGIAR -Konsortiums. Außerdem wird das Projekt innerhalb der Gates-Stiftung von Rob Horsch betreut, der das Team für landwirtschaftliche Forschung und Entwicklung leitet und früher Leiter der internationalen Entwicklungspartnerschaften bei Monsanto war. Gates und das Giftkartell sind eins.

Gates hat die Einführung des Sub1-Gens in Südostasien und Subsahara-Afrika vorangetrieben, indem er mehr als 60 Millionen Dollar investierte und die modifizierten Gensorten zur Erfüllung seiner Agenda durchsetzte.[19]

Das reiche agroökologische Wissen unserer indischen Bauern
Unsere Bauern haben Reissorten entwickelt, die Dürren und Überschwemmungen und Wirbelstürme überleben, sie haben klimaresistente Reissorten entwickelt. Sie sind keine »Erfindungen« des Giftkartells. Sie wurden über Hunderte von Jahren gezüchtet und weiterentwickelt, mit den Zyklen der Natur und der Zeit, geformt durch das reiche und ausgefeilte agroökologische Wissen der Bauern.

In den letzten 20 Jahren hat Navdanya 54 hochwassertolerante Sorten in Odisha bewahrt. Von diesen sind acht Sorten extrem wassertolerant. Diese Sorten werden in der Navdanya-Farm zur Erhaltung der biologischen Vielfalt und in der Saatgutbank in Odisha konserviert und vermehrt.

Abb. 13: Acht wassertolerante Reissorten aus Odisha, Indien, die von den Bauern mit Sorgfalt und Wissen über ihr Land entwickelt wurden

Die Gates-Agenda: Die Untergrabung der Biodiversität und unserer internationalen Verträge

Unterminierung des Schutzes der Biodiversität

Übereinkommen über die biologische Vielfalt (CBD)
Die internationale Gemeinschaft hat diese Konvention 1992 in Rio de Janeiro auf dem Erdgipfel verabschiedet.

Die Ziele der Konvention waren:
* Erhaltung der biologischen Vielfalt
* Nachhaltige Nutzung von Ressourcen
* Faire und gerechte Aufteilung der Gewinne, die sich aus der kommerziellen Nutzung ergeben

Nagoya-Protokoll
Unter der CBD (Convention on Biological Diversity) sind mehrere Protokolle entstanden. Eines davon ist das Nagoya-Protokoll über Zugang und Vorteilsausgleich 2010.

Ziel war es, einen rechtsverbindlichen Rahmen für die Umsetzung des Konzepts des Zugangs und Vorteilsausgleichs zu schaffen, wie es beispielsweise in der Konvention über die biologische Vielfalt geschehen ist. Das Protokoll schafft Aufgaben und Verpflichtungen für die Parteien, die sich gemeinsam mit indigenen Gemeinschaften für die Nutzung von genetischen Ressourcen und Wissen einsetzen.

Internationaler Vertrag über pflanzengenetische Ressourcen für Ernährung und Landwirtschaft (ITPGRFA)
Auch als Internationaler Saatgutvertrag bekannt, sein Ziel ist: die Erhaltung und nachhaltige Nutzung aller pflanzengenetischen Ressourcen für Ernährung und Landwirtschaft und die faire und gerechte Aufteilung der Vorteile, die sich aus ihrer Nutzung ergeben, im Einklang mit dem Übereinkommen über die biologische Vielfalt, für eine nachhaltige Landwirtschaft und Ernährungssicherheit.

*Digitale Kartierung: Die Untergrabung der Regelungen zum Zugang zur
Biodiversität*
Diese internationalen Rahmenwerke, die zum Schutz unserer biologischen Vielfalt geschaffen wurden, werden durch die digitale Kartierung des Genoms vollständig untergraben. Biopiraterie wird durch
die Konvergenz von Informationstechnologie und Biotechnologie
vorangetrieben, indem durch das »Mapping« von Genomen und Ge-
nomsequenzen Patente generiert werden. Während sich lebendes
Saatgut »in situ« (vor Ort) entwickeln muss, können Patente auf Ge-
nome durch den Zugang zu Saatgut »ex situ« (außerhalb des Lebens-
raumes) generiert werden. Dies untergräbt die Rechte der Bauern, da
man ihre Erlaubnis nicht mehr braucht, sobald das Genom digital
kartiert wurde.

Neue GVOs: CRISPR und Gene Editing
Gates drängt schon seit einigen Jahren darauf, mit einer riesigen
Investition von 120 Millionen Dollar (zusammen mit seinen kapitalistischen Freunden). Früher finanzierte Gates andere, um dies zu
bewerkstelligen, aber unzufrieden mit dem mangelnden Fortschritt,
will er es nun selbst machen.[20]

Gene Editing ist eine gescheiterte Technologie.
Gene Editing hat sich als Fehlschlag erwiesen, weil es ungenau und
unvorhersehbar ist. Es wurde festgestellt, dass CRISPR mehr als 1.500
unbeabsichtigte Ein-Nukleotid-Mutationen, mehr als 100 größere
Deletionen und Insertionen in das Genom von Mäusen einführte.

Zuerst sagten sie, Chemikalien werden uns ernähren. Dann sagten sie, GVOs
werden uns ernähren. Die Menschen und der Planet wurden vergiftet. Jetzt
wird uns gesagt, dass Big Data uns ernähren wird.

Die Gates-Agenda: Untergrabung unserer Biosicherheitsgesetze

Das Cartagena-Protokoll Biosicherheit ist die multidisziplinäre Bewertung der Auswirkungen der Gentechnik auf die Umwelt, die öffentliche Gesundheit und die sozioökonomischen Bedingungen. Auf internationaler Ebene ist die biologische Sicherheit im Cartagena-Protokoll über die biologische Sicherheit völkerrechtlich verankert. Es ist ein rechtsverbindliches Protokoll zum Übereinkommen über die biologische Vielfalt (CBD). Es ist ein internationales Abkommen, das die sichere Handhabung, den Transport und die Verwendung von lebenden gentechnisch veränderten Organismen (LMOs), die aus der modernen Biotechnologie stammen, regelt. Das Protokoll umfasst die »grenzüberschreitende Verbringung, Durchfuhr, Handhabung und Verwendung aller lebenden veränderten Organismen, die nachteilige Auswirkungen auf die Erhaltung und nachhaltige Nutzung der biologischen Vielfalt haben können, unter Berücksichtigung der Risiken für die menschliche Gesundheit«.

Artikel 1

erklärt, dass das Protokoll »zur Gewährleistung eines angemessenen Schutzniveaus im Bereich der sicheren Weitergabe, Handhabung und Verwendung von lebenden veränderten Organismen, die aus der modernen Biotechnologie hervorgegangen sind und nachteilige Auswirkungen auf die Erhaltung und nachhaltige Nutzung der biologischen Vielfalt haben können, beitragen soll, wobei auch Risiken für die menschliche Gesundheit zu berücksichtigen sind und der Schwerpunkt auf der grenzüberschreitenden Verbringung liegt«.

Risikobewertung

Das Protokoll verlangt, dass Entscheidungen über vorgeschlagene Importe auf der Grundlage von Risikobewertungen getroffen werden. Risikobewertungen müssen auf wissenschaftlicher Grundlage und unter Berücksichtigung der von einschlägigen internationalen

Organisationen entwickelten Ratschläge und Richtlinien durchgeführt werden. Risikobewertungen erfordern Zeit.

Indian Biosafety Law Rules for the Manufacture, Use, Import, Export and Storage of hazardous Microorganisms Genetically Engineered Organisms or Cells, 1989

GVOs werden in Indien durch diese Vorschriften geregelt, die im Rahmen des Environment (Protection) Act, 1986, aufgestellt wurden. Regel 7(1) verbietet die Einfuhr ohne Genehmigung des GEAC. Sie besagt Folgendes: »Niemand darf gefährliche Mikroorganismen aus gentechnisch veränderten Organismen/Substanzen oder Zellen importieren, exportieren, transportieren, herstellen, verarbeiten, verwenden oder verkaufen, es sei denn, es liegt eine Genehmigung des Genetic Engineering Approval Committee vor.« Diese Genehmigung wurde in der Vergangenheit vom Giftkartell in Indien umgangen in seinem Versuch, alle Biosicherheitsvorschriften komplett zu negieren.

Sich die Zeit zum Feind machen: Ein Vorstoß zur Deregulierung

Ag One beinhaltet die Agenda der Deregulierung der Biosicherheit. Wie es in der Ankündigung der Initiative heißt, ist ihr Ziel, »die Produkte aus den Laboren auf die Felder zu bringen, schneller und massiver als bisher«. Das Ziel scheint zu sein, »vielversprechende« wissenschaftliche Entdeckungen zu identifizieren und diese so schnell wie möglich mit wenig Prüfung, Bewertung und Regulierung zur Marktreife zu bringen.

Indem sie die Zeit als Feindbild hinstellt, drängt sie im Grunde auf Deregulierung. Wenn es Gefahren gibt, müssen Vorsichtsmaßnahmen und Sicherheit geprüft werden. Indem man auf Deregulierung drängt, sagt man, dass man sich nicht darum kümmert, was mit der Gesundheit und Sicherheit der Menschen und des Planeten passiert. Ihre Profite und Agenden stehen über allem anderen.

Überall dort, wo es Deregulierung gibt, können wir Gates und seine Initiativen am Werk sehen, nicht nur in Afrika und Asien, sondern auch in den USA und Europa. Ein solches Beispiel ist CRISPR und Gen-Editing, wo sie versuchten, die Regulierung komplett zu umgehen, indem sie behaupteten, Gen-Editing sei eine Nicht-GVO-Technologie und unterscheide sich von Transgenen.

Aber die Entscheidung des EuGH (Europäischer Gerichtshof) hat anerkannt und bestätigt, dass Gen-Editing eine genetische Veränderung ist. Am 25. Juli 2018 entschied der EuGH, dass CRISPR eine Genveränderungstechnologie ist und wie alle GVOs reguliert werden muss.

Er führte aus:

»In seinem heutigen Urteil vertritt der Gerichtshof zunächst die Auffassung, dass durch Mutagenese gewonnene Organismen GVO im Sinne der GVO-Richtlinie sind, da die Techniken und Methoden der Mutagenese das genetische Material eines Organismus in einer Weise verändern, die in der Natur nicht vorkommt. Daraus folgt, dass diese Organismen grundsätzlich in den Anwendungsbereich der GVO-Richtlinie fallen und den in dieser Richtlinie festgelegten Verpflichtungen unterliegen.«[22]

Data-Mining von Bauern durch Digital Green

Digital Green, eine Initiative der Gates Foundation, wird beschrieben als »eine globale Entwicklungsorganisation, die Kleinbauern befähigt, sich selbst aus der Armut zu befreien, indem sie die kollektive Kraft von Technologie und Partnerschaften auf Graswurzelebene nutzt«. Es ist eine Nichtregierungsorganisation, die sich darauf konzentriert, »Bauern darin zu schulen, kurze Videos zu drehen und zu zeigen, in denen sie ihre Probleme aufzeichnen und Lösungen teilen«. Es wurde zuerst als ein Projekt im Rahmen von Microsoft Research India's Technology for Emerging Markets konzipiert. Es hat eine Finanzierung von 1,3 Millionen Dollar von der Walmart-Stiftung erhalten. Die South Asia Food and Nutrition Security Initiative (SAFANSI), ein Projekt der NGO, wird von der Weltbank finanziert. Es erhielt 2013 30 Millionen Rupien als Global Impact Award von Google. Die Bill & Melinda Gates Foundation hat mehr als zehn Millionen Dollar in diese Initiative investiert.[23]

CropIn: Überwachungskapitalismus hält Einzug in die indische Landwirtschaft

CropIn Technology Pvt. Ltd. mit Sitz in Bengaluru hat zwölf Millionen US-Dollar an Finanzmitteln vom Giftkartell, der Gates Foundation, Risikokapitalfirmen und Agtech-Unternehmen wie Chiratae Ventures, Strategic Investment Fund, Seeders Ventures Fund, Syngenta, Bayer und BASF erhalten. Das Unternehmen behauptet, dass es die Finanzierung nutzen würde, um seine Technologie und die Machine-Learning-Plattform zu nutzen, um über zehn Millionen Hektar Land zu kontrollieren und in das Leben von sieben Millionen Landwirten in Indien und weltweit einzudringen. In Indien hat CropIn seine Präsenz in 70 Prozent der Bundesstaaten angekündigt.

Es wird behauptet, dass CropIn von Krishna Kumar, Kunal Prasad und Chittaranjan Jena gegründet wurde. Aber es ist das Geld des Giftkartells und der Milliardäre, die es in Wirklichkeit gegründet haben. Die Technologien, die beworben werden, sind die des Giftkartells. Das Start-up behauptet, einen »Agrar-Informations-Datensatz« aufzubauen, um Muster zu erkennen und die »Zukunft« einer Vielzahl von Nutzpflanzen vorherzusagen.

In Indien arbeitet CropIn mit dem Department of Agriculture (DOA) der Regierung von Karnataka, dem Department of Horticulture (DOH) von Andhra Pradesh, der Regierung des Bundesstaates Bihar und dem Department of Agriculture and Welfare der Regierung von Punjab zusammen und ist Teil des Jeevika-Projekts, das »intelligente Technologien« für eine klimaresistente Landwirtschaft nutzt. Darüber hinaus hat die Weltbank CropIn als Technologiepartner im Rahmen des Public-Private-Partnership-Projekts der indischen Regierung und der Weltbank ausgewählt.[24]

9. Verletzung der Rechte der Bauern auf Datenschutz

Die digitale Landwirtschaft und die Überwachung der Bauern, ihrer Ländereien und ihrer Ernten erzeugen »Daten« für das Giftkartell und die Gates-Stiftung, die durch den Einsatz von Robotik und digitalen Technologien, künstlicher Intelligenz und mit dem Internet verbundenen Geräten (»Internet der Dinge«) gesammelt werden. Big Data, Datenanalytik und maschinelles Lernen werden durch elektronische Rückverfolgungssysteme, elektronische Wetterdaten, Smartphone-Mapping und andere Fernerkundungsanwendungen in die Landwirtschaft integriert. »Präzisionslandwirtschaft« ist im wesentlichen eine »datengenerierende Landwirtschaft«, da sie auf der Beobachtung und Messung von Nutzpflanzen und Umweltvariablen mit Sensoren und Satelliten beruht.

Diese »Daten« von den Feldern und Bauern werden ohne deren Wissen oder vorherige Zustimmung gesammelt und sind eng mit persönlichen Informationen der Bauern verbunden, wie zum Beispiel dem Standort der Farmen und so weiter. Die Entnahme dieser »Daten« durch das Giftkartell und die Gates Foundation verstößt gegen die internationalen und nationalen Regelungen, die wir zum Datenschutz haben.

Internationale Gesetze

Die Allgemeine Erklärung der Menschenrechte
besagt in Artikel 12: »Niemand darf willkürlichen Eingriffen in sein Privatleben, seine Familie, seine Wohnung und seinen Schriftverkehr oder Beeinträchtigungen seiner Ehre und seines Rufes ausgesetzt werden. Jeder hat Anspruch auf rechtlichen Schutz gegen solche Eingriffe oder Beeinträchtigungen.«

Der Internationale Pakt über bürgerliche und politische Rechte
Artikel 17 des Paktes (bis heute von 167 Staaten ratifiziert) sieht vor,
dass niemand willkürlichen oder rechtswidrigen Eingriffen in sein
Privatleben, seine Familie, seine Wohnung oder seinen Schriftverkehr
sowie rechtswidrigen Angriffen auf seine Ehre und seinen Ruf ausgesetzt werden darf. Weiter heißt es: »Jedermann hat Anspruch auf
rechtlichen Schutz gegen solche Eingriffe oder Beeinträchtigungen.«

Europäische Konvention zum Schutz der Menschenrechte und
Grundfreiheiten
Artikel 8 der Konvention bekräftigt das gleiche Recht auf Privat-
sphäre in ähnlichen Worten.

Die General Data Protection Regulation(GDPR) der Europäischen Union
Die Datenschutzgrundverordnung ist die stärkste Datenschutz-
regelung der Welt. Sie definiert personenbezogene Daten als »alle
Informationen, die sich auf eine identifizierte oder identifizierbare
lebende Person beziehen. Verschiedene Informationen, die zusam-
mengenommen zur Identifizierung einer bestimmten Person führen
können, stellen ebenfalls personenbezogene Daten dar.«

Nationale Gesetze von Indien
Am 24. August 2017 hat ein Verfassungsgericht, bestehend aus neun
Richtern des Obersten Gerichtshofs von Indien, in der Rechtssache
Justice K. S. Puttaswamy (Retd.) v. Union of India bestätigt, dass die
Privatsphäre ein Grundrecht ist, das in Artikel 21 der Verfassung
verankert ist.
    [Der weitere Text betrifft speziell Indien. Den haben wir hier aus-
gelassen. Nachzulesen ggf. auf http://www.navdanya.org/site/
attachments/article/703/Ag-One-17thfeb.pdf
    Keine dieser Regeln und Gesetze werden respektiert, wenn es um
unsere Bauern geht. Das Giftkartell und die Gates-Stiftung »extrahie-
ren Daten« aus dem Leben dieser Bauern durch ihre Überwachungstechnologien.

Bauern sind Bürger dieses Landes. Sie haben die gleichen Rechte unter diesen internationalen und nationalen Gesetzen. Sie haben das Recht auf ihre Privatsphäre. Sie haben das Recht darauf, dass ihre Zustimmung als autonome Wesen erforderlich ist. Sie sind keine Objekte, die von der gewinnorientierten Maschinerie des kolonialistischen Giftkartells und der Gates Foundation erobert werden können.

10. Kaperung unserer öffentlichen Institutionen: Gates stiehlt die UN und ihren Ernährungsgipfel

In einer kürzlich erfolgten Ankündigung wurde Agnes Kalibata zur Sondergesandten des Generalsekretärs der Vereinten Nationen für den Ernährungsgipfel 2021 ernannt. Sie ist die Präsidentin der Alliance for a Green Revolution in Africa (AGRA). AGRA wurde durch eine Partnerschaft zwischen der Rockefeller Foundation und der Bill & Melinda Gates Foundation gegründet.

AGRA ist eine Organisation, die sich die Sprache des Umweltschutzes zu eigen macht und ihre Arbeit als Unterstützung von Kleinbauern ausgibt, während sie in Wirklichkeit die Strategien des Giftkartells, von Big Ag und den Verfechtern der Gentechnik fördert. Sie gibt sich als Förderer von Kleinbauern aus, die mit der Natur arbeiten, während sie in Wirklichkeit mit genau den Systemen arbeitet, die die Natur bekämpfen und unsere lokalen Ökosysteme bedrohen.

Die Ernennung der Präsidentin von AGRA zur Sondergesandten des Generalsekretärs der Vereinten Nationen für den Ernährungsgipfel der Vereinten Nationen ist gefährlich.

Dies bedeutet, dass die Agenda der Kleinbauern und der Agrarökologie in der UNO von Gates und dem Giftkartell gekapert wurde.[25]

11. Ag 10.000 statt Ag One: Aufbauend auf der jahrtausendelangen Entwicklung Tausender verschiedener agrarökologischer Kenntnisse und Kulturen

Die Zukunft gründet auf Biodiversität, Saatgutsouveränität und Agrarökologie, nicht auf den Illusionen, die das Giftkartell verkauft.

Die Zukunft ist Agrarökologie, nicht »Ag Tech« oder »Ag One«.

Man verkauft uns die Illusion, dass das schnellere Laufen in der Tretmühle des Chemie- und Giftkartells, jetzt ausgestattet mit künstlicher Intelligenz und Robotern, effektiver ist und mehr Nahrung produziert und die Hungernden ernährt. Aber das Gegenteil ist der Fall: Die Werkzeuge und Technologien des Giftkartells haben den Planeten und das Leben der Bauern an den Rand des Abgrunds gebracht, mit Klimakatastrophen, Artensterben, Wasserkrisen, Einkommensverlusten der Bauern und Krankheiten, die mit der Ernährung zusammenhängen und eine große Anzahl von Menschen töten.

Die Werkzeuge des Giftkartells haben in der Landwirtschaft, in der es um Leben und dessen Erneuerung geht, immer wieder versagt. Auf einer Straße, die in den Abgrund führt, schneller zu fahren, ist Blindheit, nicht Wissenschaft.

Gute Wissenschaft lernt Lektionen und wiederholt Fehler nicht. Uns wird jedoch »Wissenschaft« als fundamentalistische Religion aufgezwungen, wobei sie deren Fehler wiederholt und sogar noch verstärkt. Gates und andere finanzieren all die gescheiterten landwirtschaftlichen Technologien: von der Grünen Revolution bis zu GVOs, ebenso Golden Rice und Bt Brinjal.

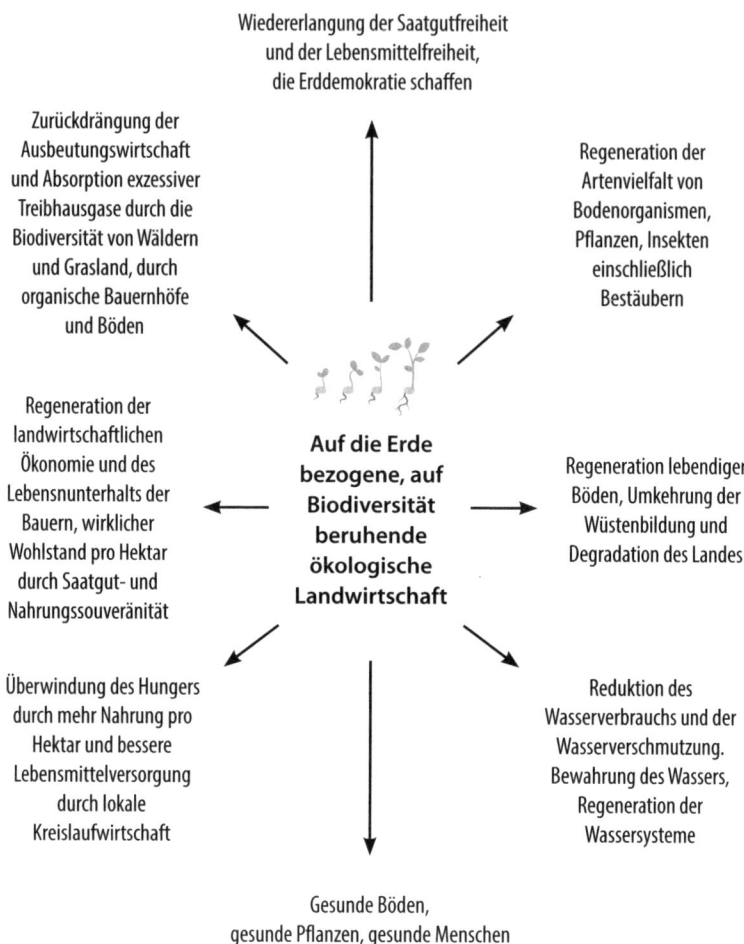

Abb. 14: Lösungen für die multiple Krise durch Saatgutfreiheit, Lebensmittelfreiheit und Erddemokratie

Wir müssen uns auflehnen, über das Narrativ der Konzerne hinausschauen und uns auf bewährtes indigenes Wissen und die Agrarökologie besinnen, um die Zukunft der Landwirtschaft auf der Grundlage von Biodiversität und kultureller Vielfalt zu gestalten.

Landwirte haben Wissen.

Pflanzen und Insekten haben Intelligenz.

Agrarökologie baut auf die Vielfalt des Wissens und der Intelligenz.

Unsere Antwort auf Ag One ist die epistemische [erkenntnismäßige] Dekolonialisierung und die Rückgewinnung unserer Eigenständigkeit: Saatgut-Souveränität, Nahrungsmittel-Souveränität und Wissens-Souveränität.

Wir haben sie schon, die Lösungen, um die Klimazerrüttung abzumildern! Die agrarökologische Landwirtschaft entzieht der Atmosphäre überschüssiges Kohlendioxid und bringt es durch Photosynthese [und Humusbildung] wieder in den Boden. Sie erhöht zugleich die Wasserspeicherkapazität des Bodens und trägt so zur Widerstandsfähigkeit in Zeiten von Dürren, Überschwemmungen und anderen Klimaextremen bei.

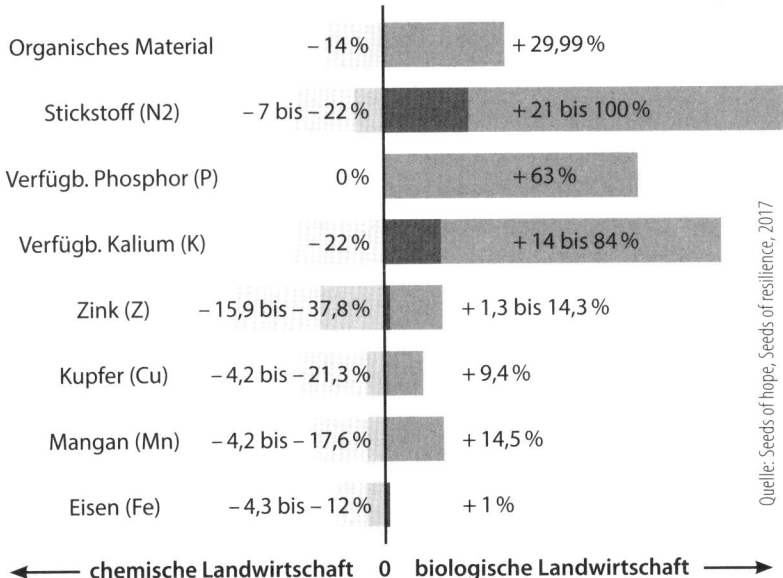

Abb. 15: Zu- bzw. Abnahme von Nährelementen und Biomasse bei biologischer bzw. chemischer Methode

Wenn wir den Weg des Todes verlassen und auf den Weg des Lebens zurückkehren, haben wir eine Zukunft. Wenn wir den Weg der Freiheit und Eigenständigkeit gehen und der Rekolonialisierung widerstehen, haben wir eine Zukunft. Der Weg der Landwirtschaft mit der Natur führt zur Erneuerung des Planeten: durch die Wiederherstellung von Biodiversität, Boden und Wasser. Kleinbauern sind keine Objekte, die manipuliert werden müssen, um Märkte für neue Waren zu schaffen. Kleinbauern sind Experten in Agrarökologie und die Grundlage für Ernährungssouveränität und Ernährungssicherheit.

Wir brauchen eine Wiederbelebung der Kleinbauernhöfe, der echten Höfe mit echten Menschen, die sich um das Land kümmern, die sich um das Leben kümmern, die sich um die Zukunft kümmern und vielfältige, gesunde, frische, ökologische und echte Lebensmittel für alle erzeugen. Wir brauchen viele Arten der Landwirtschaft, die mit der Evolution arbeiten und die Zeit zum Freund haben.

Echte Lebensmittel mit Integrität kommen von echten Landwirten mit Integrität, die mit der Integrität der Erde und den ökologischen Prozessen zusammenarbeiten.

All das dauert seine Zeit.

Endnoten

Einführung

1 Marie-Monique Robin, Our Daily Poison: From Pesticides to Packaging, How Chemicals Have Contaminated the Food Chain and Are Making Us Sick (New York: New Press, 2014).

2 Mike Adams, »World Bank Warns of Food Riots as Rising Food Prices Push World Populations toward Revolt«, OpEdNews, June 1, 2014

3 »Hungry for Land: Small Farmers Feed the World with Less Than a Quarter of All Farmland«, Grain, May 28, 2014, www.grain.org/ article/entries/4929-hungry-for-land-small-farmers-feed-the-worldwith-less-than-a-quarter-of-all-farmland, accessed June 22, 2014.

4 »Report of the International Technical Conference on Plant Genetic Resources, Leipzig, Germany, 17–23 June 1996«, Food and Agriculture Organization of the United Nations, Rome, 1996.

5 »Colony Collapse Disorder Progress Report«, US Department of Agriculture, June 2010, zitiert in www.greenpeace.org

6 »Water Uses«, AQUASTAT, Food and Agriculture Organization of the United Nations, 2014, www.fao.org/nr/water/aquastat/water_use/ index.stm.

7 Vandana Shiva, Earth Democracy (Cambridge, MA: South End Press, 2005). Dt. Erd-Demokratie, Rotpunkt, Zürich 2006

8 Vandana Shiva, Soil Not Oil (New Delhi: Women Unlimited, 2008), 97. Dt.: Leben ohne Erdöl, Rotpunkt, Zürich 2009

9 »Climate Change 2007: Synthesis Report«, Intergovernmental Panel on Climate Change (IPCC), 2007

10 Vandana Shiva, »Poisoned Roots«, Asian Age, February 26, 2014,

1 Agrarökologie

1 John Augustus Voelcker, Report on the Improvement of Indian Agriculture (London: Eyre and Spottiswoode, 1893), 11.

2 Albert Howard, The Agricultural Testament (London: Oxford University Press, 1940), 10. Dt.: Mein landwirtschaftliches Testament, OLV, Kevelaer 2004

3 Amartya Sen, Poverty and Famines: An Essay on Entitlement and Deprivation, 1983, Oxford Scholarship Online, November 2003, www.oxfordscholarship.com/view/10.1093/0198284632.001.0001/acprof-9780198284635.

4 Vandana Shiva, The Violence of the Green Revolution (Dehra Dun, India: Natraj, 2010).

5 Zitiert in Lothar Schaffer, Infinite Potential (New York: Random House, 2013), 34.

6   Bruce H. Lipton, The Biology of Belief (Carlsbad, CA: Hay House, 2008), 31.
     Dt.: Intelligente Zellen, Koha, Burgrain 2016, 37
7   Mae-Wan Ho and Eva Sirinathsinghji, Ban GMOs Now: Health and Envi-
     ronmental Hazards, Especially in the Light of the New Genetics (London:
     Institute of Science and Society, 2010), 27.
8   Richard Lewontin, Biology as Ideology: The Doctrine of DNA (New York:
     HarperCollins, 1993), 22.
9   Lipton, The Biology of Belief, 11.
10   Marilyn Waring, If Women Counted: A New Feminist Economics (San Fran-
     cisco: HarperCollins, 1988), 25.

2 Lebendiger Boden

1   »Prithvi-Sukta: Hymn to the Earth (Atharva Veda)«, JaiMaa.org, June 22,
     2014, earth-atharva-veda/.
2   Albert Howard, The Soil and Health, 1st ed. (New York: Devin-Adair, 1956), 11.
3   Shiva, The Violence of the Green Revolution, 104.
4   »The Economics of Land Degradation: A Global Initiative for Sustainable
     Land Management«, ELD brochure, 2014.
5   David Pimentel, »Soil Erosion: A Food and Environmental Threat«, Environ-
     ment, Development, and Sustainability 8 (2006): 119–137.
6   Vandana Shiva, The Vandana Shiva Reader (Lexington: University Press of
     Kentucky, 2014), 243
7   Louise Howard, Sir Albert Howard in India (London: Faber and Faber, 1953),
     xv.
8   Shiva, Soil Not Oil, 101–102.
9   Nyle C. Brady and Ray R. Weil, Elements of the Nature and Properties of
     Soils, 3rd ed. (Upper Saddle River, NJ: Prentice Hall, 2009).
10   Charles Darwin, The Formation of Vegetable Mould through the Action of
     Worms (London: John Murray, 1881). D.: Die Bildung der Ackererde durch
     die Tätigkeit der Würmer, Czernin, Wien 2020
11   Howard, The Soil and Health, 63.
12   Howard, An Agricultural Testament, 25. Dt. Mein landwirtschaftliches Testa-
     ment, Xanten, 2005, 37
13   »Of Soils, Subsidies and Survival: A Report on Living Soils«, Greenpeace
     India Society, 2011, 12.
14   Shiva, Soil Not Oil, 101.
15   Richard Heinberg, The Party's Over: Oil, War and the Fate of Industrial Societies
     (Gabriola Island, BC: New Society), 2003. Dt.: Öl-Ende, Riemann, München 2004
16   »Living Soils Report«, Greenpeace India, February 3, 2011
17   Shiva, The Violence of the Green Revolution, 104.
18   Howard, The Soil and Health, xxv.

19 Ibid.
20 Ibid.
21 Ibid , 64, 13.
22 »Palli Prakriti«, Bhoomi: Learning from Nature, Remembering Tagore (New Delhi: Navdanya, 2012), 10.

3 Bienen und Schmetterlinge

1 Howard, The Soil and Health, xix.
2 W.W. Fletcher, The Pest War (Oxford, UK: Blackwell, 1984), 1.
3 Rachel Carson, Der stumme Frühling, (5. Auflage bei C.H. Beck) München, 2019, 28.
4 Ibid., 42.
5 John S. Wilson and Tsunehiro Otsuki, »To Spray or Not to Spray: Pesticides, Banana Exports and Food Safety« (Washington, DC: Development Research Group, World Bank, 2002).
6 Vandana Shiva, Mira Shiva, and Vaibhav Singh, Poisons in Our Food (Dehra Dun, India: Natraj, 2012), 2.
7 J. Jeyaratnam, »Acute Pesticide Poisoning: A Major Global Health Problem«, World Health Statistics Quarterly 43 (1990): 139–144.
8 »Crop Protection by Seed Coating«, Communications in Agricultural and Applied Biological Sciences 70, no. 3 (2005): 225–229.
9 »Seed Treatment«, International Seed Federation, June 13, 2014, www.world-seed.org/isf/seed_treatment.html.
10 Tom Philpott, »90 Percent of Corn Seeds Are Coated with Bayer's BeeDecimating Pesticide«, Mother Jones, May 16, 2014, www.motherjones. com/tom-philpott/2012/05/catching-my-reading-ahead-pesticide-industry-confab, accessed June 14, 2014.
11 V. Shiva, M. Shiva, and Singh, Poisons in Our Food, 23.
12 Will Allen, The War on Bugs (White River Junction, VT: Chelsea Green, 2008), 96.
13 V. Shiva, M. Shiva, and Singh, Poisons in Our Food, 11.
14 Ibid., 16.
15 »Bhopal: The World's Worst Industrial Disaster«, Greenpeace, June 20, 2014,.
16 K. Raja, »Short Notes on Bhopal Gas Tragedy«, Preserve Articles, June 14, 2014
17 »Health Effects of Agent Orange/Dioxin«, Make Agent Orange History, June 14, 2014
18 Kounteya Sinha, »Nearly 7 Lakh Indians Died of Cancer Last Year: WHO«, Times of India, December 14, 2013, http://timesofindia. indiatimes.com/india/7-lakh-Indians-died-of-cancer-last-year-WHO/ articleshow/27317742. cms, accessed June 14, 2014.
19 »Cancer: Fact Sheet N°297«, World Health Organization, February 2014.

20 Josef Thundiyil, Judy Stober, Nida Besbelli, and Jenny Pronczuk, »Acute Pesticide Poisoning: A Proposed Classification Tool«, Bulletin of the World Health Organization 86, no. 3 (March 2008): 161–240, www.who.int/bulletin/volumes/86/3/07-041814/en/.

21 David Pimentel, »Environmental and Economic Costs of the Application of Pesticides in the US Environment«, Development and Sustainability 7 (2005), 229–252.

22 Channa Jayasumana, Sarath Gunatilake, and Priyantha Senanayake, »Glyphosate, Hard Water and Nephrotoxic Metals: Are They the Culprits Behind the Epidemic of Chronic Kidney Disease of Unknown Etiology in Sri Lanka?« International Journal of Environmental Research and Public Health 11, no. 2 (2014): 2,125–2,147.

23 »Why Are Autism Spectrum Disorders Increasing?« Centers for Disease Control and Prevention, June 18, 2014

24 K. W. Richards, »Non Apis Bees as Crop Pollinators«, Revue Suisse de Zoologie 100 (1993): 807–822.

25 »Pollinators 101«, Native Pollinators in Agriculture Project,

26 Marshall Levin, »Value of Bee Pollination to United States Agriculture«, American Bee Journal 124, no. 3 (1984): 184–186.

27 V. Shiva, M. Shiva, and Singh, Poisons in Our Food, 1.

28 Zitiert in Shiva, The Violence of the Green Revolution, 97.

29 »Who Owns Nature? Corporate Power and the Final Frontier in the Commodification of Life«, ETC Group, November 12, 2008, www.etcgroup.org/content/who-owns-nature, accessed June 14, 2014.

30 »Monsanto: A Corporate Profile«, Food and Water Watch, April 8, 2013

31 Ibid.

32 Warren Cornwall, »The Missing Monarchs«, Slate, January 29, 2014, www.slate.com/articles/health_and_science/science/2014/01/monarch_butterfly_decline_monsanto_s_roundup_is_killing_milkweed.html, accessed June 20, 2014.

33 Madhura Swaminathan and Vikas Rawal, »Are There Benefits from the Cultivation of Bt Cotton?« Review of Agrarian Studies 1, no. 1 (January–June 2011).

34 Charles Benbrook, »Impacts of Genetically Engineered Crops on Pesticide Use in the US—the First Sixteen Years«, Environmental Sciences Europe 24 (2012).

35 Ibid.

36 Jorge Fernandez-Cornejo and Craig Osteen, »Managing Glyphosate Resistance May Sustain Its Efficacy and Increase Long-Term Returns to Corn and Soybean Production«, Amber Waves, May 4, 2015

37 Jennifer H. Zhao, Peter Ho, and Hossein Azadi, »Benefits of Bt Cotton Counterbalanced by Secondary Pests? Perceptions of Ecological Change in China«, Environmental Monitoring and Assessment 173, nos. 1–4 (2011), 985–994.

38 »Who Benefits from GM Crops? Feeding the Biotech Giants, Not the World's Poor«, Friends of the Earth International, February 2009

39 Linda Pressly, »Are Pesticides Linked to Health Problems in Argentina?« BBC News Magazine, May 14, 2014

40 »Use of Pesticides in Brazil Continues to Grow«, GM Watch, April 18, 2011

41 Benbrook, »Impacts of Genetically Engineered Crops on Pesticide Use in the US.«

42 »Mike Mack on GMOs: 'There's Very Little about Farming That's Natural,'« Huffington Post, January 24, 2014, www.huffingtonpost.com/2014/01/24/ michael-mack-davos_n_4636222.html?utm_hp_ ref=food&ir=Food, accessed June 14, 2014.

43 Zeyaur Khan, David Amudavi, and John Pickett, »Push-Pull Technology Transforms Small Farms in Kenya«, PAN North America Magazine, Spring 2008, www.push-pull.net/panna.pdf, accessed June 14, 2014.

44 Joko Mariyono, »Integrated Pest Management Training in Indonesia: Does the Performance Level of Farmer Training Matter?« Journal of Rural and Community Development 4, no. 2 (2009): 93–104.

45 »State to Promote Pesticide-Free Farming«, The Hindu, November 21, 2004,

46 »Pesticides and Honeybees: State of the Science«, Pesticide Action Network North America, May 2012.

47 The Bee Coalition, »Myths and Truths about Neonicotinoids, Chemicals and the Pesticides Industry«

48 Charlotte McDonald-Gibson, »'Victory for Bees' as European Union Bans Neonicotinoid Pesticides Blamed for Destroying Bee Population«, The Independent, April 29, 2013, www.independent.co.uk/environment/nature/ victory-for-bees-as-european-union-bans-neonicotinoid-pesticides-blamed-for-destroying-bee-population-8595408.html, accessed June 20, 2014.

49 »Chinese Army Bans All GMO Grains and Oil from Supply Stations«, Sustainable Pulse, May 14, 2014, http://sustainablepulse.com/2014/05/14/chinese-army-bans-gmo-grains-oil-supply-stations/#.U6v1IhY2nwl, accessed June 25, 2014.

50 »It's Official—Russia Completely Bans GMOs«, Collective Evolution, April 15, 2014

4 Biodiversität

1 »Usefulness of and Threats to Plant Genetic Resources«, ADB Institute, June 5, 2014

2 B. J. Cardinale et al., »Biodiversity Loss and Its Impact on Humanity«, Nature 486: 59–67.

3 »William Lockeretz«, US Department of Agriculture: Alternative Farming Systems Information Center, June 20, 2014, http://afsic.nal. usda.gov/

videos/histories/william-lockeretz.

4   Francesca Bray, »Agriculture for Developing Nations«, Scientific American, July 1994: 33–35.

5   Ibid.

6   T. Cacek, »Organic Farming: The Other Conservation Farming System«, Journal of Soil and Water Conservation 39 (1984): 357–360.

7   Charles Mann, 1491: New Revelations of the Americas before Columbus (New York: Vintage Books, 2005), 197–198. Dt.: Amerika vor Kolumbus, Rowohlt, Reinbek 2016

8   »Companion Planting: The Three Sisters«, Almanac.com, June 5, 2014, www.almanac.com/content/companion-planting-three-sisters.

9   Vandana Shiva, Vaibhav Singh, Health Per Acre (New Delhi: Navdanya, 2011).

5 Kleinbauern

1   Zitiert in Vandana Shiva, Yoked to Death: Globalisation and Corporate Control of Agriculture (New Delhi: Research Foundation for Science, Technology and Ecology, 2001), 21.

2   Joel Dyer, Harvest of Rage: Why Oklahoma City Is Only the Beginning (Boulder, CO: Westview, 1998).

3   Zitiert in Shiva, Yoked to Death, 24.

4   Charan Singh, Economic Nightmare in India (New Delhi: National Publishing House, 1984), 119.

5   National Crime Records Bureau, Ministry of Home Affairs, »Accidental Deaths & Suicides in India: 2014«; P. Sainath, »Maharashtra Crosses 60,000 Farm Suicides«, July 15, 2014

6   »Why Are the FAO and the EBRD Promoting the Destruction of Peasant and Family Farming?« Grain, September 14, 2012, www.grain.org/article/entries/4572-why-are-the-fao-and-the-ebrd-promotingthe-destruction-of-peasant-and-family-farming, accessed June 15, 2014.

7   Shiva, Yoked to Death, 8–9.

8   »Wake Up Now before It Is Too Late: Make Agriculture Truly Sustainable Now for Food Security in a Changing Climate«, Trade and Environment Review 2013 (Geneva: UNCTAD, 2013).

9   Peter Rosset, »Small Is Bountiful«, The Ecologist 29, no. 8 (December 1999).

10 International Labour Organization, »ILO and Cooperatives«, ILO COOP News, no. 4 (2012).

11 »The State of Land in Europe«, Agrarian Justice, April 14, 2014, www.tni.org/infographic/state-land-europe, accessed June 15, 2014.

12 Tom Philpott, »Wall Street Investors Take Aim at Farmland«, Mother Jones, March 14, 2014, www.motherjones.com/tom-philpott/2014/03/land-grabs-not-just-africa-anymore, accessed June 15, 2014.

13 »How Much Farmland Has India Lost?« The Economic Times, Nov. 12, 2013

14 Zitiert in Pyarelal, Towards New Horizons (Ahmedabad, India: Navajivan Press, 1959), 150.

15 Suma Chakrabarti and José Graziano da Silva, »Hungry for Investment: The Private Sector Can Drive Agricultural Development in Countries That Need Itthe Most«, Wall Street Journal, September 6, 2012

6 Saatgutfreiheit

1 Vandana Shiva and Kunwar Jalees, Seeds of Suicide (New Delhi: Navdanya, 2006), 48.

2 Ibid., 2–3.

3 Ibid., 3.

4 Ibid., 75.

5 Translated from Quechua to English by William Rowe and quoted in Shiva, The Violence of the Green Revolution, 255.

6 »Agreement on Trade-Related Aspects of Intellectual Property Rights«, World Trade Organization. April 15, 1994.

7 Food and Water Watch, 2013.

8 Vandana Shiva, Stolen Harvest: The Hijacking of the Global Food Supply (New Delhi: India Research Press, 2000), 93.

9 »›Gene Police‹ Raise Farmers' Fears« Washington Post, February 3, 1999: 2.

10 WTO Council for Trade Related Aspects of Intellectual Property Rights, IP/C/W/161, November 3, 1993.

11 WTO Council for Trade Related Aspects of Intellectual Property Rights, IP/C/W/404, June 26, 2003.

12 Shiva and Jalees, Seeds of Suicide, 25.

13 National Crime Records Bureau, Ministry of Home Affairs, »Accidental Deaths & Suicides in India: 2014«; P. Sainath, »Maharashtra Crosses 60,000 Farm Suicides.«

14 Ibid., 246–247.

7 Lokalisierung

1 Ethan A. Huff, »Consolidation of Seed Companies Leading to Corporate Domination of World Food Supply«, Natural News, July 27, 2011, www.natural news.com/033148_seed_companies_Monsanto.html, accessed June 25, 2014.

2 Nigel Morris, »The Big Five Companies That Control the World's Grain Trade«, The Independent, January 23, 2013, www.independent.co.uk/news/uk/home-news/the-big-five-companies-that-control-theworlds-grain-trade-8462266.html, accessed June 25, 2014.

3 »Global Top 10 Food Companies: Company Guide«, Just Food, Canada Ltd., November 2013.

4 »Leading Retailers«, Food Retail World, June 25, 2014, www.foodretailworld. com/LeadingRetailers.htm.

5 Duncan Green and Matthew Griffith, »Dumping on the Poor: The Common Agricultural Policy, the WTO and International Development«, CAFOD Trade Justice Campaign, September 2002, www.iatp.org/files/Dumping_ on_the_Poor_The_Common_Agricultural_Po.htm, accessed June 15,2014.

6 Kevin Watkins, »Northern Agricultural Policies and World Poverty: Will the Doha ›Development Round‹ Make a Difference?« Oxfam, 2003.

7 Green and Griffith, »Dumping on the Poor.«

8 Vandana Shiva, Afsar H. Jafri, and Kunwar Jalees, The Mirage of Market Access: How Globalisation Is Destroying Farmers' Lives and Livelihoods (New Delhi: Navdanya/Research Foundation for Science and Technology, 2003), 25.

9 »An Answer to the Global Food Crisis: Peasants and Small Farmers Can Feed the World!« La Via Campesina: International Peasant's Movement, May 1, 2008

10 Ibid.

11 Shiva, Jafri, and Jalees, The Mirage of Market Access, 63.

12 Zitiert in Shiva, Yoked to Death, 40.

13 Frederick Kaufman, »How Wall Street Starved Millions and Got Away with It«, Harper's Magazine, July 2010.

14 Food and Agriculture Organization of the United Nations, The State of Food Insecurity in the World, 2012.

15 »Where Does Hunger Exist?« Bread for the World Institute, www. bread.org.

16 Jenny Hope, »Hunger in Britain Is Becoming 'Public Health Emergency' as Number of People Turning to Food Banks to Feed Families Soars«, Daily Mail, December 4, 2013

17 »EPAs: Through the Lens of Kenya«, Traidcraft and EcoNews Africa, 2005

18 »Kenya«, Food Security Portal, June 20, 2014

19 »Kenya's Food Exports vs. Food Aid«, Koru Kenya, August 1, 2013,

20 Samuel L. Aronson, »Crime and Development in Kenya: Emerging Trends and Transnational Implications of Political, Economic, and Social Instability«, Student Pulse 2, no. 9 (2009)

21 »EPAs: Through the Lens of Kenya.«

22 Government of Kenya, The 2003–2007 Economic Recovery Strategy for Wealth and Employment Creation, June 2003, xiii.

23 Emilio Godoy, »Drugs Displace Maize on Mexico's Small Farms«, Inter Press Service, January 22, 2014

24 Matthew Davis, »Globalization and Poverty in Mexico«, National Bureau of Economic Research, www.nber.org/digest/apr05/w11027.html, accessed June 20, 2014.

25 Ibid.
26 Elvia R. Arriola, »Accountability for Murder in the Maquiladoras: Linking Corporate Indifference to Gender Violence at the US-Mexico Border«, Seattle Journal for Social Justice 5, no. 2 (Spring/Summer 2007).
27 Food and Agriculture Organization of the United Nations, The State of Food Insecurity in the World: Economic Crises—Impacts and Lessons Learned, 2009, 11.
28 Report of the UN Special Rapporteur on the Right to Food, p. 3, www.srfood. org/images/stories/pdf/officialreports/20101021_access-to-land-report_en.pdf.
29 Development Education, www.developmenteducation.ie.
30 Adams, »World Bank Warns of Food Riots.«
31 Food and Agriculture Organization of the United Nations
32 Vandana Shiva and Kunwar Jalees, Why Is Every 4th Indian Hungry? The Causes and Cures for Food Insecurity (New Delhi: Navdanya, 2009), 1.
33 Ibid.
34 Ibid.
35 Department of Biology, University of Indiana, »Obesity, Type 2 Diabetes and Fructose«, August 24, 2010
36 George A. Bray, Samara Joy Nielsen, and Barry M. Popkin, »Consumption of High-Fructose Corn Syrup in Beverages May Play a Role in the Epidemic of Obesity«, American Journal of Clinical Nutrition 79, no. 4 (2004): 537–543.
37 »Annual Financials for PepsiCo Inc.«, MarketWatch
38 PepsiCo website, www.pepsico.com.
39 Shiva, Stolen Harvest, 70; Alex Hershaft, »Academy of Science Confirms Diet–Cancer Link«, Vegetarian Times, September 1982: 7–8
40 Vandana Shiva, »The Wrong Choice, Baby?« Asian Age, December 4, 2013
41 »India Likely to Beat China to Become Diabetes Capital in the World«, Silicon India, June 13, 2014
42 »Furor on Memo at World Bank«, New York Times Archives, February 7, 1992
43 Shiva, Soil Not Oil, 103.
44 Stephen Bentley and Ravenna Barker, »Fighting Global Warming at the Farmers' Market«, FoodShare Research in Action Report, FoodShare Toronto, 2005.
45 Tim Lang and Michael Heasman, Food Wars: The Global Battle for Mouths, Minds and Markets (London: Earthscan, 2004), 235–238.
46 Andy Jones, Eating Oil: Food in a Changing Climate (London: Sustain/ ELM Farm Research Center, 2001), 13.
47 Tracy Worcester, »Local Food«, Resurgence 199 (March/April 2000).
48 Food and Agriculture Organization, »Toolkit: Reducing the Food Wastage Footprint«, www.fao.org/docrep/018/i3342e/i3342e.pdf.

49 Ibid.

50 National Crime Records Bureau, Ministry of Home Affairs, »Accidental Deaths & Suicides in India: 2014«; P. Sainath, »Maharashtra Crosses 60,000 Farm Suicides.«

8 Frauen

1 Food and Agriculture Organization of the United Nations, »Women's Contributions to Agricultural Production and Food Security: Current Status and Perspectives« www.fao.org/docrep/x0198e/x0198e02.htm, accessed June 22, 2014.

2 J. Spedding et al., eds., The Works of Francis Bacon, vol. V (Stuttgart, Germany: F. F. Verlag, 1963), 506.

3 Zitiert in Evelyn Fox Keller, Reflections on Gender and Science (New Haven, CT: Yale University Press, 1985), 7.

4 Zitiert in Brian Easlea, Science and Sexual Oppression: Patriarchy's Confrontation with Women and Nature (London: Weidenfeld and Nicholson, 1981), 64.

5 Ibid., 70.

6 Ibid., 73.

7 Carolyn Merchant, The Death of Nature: Women, Ecology and the Scientific Revolution (New York: Harper and Row, 2006), 182. Dt.: Der Tod der Natur, C.H. Beck, München 1994

8 FAO, »Women Feed the World«, 1998.

9 Vandana Shiva, Staying Alive (New Delhi: Kali Unlimited, 2010), x.

10 Ronnie Lessem and Alexander Schieffer, Integral Economics (Surrey, UK: Gower, 2010), 124.

11 Josh Clark, »Why Do Corporations Have the Same Rights as You?« How Stuff Works, www.howstuffworks.com/corporation-person1.htm, accessed June 15, 2014.

12 »Monsanto Sues Vermont, Claims First-Ever GMO Labeling Law in the US Violates Free Speech«, The Anti-Media, June 16, 2014, http://theantimedia.org/monsanto-sues-vermont-claims-first-ever-gmo-labeling-law-in-u-s-violates-free-speech/, accessed June 18, 2014.

13 Doug Rushkoff, »Corporations as Uber-Citizens«, Rushkoff.com, January 22, 2010

14 Amartya Sen, »More Than 100 Million Women Are Missing«, New York Review of Books, December 20, 1990, www.nybooks.com/articles/archives/1990/dec/20/more-than-100-million-women-are-missing/, accessed June 17, 2014.

15 Shiva, Staying Alive, xvi.

16 Guangwen Tang, Jian Qin, Gregory G. Dolnikowski, Robert M. Russell, and

Michael A. Grusak, »Golden Rice Is an Effective Source of Vitamin A«, American Journal of Clinical Nutrition 89, no. 6 (2009): 1,776–1,783.

17 C. Gopalan et al., Nutritive Value of Indian Foods (Hyderabad, India: Indian Council of Medical Research, 2009).

18 Ibid.

19 Navdanya, »The Movement«, movement, Abruf 18. Juni 2014.

* * *

Ag One: Rekolonialisierung der Landwirtschaft

1 Shiva, V. (1991). Die Gewalt der Grünen Revolution.

2 Shiva, V. (2001).Stolen harvest: The hijacking of the global food supply. Zed Books. V. Shiva und Andre Leu. 2018. Biodiversität, Agrarökologie, Regenerativer Ökologischer Landbau. Westville Publishing House.

3 Quelle: https://www.devex.com/news/exclusive-gates-foundation-launches-new-agriculture-focused-nonprofit-96384

4 https://www.devex.com/news/exclusive-gates-foundation-launches-new-agriculture-focused-nonprofit-96384

5 https://docs.gatesfoundation.org/Documents/GatesAgOne_Overviewand-FAQ.pdf

6 https://www.politico.eu/sponsored-content/ farmings-future-belongs-to-all-of-us/

7 http://www.ecofriendlyshelters.org/index.php/news-stay-up-to-date/727-why-bill-gates-owns-500-000-shares-of-monsanto

8 https://www.theguardian.com/global-development/poverty-matters/2010/sep/29/gates-foundation-gm-monsantohttps://xconomy.com/san-francisco/2018/10/02/pivot-bio-gets-70m-led-by-bill-gatess-fund-to-replace-fertilizer/2/https://agfundernews.com/bill-melinda-gates-foundation-first-agtech-investment-agbiome-011.litml

9 http://biosafetyafrica.org.za/index.php/20100901330/Soya-Gates-Foundation-Cargill-Paper/menu-id-100025.html.

10 Shiva, V., & Singh, V. (2014). Wealth Per Acre. Navdanya/Research Foundation for Science, Technology & Ecology.

11 Shiva, V. (2008). Soil not oil: Umweltgerechtigkeit in einer Zeit der Klimakrise. South End Press.

12 https://sunshinehours.net/tag/biofuels

13 https://news.mongabay.com/2019/04/brazil-soy-trade-linked-to-widespread-deforestation-carbon-emissions/

14 https://www.devex.com/news/exclusive-gates-foundation-launches-new-agriculture-focused-nonprofit-96384

15 Shiva, V. und Shiva, K. 2018.Oneness Vs The 1%: Shattering Illusions, Seeding Freedom.

16 ETC Group. (2020). The Next Agribusiness Takeover: Multilateral Food Agencies.

17 ETC Group. (2020). The Next Agribusiness Takeover: Multilateral Food Agencies.

18 https://www.devex.com/news/why-the-gates-foundation-is-flooding-a-new-rice-variety-with-funding-88095

19 https://www.devex.com/news/why-the-gates-foundation-is-flooding-a-new-rice-variety-with-funding-88095

20 https://www.cd-genomics.com/blog/120-million-investment-for-crispr-technology-from-bill-gates-and-other-13-investors/

21 Shiva, V and Shiva, K. 2018. The Future of our daily bread: Regeneration or Collapse. Navdanya International / Research foundation for science, technology and ecology.

22 https://curia.europa.eu/jcms/upload/docs/application/pdf/2018-07/cp180111de.pdf

23 https://www.digitalgreen.org/about-us/

24 Shiva, V. et al. (2019). Seeds of sustenance and freedom vs. Seeds of suicide and surveillance. RFSTE.

25 https://leadership.ng/agra-is-not-the-face-of-agriculture//

Abbildungsverzeichnis

Alle Graphiken: DesignIsIdentity.com nach Angaben in diesem Buch, außer:

Abb. 3: Fernando Carvalho 2017. Pesticides, environment, and food safety. Food and Energy Security 6(2):48-60. doi:10.1002/fes3.108

Nachbemerkung des Verlages

Uns ist bewusst, dass Vandana Shiva in diesem Buch die großen Zusammenhänge aufzeigt und ein Schwerpunkt ihrer Darstellung natürlich Indien ist. Gleichwohl haben ihre Ansätze überall Geltung; sie müssen aber den lokalen Bedingungen und Bedürfnissen angepasst sein.

Für den deutschsprachigen Raum gibt es eine Vielzahl von Büchern und Initiativen, die sich im Internet über entsprechende Suchbegriffe leicht finden lassen. Die hier wiedergegebene kleine Auswahl ist zufällig und keineswegs vollständig, mag aber Anregungen und Hinweise geben.

Prof. Dr. Ralf Otterpohl hat eine Reihe schöner Vorträge auf YouTube, und sein Buch »Das neue Dorf« (Oekom Verlag) zeigt anhand funktionierender Beispiele, dass ein erfülltes Leben im Einklang mit der Natur und in einer guten menschlichen Gemeinschaft möglich ist. Vernetzung hier: www.gartenring.org

Ein Initiative ganz im Sinne von Vadana Shiva ist die Regionalwert AG: »Unser erstrebenswertes Ziel ist es, eine regionale Ernährungssouveränität auf Basis eines Gesellschaftsvertrages zwischen Erzeuger und Verbraucher herzustellen.« www.regionalwert-ag.de

Das Ackersyndikat ist ein dezentraler Solidarverbund von selbstorganisierten Höfen. Es sorgt dafür, dass landwirtschaftliche Flächen immer den Menschen gehören, die sie ökologisch verantwortlich bewirtschaften und nutzen. Das Land ist dabei nicht Privateigentum, sondern unverkäuflicher Gemeinschaftsbesitz. https://ackersyndikat.org

Landwirtschaft ist Gemeingut (LiG): Netzwerk von inzwischen rund 300 Höfen, Bürgern, Beratern und gemeinwohlorientierten Stiftungen und Gesellschaften. www.gemeingut-landwirtschaft.de

Arbeitsgemeinschaft bäuerliche Landwirtschaft (AbL): Deutschlandweit mit Zweigstellen in mehreren Bundesländern (www.abl-ev.de), Mitglied bei der europäischen Bauernopposition Europäische Koordination Via Campesina (www.eurovia.org) und der weltweiten Bauernbewegung La Via Campesina. Unabhängige Bauernstimme (www.bauernstimme.de).

Es gibt viele Ökodorf-Initiativen, unter »Ökodörfer« findet Ihr viele Links. Global unter gen.ecovillage.org und gen-europe.org, Deutschland: gen-deutschland.de

Ökodörfer auf ISSUU: issuu.com/ne%20eerdegmbh/docs/pim-magazin_e_

Weitere Links:

www.solidarische-landwirtschaft.org/startseite

www.gemeinschaften.de

www.meine-landwirtschaft.de

www.transition-initiativen.org

Weitere Video-Tips:

The Economics of Happiness, Dokumentarfilm von 2011 mit Vandana Shiva. https://www.filmsforaction.org/watch/the-economics-of-happiness

...und natürlich alles, was sich unter dem Suchwort »Vandana Shiva« auf YouTube finden lässt.

Neue Erde plant eine Homepage mit Links zu lebensfördernden Initiativen im Sinne einer Erde für alle Lebewesen unter
www.positives-ist-machbar.eu

Vorschläge zur Aufnahme an:
service@neue-erde.de

In diesem klug auf Fakten aufgebauten Buch zeigt Vandana Shiva, wie eine kleine Gruppe superreicher Einzelpersonen, Stiftungen und Investmentfirmen die Kontrolle über unsere Lebensmittelversorgung, unser Informationssystem, unser Gesundheitswesen und unsere Demokratien immer weiter ausbaut. Die Autorin macht sehr deutlich, dass unser Überleben von der Vielfalt unseres Saatgutes und dass unsere Demokratien von einer aufgeklärten Öffentlichkeit abhängen. Es ist ein sehr leidenschaftlicher, weiblicher wissenschaftlicher Diskurs, der eine globale Leserschaft verdient.

Vandana Shiva
Eine Erde für alle! – Einssein versus das 1 %
Aufstehen gegen die Monokultur von Wirtschaft und Weltsicht
Klappenbroschur, ca. 192 Seiten
ISBN 978-3-89060-797-9

Nur die eine Erde erklärt die planetarischen Lebenserhaltungssysteme in ihrer Ganzheit, bietet eine umfassende Gesamtdarstellung der globalen ökologischen Krise und zeigt die uns verbleibenden Optionen auf, um ein zuträgliches Klima und die noch vorhandene Artenvielfalt zu retten, die Verseuchung zu beenden und die Ökosphäre dieses Planeten zu heilen.

Auch das Gleichgewicht der menschlichen Gesundheit können wir nicht vom Gleichgewicht des Planeten trennen, denn *die Gesundheit des Menschen beruht auf der Gesundheit des Planeten*. Es ist nicht nur unsere Gesundheit, die zusehends schwindet (und das nicht erst seit der Corona-Krise), sondern das ganze Netz der Lebenserhaltungssysteme der Erde.

Fred Hageneder
Nur die eine Erde
Globaler Zusammenbruch oder globale Heilung – unsere Wahl
Klappenbroschur, 384 Seiten, mit 25 Abbildungen
ISBN 978-3-89060-796-2

Diese brandaktuelle Sammlung von Essays, geschrieben von Leitfiguren der Spiritualität und des Naturschutzes rund um die Welt, beleuchtet den grundlegenden Zusammenhang unserer gegenwärtigen ökologischen Krise mit unserem fehlenden Bewusstsein für die Heiligkeit der Schöpfung. Diese 20 Beiträge zeigen uns, wie die Menschheit ihre Beziehung zur Erde wandeln und erneuern kann.

Buch-Trailer

Llewellyn Vaughan-Lee (Hrsg.)
Spirituelle Ökologie
Der Ruf der Erde
Paperback, 256 Seiten
ISBN 978-3-89060-654-5

Stichwortverzeichnis
für *Wer ernährt die Welt wirklich?*

Hier kann man sich zum **Neue Erde-Newsletter** anmelden:
newsletter.neueerde.de/anmeldung

NEUE ERDE im Buchhandel

Neue Erde ist ein kleiner unabhängiger Verlag, und der unabhängige Buchhandel ist unser natürlicher Partner. Wir unterstützen die Initiative »buy local«.

Sollte es Lieferschwierigkeiten bei den Büchern von NEUE ERDE geben, lassen Sie immer im VLB (Verzeichnis lieferbarer Bücher) nachsehen, im Internet unter **www.buchhandel.de**

Alle lieferbaren Titel des Verlags sind für den Buchhandel verfügbar.

Sie finden unsere Bücher auch auf unserer Homepage **www.neue-erde.de** oder in unserem Gesamtverzeichnis, welches Sie gerne hier anfordern können:

NEUE ERDE GmbH
Cecilienstr. 29 · 66111 Saarbrücken
info@neue-erde.de

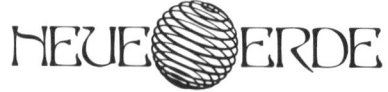